刘既漂文集

彭飞 高曦 刘一蓝 编

中国建筑工业出版社

图书在版编目（CIP）数据

刘既漂文集 / 彭飞，高曦，刘一蓝编 . — 北京：中国建筑工业出版社，2024. 11. — ISBN 978-7-112-30534-6

Ⅰ. TU-53；J-53

中国国家版本馆 CIP 数据核字第 2024G3Z662 号

数字资源阅读方法

本书提供全书图片的电子版（部分图片为彩色）作为数字资源，读者可使用手机 / 平板电脑扫描右侧二维码后免费阅读。

操作说明：

扫描右侧二维码 → 关注“建筑出版”公众号 → 点击自动回复链接 → 注册用户并登录 → 免费阅读数字资源。

注：数字资源从本书发行之日起开始提供，提供形式为在线阅读、观看。如果扫码后遇到问题无法阅读，请及时与我社联系。客服电话：4008-188-688（周一至周五 9：00 —17：00），Email：jzs@cabp.com.cn。

责任编辑：李成成
责任校对：王　烨

刘既漂文集
彭　飞　高　曦　刘一蓝　编
*
中国建筑工业出版社出版、发行（北京海淀三里河路9号）
各地新华书店、建筑书店经销
北京海视强森图文设计有限公司制版
北京中科印刷有限公司印刷
*
开本：880毫米 × 1230毫米　1/16　印张：20¼　插页：1　字数：465千字
2024 年 12 月第一版　2024 年 12 月第一次印刷
定价：99.00元（赠数字资源）
ISBN 978-7-112-30534-6
（43911）

建筑师刘既漂（来源：刘既漂家族档案馆）

序

刘既漂的艺术生涯，是对“中西调和”艺术理想的执着追求。在法国求学期间，他与同伴共同创立了美术工学社，旨在将中国精湛的手工艺推向欧洲舞台。这一举措，不仅体现了他对传统文化的深厚情感，更彰显了他对艺术实用与装饰美学和谐统一的独到理解。

他的艺术思想，虽受欧洲装饰艺术运动的影响，但始终坚守“中西调和”的原则。在图案设计与建筑艺术中，他巧妙地将中国传统元素与西方现代设计理念相融合，创作出了一系列既蕴含中国风韵又不失现代气息的艺术佳作。这些作品，不仅展现了他对跨文化艺术对话与融合的深刻理解，更体现了他对艺术创新的不懈追求。

西湖博览会的成功是刘既漂艺术思想与实践的集中体现。作为博览会场所设计的负责人，他充分施展了自己在建筑艺术、图案设计与展陈布局上的才华，将博览会会场打造成了一个艺术与文化交织的梦幻空间。这一成就，不仅验证了他“中西调和”艺术理念的正确性与前瞻性，更为后世的艺术创作树立了典范。

刘既漂的艺术探索与思想，无疑是20世纪中国美术现代化进程中的重要里程碑。他的艺术实践，不仅推动了传统手工艺的创新发展，更引领了国内工艺美术创作的新潮流。他的艺术思想，如同一股清泉，为后世艺术家提供了无尽的灵感与启迪。

在全球化日益加深的今天，刘既漂的艺术探索与装饰艺术思想依然具有深远的现实意义。他的艺术理念，不仅为东西方艺术的交流与融合注入了新的活力，更促使我们深入思考如何在保持文化多样性的同时，实现艺术的创新与发展。正如刘既漂所坚信的：“只有深深植根于本土文化的沃土之中，艺术才能绽放出独一无二的光彩。”希望通过对刘既漂艺术精神和理念的梳理呈现，使其在新的时代下，焕发新的光彩，并为东西方艺术的互鉴与共生贡献更多的智慧与力量。

陈正达

目录

卷一 美术建筑

卷二 美术工艺

卷二 美术工艺

卷三 杂谈

卷四 附录

卷四 附录

图录

卷一

美术建筑

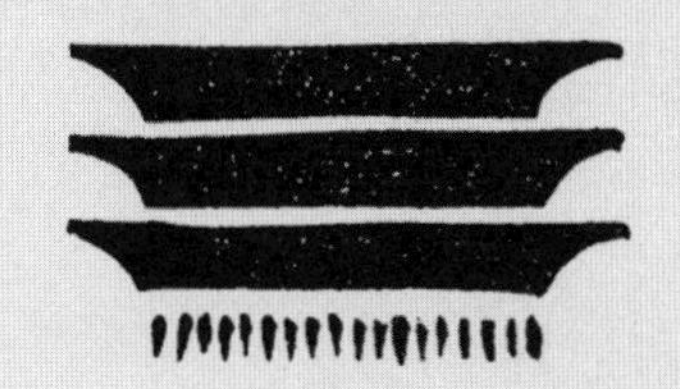

建筑原理

〔初刊于1928年7月25日出版的《贡献》第3卷第6期《刘既漂建筑专号》，后刊于1929年2月出版的《国立大学联合会月刊》第2卷第2期。〕

建筑原理，大概可分三大部分讨论:(一)作用(Fonction),(二)调和(Harmonie),(三)作风(Style)[①]。

(一)作用

作用范围，几乎包括万物。人类日用物品，十居七八都与建筑很有关系，因为人类日常生活不能不以建筑为生命上的保障。换言之，为人类暂时的归属。因此，人类对于建筑方面的作用，要求绝对的完备。所谓完备的内容，大约可分四部分:(A)巩固,(B)力的表现,(C)材料之采择,(D)成型。现在我们把这四个问题讨论如下。

(A)巩固

我们讨论这个问题，必先把建筑巩固和工程巩固的意义分析一下，然后才有头绪。通常建筑巩固的意义，多半偏重于精神和直觉方面。譬如，事实上够用的量，一经美观或直觉的评辩以后，反觉不够。

工程巩固的意义，虽与建筑同源，却是事实上时有相反。因工程建筑的原理，绝对要求实用，同时受现代社会生活影响，不能不采纳经济的办法。本来实用本身的作用已把质量均配得恰到好处。以后再加上经济的作用，则不免过分要求。在积极方面而言，似可希望科学家设法增加材料本身的能力。在消极方面而言，恰如采桑折枝，把材料的质量减少。由此可知，同是建筑，其作用各有不同。

美术建筑的成形，换言之，建筑体积(Volume Architecturai)之巩固，在物质上，实

① 今译风格。

用上，自不用说应有基础。但美观方面，也应该立下一个基础。譬如，一座插天的楼房，在物理上，当然相信它的重量是很大的。但为经济问题起见，明明下层的柱身在美观上应该大的，反做得很小。如此，虽然质量均配，可是精神上不免因此生出一种怀疑。假如一个三岁的小孩儿负着他的母亲在路上乱跑，这种举动，不独与物理（规律）相反，而且精神上亦觉得不真。所举上例适与此合。稳固的表现，我们可取动物躯体之构造为例。譬如牛用两腿去跑路，牛先生能否行动自如，不想而知。

现在我们可以反过来讨论。譬如一座轻浮娆姚的木房，上面建起宏大的石墙，那么恰似牛刀杀鸡，小题大做。由此，我们可以知道建筑艺术的生命，一方面，当应倚靠情感，同时另一方面，也须竭力借助理性。总之，建筑艺术本身唯一的要求，在物质方面，固不用说，取用相当的材料使之存在；美一方面，必须创作美的生命。

（B）力的表现（Manifeation des Forces）

以上所举两例，很可认为是美术建筑的两个公式。但是，力的表现，也是建筑原理上必须注意的。譬如弱的人，总觉得他没有力势。要是壮的人则正好相反，这是普通的例子。要是进一步讨论，我们可以推思力的平分，这种表现，在建筑上，时能无形地起到特殊作用。譬如，我们日常动作，力和动的方向，时能自然地发生密切关系，左脚用力的时候，右脚必先做好马步，而且和力的方向成反比，然后左脚才有用力的可能。建筑的曲线，可以比作经脉，我们观察中国担夫的动作，便可联想到建筑本身的动作。担夫的两腿虽然在动，但是他的上身和头部绝对和担的东西成为垂直线，所以柱身的等边垂直线，在事实上和直觉上都能表现稳重，“亭亭玉立”的意思。再不然我们可以取材于植物。譬如柳树，它的躯干虽大，而且附着无数的柳枝，终究没有梧桐来得挺立，并且梧桐的枝叶恰与柳枝成个反比，究其原因，我们不能不归罪于柳树本身来得弱不胜风、歪来歪去的柔嫩。但是这种曲线本身的美，确有其价值，不过建筑上很难取用。这种材料，在文艺复兴后的建筑上，时可看见。譬如螺旋式的柱身（Spiral），在事实上虽然没有什么关系，可是精神上很受刺激，似乎屋顶的重量，把柱身压软了，望过去，总觉得全局震动，飘摇欲倒。这种作风，现代批评家认为是弄巧反拙的结果。也许他们过于喜欢柔软的曲线。

力的表现，与其环境发生密切关系。假如环境来得沉寂不振，在事物上，确难发生作用。譬如一位大力士和一位柔弱的书生角力，任你大力士的力再怎么大，也表现不出，因为对方没有反抗的能力，恰似逢空立一石柱，纵使插入云霄，终难表现其力，假如柱的上端加上一块大石重重地压着，我们的观察，马上可以感觉到柱的抵抗力暗暗地流露出来。

有了美的意义，再加上力的象征的怀胎，建筑生命之表现，必定来得深刻，所以建筑上平行线的凹凸，无非如人体用力时筋肉膨胀，假如我们能够把这种筋肉膨胀得恰到好处，美的表现，当必完善！

（C）材料之采择

取材必先明白物质本身的性质。随各种物质之特性供用于建筑各部，所谓物得其用。本来曲线美本身，不借助于物质美，绝对不能达到极美地步，反言之，物质美时能影响曲线美，甚且物质美本身有时竟能独立表现其无边价值。由此可知采用材料，不能不仔细研究。

普遍一点讨论，我们都很知道矿物和植物在建筑上的用途，但是，植物当中，又分出许多类型，矿物当中，更加复杂了！有时在某一物当中，尚可分出许多质的好坏，明明同样产物，同个作风，因为质的关系而影响到作风本身，这一点，很值得建筑家特别注意。

意大利建筑之所以能别开生面，在作风上，固然很有创作，可是物质上，也确实丰富，尤其建筑矿物之富饶，为世界各国所望尘莫及。我们中国建筑多用植物，因被物质能力所限，不得不舍曲线而走表面图案，弃永久而求暂时。中国建筑之不能演进，也许素来取材不得其法，或者建筑物产之不丰富，但是，有的地方物产倒是丰富，而建筑反不长进，这一点我们应该明白它的所以然。现在我们可以先从中国民族心理上观察，我们自己抚心自问，在物质方面永久性的要求，是否薄弱？古来习用的茅屋，在风景上，或精神上，何尝不美观。不过实用起来，有点不大舒服，而时间方面，更觉不堪，因为它表现消极，朝不顾暮的精神是中国建筑上唯一的毛病。换言之，没有永久性的要求。自然，中国古来科学之不发达，是阻碍建筑演化的一个大原因，今后中国建筑之取材，不妨应用西洋的方法，因为它总比我们来得高明，这等现成的方法，我们尽可享用的。

（D）成型

法国考古学家安拉[①]（C.Enlart）说：“*健全的建筑，必谐合于作者之想象，而且一切美的体积，必适合于其音韵。*”是的，每一种建筑，必能表演其独立作用，并且常能与自然音调吻合。

如栋梁桁角等材料，都应表现其原来用意。好比健全的筋肉，不遮掩它，觉得非常之美，能装饰得恰到好处，势必更妙。总之，装饰的工作，要绝对服从各种材料本身的作用而施设。譬如希腊人之美，身体已经生得魁伟壮观，再加上那种轻妙为之的装饰，当然可以表现其一切特点，因之动作上也来得格外活泼。建筑的成形，也是一样。有时工程师造桥，依着物理的作用，在单纯的曲线上，得其美的成形，因为自然物的原形本来已有一种美的存在。工程师造桥，他何尝想到美的表演，这种美，我们只能公认它为自然物理上固有的美。即如机器的成形，有时可以别生一种美。因为机器的成形完全随它的内部组织而成，其动作之急缓和方向之趋势必合物理。而且绝对偏重实用，其曲线必无冲突之处。现代建筑之受机器影响确实不少，尤以美国为甚。这一点，足以表现该民族理性生活之浓厚。

---

① 今译卡米耶·恩拉特（Camille Enlart，1862—1927年），法国考古学家和艺术史学家。

中国的建筑，我们可以夸言为情感表现派。弯来曲去的弧线，确实有点不平稳，而且空间和时间上的实用，也确乎不大考究，过于表现情感的作风，很少永久性的要求。反言之，我们不必自夸，恐怕自夸以后，会暗暗地害起羞来！

（二）调和

建筑美的所在，无非搜集各种物质美和艺术美而成。但是，有时某物必须与某物调和。有时两物均有美的价值，但一经混合后，两者倒完全失其价值。建筑家对于这个问题是应该特别注意的。关于调和的主要问题，大概有六个，简述如下：

（A）大方的表现（Mauifestarion de l'ampleur）

所谓大方的原意，并非指事物做得高大而言。譬如一个石柱和一个花瓶，如果他们的成形做得等分，体积构得丰满，其体积虽小，但较之粗大而不综合的东西，来得大方。譬如凡尔赛宫[①]（Palais de Versailles）花园中央的台阶，在事实上，全台阶的高度很小，但望上去，觉得重重叠叠，非常伟大。究其原因，不过那位建筑家对于这种原理，有深刻的研究。在小的面积上，能用艺术功夫使之膨胀。他的方法，是把级的高度减小，同时把级的宽度放大。事实上，10 级的台阶可以增到 20 级以上。借此，可以欺骗我们的直觉，因为我们的视线习惯，总以为台阶多的，其高度必高。

建筑全局成形之大方法则，尤其值得专家注意。譬如，枯瘦的曲线、载重的门面和拥挤的层次，都是大方法则的相反者。总之，建筑家应该懂得人类视觉能力和其心理状态而使用其法则。无论哪种美术建筑，最妙者能使观者望去，觉到一种从容的态度和微显的华丽。譬如，屋角一层之负重表现，应该与全局相合。全部大方之表现，应有其特殊精神。局部大方之表现，也必须具有妥协能力，才能与各局各部融合而成一体。

大方美的变迁，当随建筑作风音韵而转移。如果曲线过于夸张和缩小，则其整体表现必失其美。一个完善的建筑，为什么在黄昏的背影中，特别显其大方呢？因为它的主要曲线，能跳出群物之上，而与其本身装饰相溶而立。

（B）建筑的生命

这个问题，要是让给科学家批评，当必付之一笑。因为他们对于物质方面的视线是透明

---

① 位于法国巴黎西南郊外伊夫林省省会凡尔赛镇，是巴黎著名的宫殿之一，法国国王路易十四、路易十五和路易十六的主要住所，建于 1660—1688 年。对于法国君主政体，这座城堡是其统治时期最重要的纪念碑，古典建筑的杰作之一，对 18、19 世纪欧洲的建筑和装饰艺术领域产生了巨大的影响。

的，有时未免过于偏重唯物，对于物的生命很少留意。假如我们稍微染点文艺的色彩于建筑上，那么，建筑生命的水平线立即扩大。植物之有感觉，早已确凿证明；矿物之有感觉，也经过许多现代科学家的研究，以为有一部分的矿物确有生命，而且列表证明各种矿物感觉速度之分别。科学家已然如此证明，可见各矿物本身的生命之存在，成为铁案无疑。现在我们可以根据这个事实去推测，譬如人与人相组，则成社会，人的本身，固然各有各的生命及心灵，可见人组的社会必另是一种生命较大及心灵较广的事物。建筑也是一样，在科学家眼光中，以为物质与物质相接，必成一体。然则，各种物质的性灵相接，又何尝不成一体。而且我们可以证明物量相接后结果的率数必等于物性相接后的率数，现在我们再加之艺术生命的率数，则后者生命率数的积量，绝非前者望风可及，而且后者率数是永无定额的。总之，建筑本身生命的存在，确乎超过物质本身的作用!

有天才的建筑家，其得力于物质性灵之赐，当必极大。简而言之，艺术家自己的性灵在创作的时候，也许和物质性灵溶解而成一体，由此才有产生杰作的可能。

（C）类同

假如建筑全局曲线互相反常，或表现之可疑，即为作风不类同之故。不类同即不调和。换言之，各部曲线错杂，或全局相配之意义不谱，那么恰似破布补衣，强把时代作风拉杂配上，终不得效果。

譬如给猫戴上礼帽，或加上其他各物，我们立即可以感觉到一种不快之感。再不然，我们去看一个怪物，在未看以前，我们也得推想它的真相是丑的，极少在事实上相反。则物的构造，必合生理的定理，抑或该物是脱胎于某种事物而成的。建筑类同的原理，也许相差不远。

有时徒然得到比例相称、配置得宜，或透视美观等条件，恐怕尚难达到动物生命本身美的地步，建筑家欲达到这个地步，非完全了解动物性灵之类别及其调和之法则不可。

（D）综合

综合原理也许有点空幻，譬如某作风的形式与某作风的形式发生综合关系后的性灵，较之各作风独立门户时，当有明显的差别。总之，两作风综合者谓之调和，各作风独立，谓之个性表现。

（E）装饰

建筑装饰的范围，差不多包含一切自然生产和人造美的生命上的意义。

建筑本身之美，在事实上，确是可以自立一门，假如加上装饰之美，当然更加超妙。譬如，健全的青年的露身（裸体）加上锦衣，不论在直觉上观察，或理性上批评，都很赞美它。如果在相反的事物上批评，恐怕适得其反，因为我们随便就可以举出一个例子来，英国人的大礼帽、大礼服，给他们自己穿用，自然非常适合，要是给矮子用，便觉得不适。因为英国衣帽的体积和他们身体的体积恰好相称。要是又肥又矮的人，当然配不上又长又大的衣帽！

无装饰的建筑，可以不必强认它受得起装饰。有装饰的建筑，也可以不必强认它受不起装饰。总之，装饰的意义，不能离开建筑本身的精神。

装饰图案在建筑身上表演的范围，也许值得讨论，因为它的作用仅在某一部分，而且不能离开建筑作风本身的范围。我们的视觉有时确实不易了解建筑全局装饰的调和的原理，倒是我们的感觉比较敏锐一点。然而，欲求根本了解，恐怕不易达到目的，好比静听音乐声波一样，其大部分的谐和似乎容易领略，但是一入深微，我们粗钝而庸常的耳朵也就渐次没有分析的能力了！我们有了这种观察能力薄弱的缺点，不得不搜集多数智敏的共同工作者，或者加上科学的帮助，推求其精微处的因果。

这种缺点，不独常人十居八九，即建筑家自己也在所难免。总之，世界上的建筑，不论哪一个总有多少缺点逃出我们的观察感觉范围之外的！譬如一个柱头的装饰，精神上，应该表现强有力的态度，假如我们给它装上软脆脆的花片，虽然直觉上觉得好看，不过感觉上则大不然了，因为直觉最易受美的欺骗，感觉则理性较多，比较容易推测事物上的真理。换一句话说，软脆脆的物质确是负不起压力，精神上也是一样。

本来装饰图案的变化是无穷尽的，它之所以无穷尽，是因为人类情绪之演进也是无穷尽的。现在我们所讨论的建筑装饰可分三部分：（一）平面装饰，（二）立体装饰，（三）综合材料装饰。

（一）平面装饰，指壁画、浮雕、布景、走线等图案。

（二）立体装饰，指柱身、雕刻、飞檐走栋等图案。

（三）综合材料装饰，指选择材料，如各种砖石之相配，泥土金木之谐和。

现在我们可用“软、硬、冷、热”四字去研究。“软、硬”属于物质，“冷、热”属于彩色。这四个字的意义及其作用，可以由代数方程式求其结果，现在我们假定 A、B、C、D 为软、硬、冷、热四字的记号，M 为物质，K 为彩色，那么：

$$\frac{(A3-B7)}{(M)}=4\div\frac{(C3-D7)}{(K)}=1$$

$A>B+C<D=B7+C7=14$，那么 M 与 K 共得 14，$A3+D3=6$，软和冷得 6。由此可见其表现属于庄严大方，A、D 仅可供其调和之用。这种方程式，最适用于北欧建筑，至若南欧的，变成反比，由此可见南北欧之距别是各走极端的。中国的建筑方程式较近南欧，但中国

地广，南北作风颇有不同之处，很难指定谁是正宗。总之，中国建筑，在作风方面评判，尚居南欧作风之下。

（F）真与伪

真、美、善的意义的对向，大概是虚、丑、恶。建筑美的对向当然是丑。建筑材料本身的美，不能不有真、伪之元素，因为有这两种元素的存在，所以才有讨论的必要。本来彩色本身的元素及其物质本身的组织，如用科学头脑去分析，其类别之距离，当必极大。即由直觉方面观察，尚觉容易辨别。譬如木作铁用的一个例子，本来，木的细胞、筋脉、颜色、反光及其作用，绝对不能与铁相似，两者美观方面的表现，固然各立门户，质与量方面的作用，尤为悬殊。

伪用的材料，我们虽然不能武断它绝对不能容纳于美术建筑方面，可是这种反乎自然的事物，我们观察，终究不能充分地消化。总之，失却物质本身自然美的材料，其在建筑美观上的地位必低。譬如现在的三合土[①]，在事实上，为建筑材料上最实用的一种，但在美一方面评判，恐怕有些缺点，所以现代建筑多不显露它的真面。因为它的彩色过于冷硬，很能令人发生一种悲惨的反感，希望将来化学家终有一天把它改良，那么，建筑艺术前途当必更加可观！

（三）作风

究竟作风是一件什么东西？究竟作风在建筑上的地位如何？究竟作风与各种民族文化之关系如何？

作风的范围也很广大。即如一言一语，说得好的，总得含有多少作风，好比会说话的人，不独把句法构得文雅脱俗，并且说来也特别动听。俗一点说，各有各的套调。如中国的书法，米南宫[②]的和郑板桥[③]的相比，他们的构造、装法、用笔，虽然同是一字，但是两者的作风各主一家，丝毫不混。这是个性作风的比较，社会性的作风也是一样。

因为某一社会的出品总得和别的社会不同。譬如西班牙人之崇拜痛苦恋爱和法兰西人之崇拜抒情恋爱，因为民性不开之故，两者作风之表现也因之各立一帜。本来人类性灵的出产不能不倚赖一大部分艺术去表现，艺术自身也非取材于自然界不可。进一步说，艺术取材于自然之外在，还有一种人类想象界的自然，前者属外，后者属内，两者虽然大同小异，但一经艺术家个性作风锻炼以后，有的分量平衡，有的相反。换言之，有的重外，有的重内。但

① 三合土，由砂、石灰、水混合而成的建筑材料。

② 米芾（1051—1107年），世称米南宫，北宋书法家、画家、书画理论家，与蔡襄、苏轼、黄庭坚并称“宋四家”。

③ 郑板桥（1693—1766年），原名郑燮，清代书画家、文学家。擅画兰、竹、石、松、菊等，而画兰竹五十余年，成就最为突出。取法于徐渭、石涛、八大山人，自成家法，体貌疏朗，风格劲峭。

是，事物过于离开自然，也许会有点生硬，因为我们到底不能完全脱离自然界的关系。假如过于接近自然，恐怕不同作风的各条平线会渐渐地缩细。艺术颓唐，也许因之而起源。总之，艺术虽然利用自然，但须永久独立。被自然征服的艺术，我们可以武断终究没有产生特殊作风的可能。

柱的来源，取材于树干，或花卉。我们可以观察埃及柱式的病态莲花式①（La colonne Lotiforme）和棕树式的石柱②（La colonne Papyriforme）。本来这两种植物的曲线，是非常柔软的，但是一经埃及建筑家作风溶化后，反觉庄严伟大。埃及作风之有特殊价值，皆因它能取材自然而不摹仿。

没有艺术的建筑，固然没有价值，没有作风的艺术，更绝没有价值。由此可以证明作风与建筑之关系非常重大。譬如一本印刷的书去比较一本别出心裁装成的书，在事实上虽然印刷书来得整齐光滑，不过千篇一律地满布天下，因此觉得自己装的书，虽然朴素，倒是可爱，因为自己装的书的样式是独一无二的。中国式的建筑，简直和印刷品一样，北方印刷用墨浓厚，南方用墨淡薄，而没有时间和空间的分别。

似乎世界作风可分主要作风和附属作风两种，现在试列一表如下：

（A）第三主要作风：

原始时代作风（坟墓？）

野蛮时代作风（朴陋雕塑）

（B）第四主要作风（指自有史以来的）：

地中海南岸：洪水以前作风、洪水以后作风（金字塔）

墨西坚③作风

印度作风（爱吕阿拉庙④，Temple de Eliora）

亚西利⑤作风（义义呼之遗迹⑥，Ruines de Ninive）

---

① 今译莲花式柱，柱头具有莲花蓓蕾形状的一种古埃及柱子形式。

② 今译纸莎草式柱，纸莎草在古埃及尼罗河三角洲有着非常广泛的分布，据老普林尼的《博物志》一书，纸莎草是尼罗河及幼发拉底河流域的原生植物。纸莎草式柱分为束茎式纸莎草式、开花纸莎草式以及变式纸莎草式。

③ 今译墨西哥。

④ 今译埃洛拉石窟－凯拉萨神庙，位于印度中部马哈拉施特拉邦的奥兰加巴德（Aurangabad）西北部，系 34 座佛教、印度教、耆那教石窟群组。

⑤ 今译亚述（Assyria）。

⑥ 今译尼尼微遗址。自公元前 11 世纪起尼尼微是古代亚述帝国的首都，位于底格里斯河东岸，今伊拉克北部城市摩苏尔附近，于公元前 8—前 7 世纪的亚述王辛那赫里布时期最为繁荣。

月帝斯国[①]作风（Etrisque）

埃及作风（加纳庙[②]Temple de Karnac 和异桑波庙[③]（Templed Ybsamboul）

（C）第四、第五主要作风：

波斯作风

亚拉伯作风（亚郎不拉宫[④]，Palais de l Alhambra）

中国作风（北京故宫）

日本作风

俄国作风（格栏林宫[⑤]，Palais du Kremlin）

（D）第五主要作风及第二、三、四附属作风：

上古作风

希腊作风（巴登农[⑥]，Parthenon）

罗马作风（哥利洗[⑦]，Colysee）

朗面[⑧]作风 Roman（法国 Foitiers 之圣母教堂[⑨]）

---

① 今译伊特鲁里亚，伊特鲁里亚是一个生活在意大利半岛中部的民族于公元前 12—前 6 世纪所发展出来的文明，其活动范围为亚平宁半岛中北部。

② 今译卡纳克神庙，位于埃及城市卢克索北部，是古埃及帝国遗留的一座壮观的神庙。神庙内有大小 20 余座神殿、134 根巨型石柱、狮身公羊石像等古迹。

③ 今译阿布辛贝神庙，位于埃及阿斯旺以南 290 千米处，建于公元前 1300—前 1233 年。坐落于纳赛尔湖（Lake Nasser）西岸，由依崖凿建的牌楼门、巨型拉美西斯二世（Ramses Ⅱ）摩崖雕像、前后柱厅及神堂等组成。

④ 今译阿尔罕布拉宫，位于西班牙安达卢西亚格拉纳达的宫殿和堡垒建筑群。它是伊斯兰建筑最著名的古迹之一，由穆罕默德·伊本·艾哈迈尔（Muhammad I Ibn al-Ahmar）于 1238 年建造。

⑤ 今译克里姆林宫，位于莫斯科心脏地带，克里姆林宫的“克里姆林”在俄语中意为“内城”，曾是俄罗斯历代君主的宫殿、莫斯科最古老的建筑群。

⑥ 今译帕提农神庙，是雅典卫城最重要的主体建筑，位于古城堡中心，始建于公元前 447 年。背西朝东，呈长方形，耸立于 3 层台阶上，神庙用白色大理石砌成，整个庙宇采用多立克式柱，由 46 根高达 10.3 米的柱环绕。神庙的屋顶是两坡顶，顶的东西两端形成三角形的山墙。

⑦ 今译罗马斗兽场，古罗马时期最大的椭圆形角斗场，建于公元 72—82 年间，现仅存遗迹位于意大利罗马市的中心。卵形的剧场，使用包括洞石、凝灰石及砖饰面的混凝土。

⑧ 今译罗马风，欧洲中世纪一种以窄半圆拱为特征的建筑风格，并从 12 世纪开始逐渐过渡到以尖拱为特征的哥特式建筑。起源时间有从 6 世纪到 10 世纪等不同意见。兼有西罗马和拜占庭建筑的特色，特征为结实的质量、厚重的墙体、半圆形的拱券、坚固的墩柱、拱形的穹顶、巨大的塔楼以及富于装饰的连拱饰。

⑨ 今译普瓦捷主教座堂，法国普瓦捷的一处天主教的教堂，也是天主教普瓦捷总教区的主教座堂。教堂始建于 1162 年，在 12 世纪末期顺利竣工，是普瓦捷最大的中世纪时期古迹。

（E）第五主要作风及第四、五附属作风：

悲桑丁[①]作风（圣梭非教堂[②]，Mosque de Ste Sophie）
中古时代作风（德国之哥罗尔[③]教堂）
文艺复兴作风（意大利之哇的光[④]Vatican、法兰西之露渥宫[⑤]）

（F）第五主要作风及第五六附属作风：

近代综合作风[⑥]（法兰西之路易十四、路易十五、路易十六）
拿破仑时代作风
现代作风（德国之未来派、美国之立方体派、法国之体积派、意大利之彩色派）[⑦]

（G）第六、第七主要作风：

将来（……？）

各种民族文化的代表，当然是文艺，然而，文艺本身的代表，怕是作风的地位最高。本来作风的变化和社会的时代生活，是必相吻合的。我们回首看看世界上过去的作风，观察各作风本身生命的延长，就可以知道那一民族文化演进的程度之高下。总而言之，作风变化最多而最速的，其文化程度必高。

一九二八年六月十八日，西湖

① 今译拜占庭，拜占庭风格是一种融合了古希腊罗马古典文化、东方文化的神秘色彩以及宗教文化的禁欲精神的独特艺术形式。建筑特点包括高大的穹顶和彩色的琉璃砖装饰，内部常有金色的镶嵌画。拜占庭艺术的风格在约5世纪到15世纪中期在东罗马帝国发展起来。

② 今译圣索菲亚大教堂，拜占庭帝国的主教堂，位于土耳其伊斯坦布尔，因巨大的圆顶而闻名于世，教堂是集中式的。它是公元532年拜占庭皇帝查士丁尼一世下令建造的第三所教堂，由物理学家米利都的伊西多尔及数学家特拉勒斯的安提莫斯设计，公元537年完工。

③ 今译科隆教堂。

④ 今译梵蒂冈，梵蒂冈位于意大利罗马城西北角的高地上，由天主教会最高权力机构——圣座直接统治，是世界上国土面积最小的国家。

⑤ 今译卢浮宫，位于法国巴黎市中心的塞纳河北岸，位居世界四大博物馆之首。始建于1204年，原是法国的王宫，居住过50位法国国王和王后，是法国古典主义时期最珍贵的建筑物之一。

⑥ 路易十四、路易十五、路易十六时期，巴洛克风格与洛可可风格。

⑦ 20世纪初，欧美国家特别是德国、法国、奥地利、荷兰等都出现了以抽象几何形体为特征的现代建筑新风格。

建筑导言

［原刊于1929年4月出版的《旅行杂志》第3卷 第4期《刘既漂建筑专号》。］

这次因为在西湖住着无聊，借着西湖博览会的机会，仍旧干那无事忙的工作。却也凑巧，居然趁着这个机会认识了庄铸九[1]先生，一见如故。庄先生要我在《旅行杂志》第三期出个建筑专号，实在不敢当。近来觉得建筑学识的水平线愈加延伸到无穷的区域去了。自己虽然希望在这种艺术上创作一点新的作风出来，可是昨天作的东西，今天又不满意了。孙氏兄弟[2]办的《贡献》杂志去年也给我出了一本建筑专号，当时以为有点把握，现在回想，其实一点也没有。这次庄先生又来宣传我这所学非所用的一种学术。庄先生的好意，我委实表现不出一种感谢他们的态度来。也许我从今以后应该更加努力于创作，和实现我玄想中未来的新艺术去报答他和知友们的盛意。

这次为着中国美术建筑界出口气，愿意牺牲半年的时间，给西湖博览会义务计划，将来结果如何，姑且不问。目前觉得能把现在的思想和艺术的遗憾稍微表现一点，就是我心灵上一个最大的安慰。社会上知道建筑真相的人很少。稍微有点智识的，总以为工程便是建筑，这是教育不普遍的原因。不过中国人不肯自信的特色到现在还保存得很周到，譬如这次首都建设请了许多价高的外国顾问。在国家生产建设方面，我是门外汉，不敢插嘴。不过在建筑与工程方面，为着中国文化前途起见，似乎我也应该贡献点意见。我们相信无论哪一个国家，它的文化在物质上表现最明显的，莫过于建筑。随便旅行哪个地方，最初看到的是建筑，而且一看便可推测它的文化的程度。譬如纽约的房屋，高入云霄，是象征拜金主义最妙的表现。埃及建筑之宏壮，象征长生不死的妄想。法兰西建筑之柔美，象征信仰自由与文化。德国建筑之尖锐，象征好斗。英国建筑之庄严，象征残酷和自利。中国建筑之玲珑，象征文雅。各种象征完全系各种民族个性的表现。现在中国还三顾洋茅庐聘请美人计划一切，

---

① 庄铸九，江苏武进人，为盛宣怀七女盛爱颐之夫。曾任职上海银行等，时任《旅行杂志》主编。

② 孙伏园、孙福熙兄弟，系中国现代文学家、出版家，是鲁迅先生的同乡及朋友。其中，孙福熙与刘既漂关系尤为密切。

我以为这是中国文化上的大耻辱[1]。美国人的文化居于欧洲之后，现在欧洲人的文化，我们尚且不愿沾光，何况拜金式的美国文化，我们何苦自作多情呢？现在中国的建筑人才也慢慢地多起来了。我们自己做的东西，虽然不值拜金思想者的重视，但至少也许可以表现点我们中华民族的个性。

① 南京首都建设，政府聘请了美国建筑师亨利·墨菲（Henry Murphy）担任首都建设计划中央政治区建筑设计的评判顾问。

美术建筑与工程

[原刊于1929年4月出版的《旅行杂志》第3卷第4期《刘既漂建筑专号》。]

含混说来，似乎这两个问题没有多大分别。因为中国的旧观念，以为建筑事业便是泥水木匠的事务，数千年来的建筑成绩，很少专书详载，到了现在才有西洋美术和艺术的介绍。因此，有一部分人始能了解，美术当中包含绘画、雕刻、建筑三大部分，艺术当中包含绘画、雕刻、建筑、图案、戏剧、音乐、诗歌等部。

建筑大概可分美术建筑和工程建筑、民房建筑、国家建筑、宗教建筑、纪念建筑等数种。工程建筑的性质，完全以实用为宗旨。其范围以桥梁、铁路、工厂、马路、河沟、民房、海港、炮台等为限。

我们应该明白，为什么建筑师既然有了科学根底，仍不可兼职工程建筑？难道工程师亦不得兼职建筑事业吗？这个问题，在18世纪的西洋混合不分，后来科学渐进，科学组织因之而复杂，乃不得不分门研究，甚且两部当中又分枝节，如建筑部分：国家建筑、市政建筑、宗教建筑等，工程部分：公共建筑、军用建筑、卫生建筑等。譬如研究建筑一科，最先须有科学根底，此后再研究图案装饰，最后研究作风，经过此数种研究，自非18年的光阴不成了（中学、小学的时期不算）。换而言之，科学益进化，则社会分工益周密，建筑亦如此。建筑工程在成形上虽有很大的分别，但在事实上，两者却很有密切的关系，职业上亦很有互助的必要。如现在社会组织繁密，故不得不各立门户。

现在的泥水木匠，适似西洋的包工，这便是我们中国的建筑师。虽历时数千年之久，因为没有系统的研究，所以到了今天，只可当作工匠，毫无艺术价值和创作精神或时代表现。

此后，我们中国的建筑，依我个人的见解，以为工程建筑理应完全仿效西洋的，这种建设是纯粹实用科学的。建筑方面，以艺术本身为归宿，科学为附属品，因之它的作用与工程亦大不相同。

我们中国古式建筑其作风在历史上的地位，自属不低，但古式建筑已是过去的了。我们仍然继续去摹仿，对古式作风本身虽无大害，但是在现代作风上，则适得其反。物理上的定义，摹仿性愈强，则创作性愈弱，如此在作风本身，自不得其当。在事实方面，古今不同之处既非常之多，亦因古今不同而不适用，所以此后古式建筑有痛改之必要。

西洋建筑其作风完全表现了西洋的时代及其精神。进而言之，西洋作风是西洋人的，和中国的绝对不同。中国近十年来便有一部分人老起脸孔，居然用摹仿中国古式作风的手段去摹仿西洋的作风。自然，人类的摹仿性，谁都知道其强于创作性，但终以摹仿为归宿，则我国民族的个性将完全消灭。没有个性的民族，岂不等于亡国民族？没有特别艺术表现的国家，岂不等于文化衰弱者？由此而言，西洋的作风是西洋人的，中国古式的作风是历史上的。生于现代的我们，便应该创出一种新中国的建筑作风、一种现代的作风来。

纸上空谈，自属容易，但我们所最希望的，还是实现。欲实现一种作风，非经过外界之影响或新教之侵入，抑或物质进化之赐和时代思想之变迁不行。

我是绝对赞成采用西洋建筑的方法的，因为他的方法全以科学为根本。我是绝对反对采用西洋的作风的。如到现在中国的租界——那些洋房林立的租界，好像感觉到身居外国，这等表现，在民族的光荣感方面而言，亦是一件羞耻事情。

此后，我们应该利用西洋物质文明之赐，增进我们民族生命的幸福。但是我们亦应该输用它的物质，表现我国民族个性的艺术，使它在世界文化上，占相当地位，同时博得他种民族相当的敬礼。

数十年来海外陆续归国的工程师颇为不少，即建筑师亦渐有之。建筑界的同志们，时候到了，我们应试把自己的勇气和互助的精神合作起来，百折不回地去创作新的建筑。这也是我们新文化运动之一大部分工作。

西湖艺术化

［原刊于 1929 年 4 月出版的《旅行杂志》第 3 卷 第 4 期《（刘既漂）建筑专号》。］

一

西湖国立艺术院[①] 教授刘既漂氏发表改良整理西湖之意见。刘氏为中国著名美术建筑师，对于美术既有研究，而于建筑事项尤为擅长。兹将刘氏关于西湖艺术化之计划录之如下：

一、修理保俶塔。据我个人的调查，以为此系保俶塔的命运，假使不去修，恐在十年内有倒塌的可能。现在着手修理，较之倒后重修，在物质方面不思知其前轻后重；即精神方面，重修的建筑，虽然可以再现它的曲线和体积，但是那康老的遗浪，是绝对不摹仿的。明明一种历史上的古迹忽然变成时相的东西，在文化上确是一件可悲的遗恨，并在艺术本身上，也因之而减色。现在着手修理，有数千元的经费，相信可以得到圆满的效果。这一点，我们很希望杭州当局和关心国粹的同志们注意的。

二、重建雷峰塔。这个问题，在社会心理上想必很有不同之处，但是我们不能为社会心理不同而放弃责任。我们相信雷峰塔之应否重修和事实上之可否实现，当然以我们希望的实现为标准。雷峰塔之应否重修，在西湖之美观方面，固是一件妙事；即在一般迷信家的心灵上，也能重新得到安慰。至若应该如何建筑，应该如何筹款，另是一种问题。总而言之，雷峰塔之能否重修，关系于西湖之美观确是非常重大。

三、湖心亭之待修理也是一件急不容缓的计划。并且，以它的位置及其艺术价值，大家都认为是十景之一。可是现在的光景委实不值，三两所破庙，衬上几只局域烂船，成何体统呢？我们不欲希望达到把它重新改造的地步，但是修理的欲望，想必谁都有的。

四、小别墅。环湖一带有美术性的小别墅。在物质方面固然可以为长期旅客之栖身妙所，即在精神方面也可借它为西湖风景作点缀。这一点，我们非常希望省政府极力奖励人民自动建设，同时省政府自己也要身先士卒，做个模范，先行建设。事在人为，将来如能达到

---

① 国立艺术院，现中国美术学院，1928 年建校时称国立艺术院，1930 年秋改名为国立杭州艺术专科学校，简称国立艺专。后同。

西湖艺术化的目的，一方面自应功归艺术界之努力，但一方面也不能不归功于政府。

五、湖水问题。十年前的湖水，较之现在，当有天渊之别。当时的湖水，蔚粹而透明，现在的湖水，恰似北京之雨后，等于一碗泥羹，这是一件痛心恨事。究其原因，不能不归罪于现在的鱼妖（鱼患）。这一点我们不能不公认它为西湖艺术化的大敌，所以我们得有清鱼的必要。

二

谈到西湖，不能不联想她的历史。她的历史，读过书的人，大概都很知道，无须重来赘述。但是做过西子的知己者，总染有淡绿色的湖光在脑中。并且，一个一个的感想，很有不约而同之处，大约出于赞美和感叹两种心理。

我们既然赞美，又何必感叹呢？这一点，也许值得研究。因为我们的情感，有时被理性支配，有时感情满足的时候，或许理性先生觉得不然，因之我们的内心同时发出赞美和感叹的冲突。

现在我们不必去谈经论典，随便把这十年来的西湖一看，单在建设方面而言，在表面上似乎很有进步，但是从破坏方面观察，不能不喟然叹惜。西湖十景中的雷峰塔，因无法律保障，致使倒塌，确是一件裂心痛脑的悲史。但是它的朋友保俶姑娘，假如我们仍然不去理她，恐怕朝不保夕的状态一天甚过一天，继踵而倒的悲剧也许难免。

以这两个古代艺术遗迹的损失，去比较那些没有艺术价值的洋房，和那些终年吐雾的大烟囱，我们应该替西子流泪。十年前，虽然没有马路之便利，却也没有那几种乌烟瘴气的大工厂；十年前，虽然没有汽车通行，却是湖水澄清，摇船痛快。我们并非为马路叹气，也非为工厂建设而骂人，委实中国天宽地阔，那些乱七八糟的东西，何必一定要加在西子的脸上。明明一件可以挽救的事实，我们倒放弃责任，这不是应该惭愧的吗？

今后的西湖，我们应该仔细研究，俗一点说，和她算回命。西湖天然之美，在世界上也有相当位置，大名鼎鼎的瑞士列蛮湖[①]（Lac Lémen），它的色彩固然翠而带紫，一尘不染，但是没有我们的西湖来得幽雅宜人。我们虽然不肯直说西湖美过列蛮，但我们不必过于自谦。西湖天然之美，既然这样难得，可是她的点缀品，反觉不甚相配。

谈到点缀品这个问题，又不能不把现在西湖的时髦建筑平心地评判一下。目前西湖建筑大约可分洋式、中式、中西式三种。这三种当中，尤以西式为最劣，现在我们不妨由保俶姑娘旁边那一个医院说起。最先我们用自己的直觉去观察，其结果已觉得大不相衬了。然后再用我们的感觉去观察，一瞬时，我们可以感到许多不快的刺激和反常的印象。多么窈窕的保俶塔作风，她的丰满如青笋式的曲线，她的苍古而带娇的彩色，忽然配上一个三十六等的乡

① 今译日内瓦湖，阿尔卑斯山北侧的一个深湖，位于瑞士和法国边界处，是西欧最大的湖泊之一，也是罗纳河沿岸最大的湖泊。

下洋房，相形之下，洋房本身，固无美术价值之可言，即保俶姑娘自己也被它染浊，即洋人看见，似乎也不大舒服，以为有意替他出丑。我们自己看见，当然更加难过了。

如果我们希望挽救垂危的保俶姑娘，那么，我们应该从根本上研究，而且从根本上做起。所谓根本上的意义，大约可分两种：（一）拆毁医院。（二）巩固塔基。这两种问题，在目前事实上讨论，很有实现的可能。因为那个医院本为英商某某挂着慈善招牌去发财而设的，自革命以来，归为中国政府所有，要如何处置，都可由我们自主。既然得到这么好的良机，我们今后再不振作，可归咎自己没有长进。巩固塔基的问题，经我们详细调查以后，以为非火速着手办理不可。经济方面，政府不能不担负责任，并且这种花费的代价，较之倒塌重修的代价，必相差甚远。

现在西湖的民房建筑，在物质方面，十年来确是很有进步。可是在美的方面谈，也很有进三步退五步的态度，不但体积和曲线方面，确是没有一点成绩，即彩色方面也觉得愈走愈穷，毫无情感表现。举目望去，不过黑灰白三色，在感觉上，黑色表现悲哀，白色表现冷酷，至若灰色呢，恐怕它在情感当中最能表现失望了。现在把这三种综合而为西湖建筑主要彩色，其结果当然可想而知。虽然西湖天然彩色丰富，有时还可掩拙，但拙劣的东西太多，恐怕掩不胜掩。这种颓唐的现象，中国艺术界不能不负责挽救的。

完全中国式的建筑，似乎渐渐地灭迹。也许一般守旧市民感觉到老式有点不大舒服，因此向新的方面要求。这种现象，我们应该乐观的，同时也是悲观的，因为他们没有一种相当的目标，辨不出美丑，因此闹出许多乱子。这是理所当然的。过去的坏处，虽然在事实上不能完全挽救，但却很值得研究，以免将来仍蹈故辙。

我们既然有这天然之美的西湖，兼之祖宗遗下许多历代古迹，不论在文化上或历史上着想，我们都应该继续创作，把西湖的人工建设未到之处设法建筑起来。但是徒然纸上空谈，究非一个办法，现在我们最希望的还是一个具体的研究，干脆在事实上着手，比较有效。

现在的西湖忽然得到一个天外飞来的救星，而且确是一件我们将来心灵上的安慰。这便是艺术家林风眠等在西湖创办一个国立艺术院。希望西湖得林氏等之发挥后，成为中国文艺复兴之起点，有如意大利之翡冷翠（佛罗伦萨）。林氏等对于西湖之艺术前途，不言预知其伟大而无穷，即对于东方艺术前途，也许因之而别出生面。这种现象，在将来中国文化史上固然有绝大的光荣，即在世界文化上，亦借之可以得到相当地位。言至此，我们又不能不希望林氏等终身为中国艺术前途和创作而努力。在绘画、雕刻、图案上固不在人下，要极力研究，即举目所见的建筑，日常所听的音乐，也应该同时并重才行。我们希望五年后的西湖完全达到艺术化的地步。

图 1-1　西湖博览会大门口宫殿式正面图

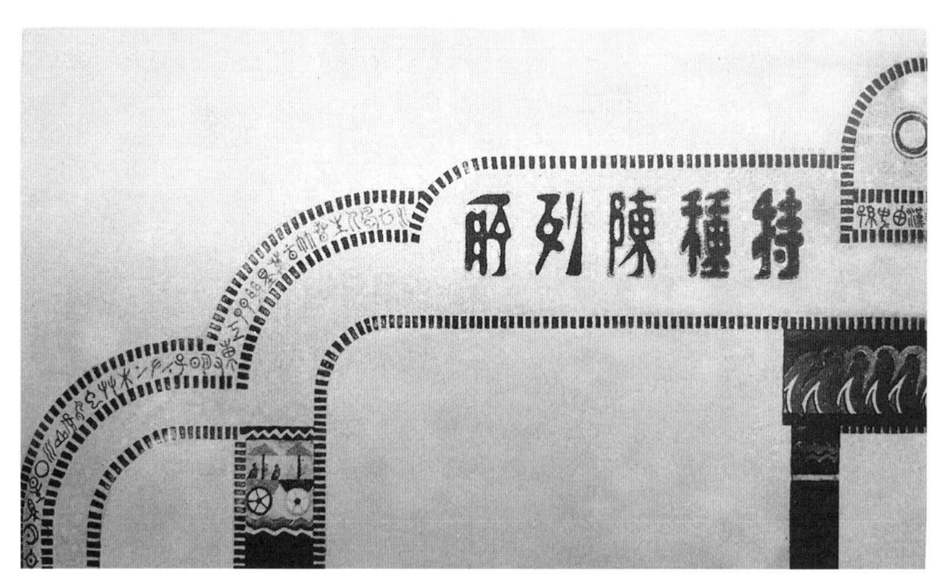

图 1-2　西湖博览会特种陈列所正面图

图 1-3　西湖博览会音乐亭正面图（全用天竺竹材料造成）

西湖博览会与美术建筑

［原刊于 1929 年 5 月 25 日出版的《东方杂志》第 26 卷 第 10 号《西湖博览会号》。］

西湖博览会是我国第一次自办的一种成绩，虽然不敢说是好，但是已经达到自办的能力，似乎也就很可自慰了。这次《东方杂志》预备出个特刊，我本想写篇详细文章，报告报告，可惜没有时间，只得简略地说几句感想罢。

自己在外国研究的时候，抱着满腔的热望要把美术建筑介绍到中国来。可是回国以后，看到一般民众不但不懂美术建筑，而且大有望焉去之的态度，虽说没有灰心，却已令人冷了半截。去年来到杭州，无意中遇着知音——程振钧先生[1]，那时他正在筹备西湖博览会，便把博览会的大门和各馆所门面的设计和装饰之责放在我肩上。我想这是表现美术建筑的机会到了，不顾一切，完全抱着义务的态度，不断地干。可是时间短促，会里的经费又要顾及，自己能力和精神也有限，所以办起来实在是非常困难，虽然煞费苦心也仍不能表现自己思想的十分之一二。这是我在中国第一次遇到的难关。我在欧洲，曾办过几次博览会的事，外国的经费和时间是比较充足的。不过，在落后的中国，能够做到这种地步，也算破天荒了。我希望，这次西湖博览会可以给国人了解美术建筑的机会。美术建筑是科学与艺术结合的产儿，不仅要懂工程学和各种纯粹科学，而且要懂得艺术。所以在中国，落后的中国，这种人才当然是缺乏的。我自己在孤独地奋斗时，总觉得能力非常薄弱，好像在沙漠中旅行的样子。我更希望国人留心到此种科学，尤其是到外国留学的。

现在新中国的建设已经开始了，正是需要这种人才，最要紧的，当然是我们得联合起来！因为建筑事业是社会性的、需要人们互助而成的。

---

① 程振钧（1886—1932 年），字韬甫，安徽婺源（今属江西）人。宣统元年（1909 年）于英国格拉斯哥大学铁路专业深造。民国六年（1917 年）进苏格兰铁路公司实习。次年回国，任北京大学教授，1926 年任浙江省政府委员兼建设厅长，是 1929 年西湖博览会筹备委员会副会长。

建筑的作风，以能表现自己的思想和本国文化为目的。不过，这是不容易做到的，需要先做介绍西洋建筑和调和中西建筑这两步工作，然后才能讲到创造新作风去表现思想和新文化。

学建筑的同志们，我们不要怕困难，困难就是艺术家安慰的来源！我尤其希望国内外专家时常赐教，来信请寄西湖艺术院。

中国新建筑应如何组织

[原刊于 1927 年 12 月 25 日出版的《东方杂志》第 24 卷 第 24 期。]

数年来，中国艺术运动的波浪很大，当中最可观的为绘画、新诗、影戏，其次如音乐、戏剧，至若雕刻和建筑，简直没有提及！大概因为这两科的同志太少，尤于研究美术建筑的更少。我呢，在欧洲的时候，所研究关于美术建筑各部，可说是完全西洋美术的建筑化。对于中国建筑，我是个客。因为我回国不久，兼之对于本国古式建筑尚无系统的观察，所以我不敢大刀大斧地批评。但是对于中国现代及将来的建筑，我以为是个应尽的义务和责任。所以我觉得在这冷落的美术建筑界里多说两句话，表达点意见，抑或因此得到未认识的同志们之声助，此后在艺术界里添上多少相当的波浪！

中国古式建筑好的地方自属不少，但缺点之处，亦颇有之。总而言之，人类的进化，以时代文化表现为历史的本位。现在我们似乎可以假定古式作风是古人的，现代人去模仿它，便是现代人不长进。艺术本身，根本是进化的，革命的。如果失却进化和革命的精神，时代上绝不会凭空生产出有价值的新艺术来！

现代作者，应该合作起来，去尽心研究和苦心经营。希望离开古式范围作风以外，找出一条新路来。但是仔细一想，这条路，委实不易找着，可是我们不能因为不易找着而消极。我们应该拿出自己的勇气和毅力，像西洋科学家之醉心于发明一样。我们的创作，便是发明，发明便是新艺术，新作风。

美术建筑的本身，是艺术与科学两者合作而产生的，同时利用就地自然界之赐，或艺术家个性之表现，及时代思想之变迁而成。

建筑与地质之关系最大。虽然人类能以艺术本能去利用物质，但是物质本身之耐久性，恐难为人而左右。自然学家纪威哀[①]（Cuvier）说：

“世界物质上每一矿物，都可为人类之应用。各地生产之能否丰富，及就地人民之能

---

① 今译居维叶（1769—1832 年），法国博物学家、比较解剖学家与动物学家，其研究为古脊椎动物学打下了基础。

否利用自然之生产，当以各地人民之智能和习惯及其文化之进步为标准。譬如隆伯蒂[①]（La Lombardie）之建设，全用火砖造成（隆伯蒂为意大利 Milan 之省埠）；力勾利[②]（La Ligurie）则大理石宫殿满布全省（力勾利为意大利北部之一省）。水渍石灰石筑成世界最美丽的罗马古城；石灰石与石膏石（Calcaire et Gypse）筑成近代最可爱之巴黎。但是假如米释朗[③]（Michel Ange）和伯拉望[④]（Bramante）两大艺术家易地而居，亦恐不能在巴黎建筑那罗马式的作风，因为两地的材料不同之故。"

在当时这种批评非常正确。可是近代科学发达，交通便利，兼之建筑的材料，几乎被科学左右。譬如现在罗马作风未尝不可为各地仿造。不过仿造的东西不能代表时代艺术及其文化。

中国古式建筑，似乎在装饰上很能利用自然界的产生。不过在材料方面，则几乎没有成绩。现在我们不妨与西洋古式建筑作比较。

（1）材料方面：

西洋古式建筑材料，矿物居多数，植物居少数，结果耐久性强。中国古式建筑材料，矿物居少数，植物居多数，结果耐久性弱。

（2）装饰方面：

西洋古式装饰，色彩少，石刻多，结果立体美发达，耐久性亦强。中国古式装饰，色彩多，石刻少，结果立体美幼稚，耐久性亦弱。

（3）进化方面：

西洋建筑，有系统的研究和史迹之考据；后进者，有继续研究之可能。

中国建筑，只归工匠祖传，因之在社会上之位置低；后进者，无继续研究和进步之可能。

至若现代的中国建筑，简直不能与西洋的相比。在物质方面，我们只得自居仿造之地位；在精神方面，创作上已无生产，即模仿上亦觉望尘不及！

现在我们可以把过去和现在的建筑搁下不谈，此后全用科学的方法及理性的精神去组织将来中国新建筑的创作。大约可分三大部分：（一）建筑教育，（二）建筑研究会，（三）政府特设建筑机关。

（一）建筑教育——建筑教育，在目下中国既有专科者，为工程科、土木科等。但关于美术建筑专门学校，或特设附班，尚未出产。本来美术建筑为艺术中最实用的一科，尤为社会所需要。譬如现在的巴黎的美术学校，其内容虽然包含图画、雕刻、建筑三科，却是建筑

---

① 今译伦巴底（第），为意大利北部之一省，与瑞士接壤，首府是米兰。
② 今译利古里亚，为意大利西北部之一省，西部与法国接壤，南面濒临地中海的利古里亚海。
③ 今译米开朗琪罗（1475—1564 年），意大利文艺复兴时期杰出的通才、雕塑家、建筑师、画家、哲学家和诗人，与李奥纳多·达芬奇和拉斐尔·圣齐奥并称"文艺复兴艺术三杰"。
④ 今译伯拉孟特（1444—1514 年），意大利文艺复兴时期著名的建筑师。

一科人数数倍于全校各科人数。同时美校以外，尚有数个市立和私立的建筑专门学校，由此可见一斑。欲创作社会性的新建筑作风，非从办学着手不行。因为（留学在）国外研究该科的同志太少。有的为环境所限，虽欲出洋研究，亦无从实现。同时国内又无此种专门学校。并且这种学术，非有科学根底，绝对不能表现艺术。现在我们应该最先着手的为教育无疑了。这种教育当然直隶于国立教育机关之下。所以我们唯一的希望，最先达到建设一个完备的艺术学校，由艺术学校附设建筑一科。随后有机会时再请国立教育机关将来特设美术建筑专门学校于各省，普及栽培建筑人才。如果把这两个目的达到，则将来结果，较之少数人由外国回来者更好。

至若私立建筑学校，现在人民方面，恐难办到。其原因有二：（一）建筑学校经费超过于绘画、雕刻两科数倍，因为此种学校必须购有相当之建筑书籍，以供学生之参考。同时须有建筑试验室之设备。因之私立学校不易筹得相当经费。即或有之，亦恐难得圆满效果（现在上海的艺术大学林立，可是雕刻和建筑两科，没有一个大学有的，这便是难办私立建筑学校的一个铁证）。（二）现在中国美术建筑人才非常之少。如果雇请外国教授，则薪俸昂贵，恐难维持。换言之，这种学校，万万不可带营业性质。由此而观，殆有非国办不可之势。此外尚有图案专门学校（Ecole des Arts Décoratifs）①之附设，所以现在欧洲社会有美术建筑家之称，同时亦有建筑装饰家之称。

美术建筑学生程度，在进校以前应具有普通科学常识，进校后的课程，当然以艺术和科学并重。我以为欲使学生毕业后程度高深，非严格考取不行。并且这种学识，非经五六年之研究，万难达到相当的程度。否则将来中国新建筑之创作，恐难实现！

现在中国美术建筑家如是之少，欲创办学校，恐难立刻实现。为暂时培育人才起见，我们同志，不妨仿办西洋建筑家征求助手之方法，以有科学根底和性近艺术者为限。换言之，即新式学徒。助手学习的时期，同时效力于建筑家实地建筑事宜。在学徒方面，同时可以得到学理和实习之益。在建筑家本身，虽然耗费时间，但亦可以得助手之代劳。同时在社会教育上实行个人应尽之责任，借此亦可痛改中国古式的师傅秘术之恶习惯。

（二）建筑研究会——现在中国工程建筑学会②已有存在。但美术性的建筑学社尚未萌芽。唯一的原因，是同志太少，兼之中国地大，不易接洽，因此很难得到机会去组织。本来

---

① 该校由画家让－雅克·巴什利耶（Jean-Jacques Bachelier）于1766年创立，当时名为“自由皇家绘画学院”，其目标是发展与艺术相关的专业，从而提高手工艺和工业产品的质量，于1925年更名为国立高等装饰艺术学院（École Nationale Supérieure des Arts Décoratifs），查尔斯·卡尼尔（Charles Garnier）等建筑师、奥古斯特·罗丹（Auguste Rodin）等雕塑家和画家亨利·马蒂斯（Henri Matisse）都曾在那里接受培训。20世纪20、30年代是这所学校的繁荣期：埃里克·巴热（Éric Bagge）、古斯塔夫·若尔梅（Gustave Jaulmes）等教授以及莫里斯·迪弗雷讷（Maurice Dufrène）、让·布尔卡尔特（Jean Burkhalter）、让·乔埃尔·马尔特（Jean et Joël Martel）、雷蒙德·苏贝（Raymond Subes）等学生，都对1925年和1937年的国际展览有重要贡献。中国艺术家赵无极曾在此学习。

② 1912年，第一个中国工程师团体——中华工程师学会成立，詹天佑任会长。建筑师也在此学会中，此时，中国并无专门的建筑师学会。直至1927年，庄俊和范文照在上海发起成立了中国建筑师学会。自此，中国建筑师有了自己的组织和发声平台。文中指中华工程师学会和中国建筑师学会。

会的本身必先有友谊或情感为根本，始能达到团结和研究地步。抑或会的名望已大，进会的会员能够得到精神或物质之帮助，方有发展的希望！

有了会方有研究的可能。假如我们现在已经成立了一个中国美术建筑学会，在社会上做起团体的宣传，制造信用于民众，如此，一方面可在实际上得到利益，如介绍工作于会员，一方面会员自己可以时常开会，讨论新建设等问题。如展览会之比赛，很能引起学术竞争，有竞争，便有进步，而且同时可以得到社会注意，使他们知道建筑改造方面的南针（方向）。

（三）政府特设建筑机关——此部内容可分四部组织：（A）建设部，（B）保存部，（C）检查部，（D）立法部。

（A）建设部——这部组织，由政府聘请美术建筑专门家，专任筹备及计划相关国家建筑，如行政机关、教育机关、公园、博物馆、国家戏院、记（纪）念碑、博览会场等。

（B）保存部——这部组织，由政府聘请考古专门学家、美术史家、美术建筑家等。其责任专为研究保存古代建筑遗迹方法，及实行管理全国古代建筑遗迹，修理及维持之。这种办法，在法国已有实行。但在意大利，则由游客旅行会代办一切。两者成绩都好。不过意大利的办法，到底有点营业性质，有时未免把入场券卖得太贵，常使游客或本地参观者有不便之感。法国的则有政府相当津贴，虽有入场券之例规，价格却很有限制，艺术运动亦较易普及。

（C）检查部——由政府聘请美术建筑专门家和工程师，专事检查民众起造房屋之制图，及监督市政建筑，同时调查民房现状，有倒毁破坏者，即由检查部直接通知屋主修理，以防有害公众财产及生命。这种办法，各国都有。但于德国成绩最好，将来我国很可仿照他的办法。

（D）立法部——由政府聘请专门法学家和美术建筑家及工程师，专门研究关于建筑公法，奖励、保护或限制等法规，随时呈请政府核定施行。现代生活变迁甚快，兼之物质进化亦速，故建筑公法有随时添设或删除之必要。譬如德国建筑公法之某则，限制一切房屋在三楼以上者，其楼梯必用石料，以备火灾时居民逃避之用。我国将来对于此部组织，最好合采各国建筑公法较为尽善者实行之。

中国将来建筑之发展，有绝对的可能。创作的责任，将必有所实现。但是作风上的创作，终是精神上的工作，虽不能马上达到进化的田地，可是变化的时期总可达到。或者中西化的作风，可成为中国新建筑的先进者，亦未可定？

中国新建筑除却作风创作以外，在物质方面，我们亦须顾及。虽然材料为实业家和科学家的出产，可是我们亦不能不知其内容。譬如现在南京建筑新都，材料之需要，必成一极大问题。政府方面当极力鼓励商民组织材料工厂于环城，如砖瓦厂、石灰厂、士敏土（水泥）厂、玻璃厂等，为建筑事业上必需之重要物。要是倚靠邻埠运来，则不独时间不经济，即运费之耗消，尽可令人寒心！中国地质丰饶，无地不可发展实业。我们将来的希望非常之大，我们的前途亦非常之远。据我个人的计算，在五十年内，如能各尽所能去干，将必有极大的效果。今日的梦，安知不是将来的事实呢？

中国美术建筑之过去及其未来

［原刊于1930年1月25日出版的《东方杂志》第27卷 第2期。］

一

研究美术理论是件难乎其难的工作，尤其是中国的美术。中国美术当中，尤其是建筑。因为古来著述，关于美术之批评，除开赞颂绘画和书法以外，简直没有什么可考。《阿房宫赋》[1]算是记载汉以前美术建筑的一篇大文章，还是唐朝杜老先生[2]的推想，一篇空文，徒然谩骂其壮丽奢华而毫未观察其艺术之精神及其作风之格式。如“**五步一楼，十步一阁，廊腰缦回，檐牙高啄，各抱地势，钩心斗角**”等记载，都属漫无边际、四通八达的句法。在文章本身，固有其艺术价值，但在事实上追究，恐难得到若何结果。况且杜老先生当时写这篇文章的目的，完全因为不满意于秦始皇个人的野心而作，文字上当必格外夸张或过分形容，所以把阿房宫说得天般伟大，骗着后人心迷意向（往）做了一千二百多年的好梦。杜老先生作文的时代，已经远离“**楚人一炬，可怜焦土**”的时代八百多年[3]了。他还说：“**使负栋之柱，多于南亩之农夫。架梁之椽，多于机上之工女。钉头磷磷，多于在庾之粟粒。瓦缝参差，多于周身之帛缕。直栏横槛，多于九土之城郭。**”证明这种记载，更难与事实吻合了。他以为阿房宫既成焦土，后人无从考据，三寸之舌，可以自由乱转了。由此而观，汉以前的建筑，未必是杜老先生心目中的阿房宫可作代表。除此以外，还有一本《洛阳伽蓝记》[4]（系魏抚军府司马杨衒之撰的），虽然没有科学方法，但较之杜老先生的大作，则大相悬殊矣。

由“**大和十七年（公元二二七）后魏高祖迁都洛阳，诏司空公穆亮，营造宫室**”（见《洛阳伽蓝记序》）可知，洛阳建设后于阿房宫四百余年。在这四百余年当中的建筑变迁，尤

---

① 唐代文学家杜牧的赋作。通过对阿房宫兴建及毁灭的描写，总结了秦朝统治者骄奢亡国的历史教训。

② 指唐代文学家杜牧。

③ 此处应为“一千多年”。

④ 中国古代佛教史籍，是东魏迁都邺城十余年后，抚军司马杨衒之重游洛阳，追记劫前城郊佛寺之盛，概况历史变迁写作之笔记，历数北魏洛阳城的伽蓝（佛寺），分城内、城东、城西、城南、城北五卷叙述，对寺院的缘起变迁、庙宇的建制规模及与之有关的名人轶事、奇谈异闻都记载详核。

其明显可察。洛阳城内，大小一千余寺，可谓宗教建筑最盛时代。所谓“伽蓝”的命义，便是今日的大寺观。现在我把《洛阳伽蓝记》当中最值得研究的一段叙述节抄如下：

“永宁寺，熙平元年灵太后胡氏所立也。在宫前阊阖门南一里——（省略）有灵阴里，即四朝时藏冰处也。中有九层浮图一所，架木为之，举高九十丈，有刹（刹即今日之宝塔或寺顶之尖顶）复高十丈，合去地一千尺。去京师百里，已遥见之。初掘墓至黄泉下，得金象三千躯，太后以为信法之征，是以营建过度也。刹上有金宝瓶，容二十五石。宝瓶下有承露金盘三十重，周匝皆垂金铎（铎即铜铃，内置木心者曰木铎，铁心者曰金铎，迎风而鸣，此物沿用至今日）。复有铁锁四道引刹向浮图四角鏁上，亦有金铎，铎大小如一石瓮子。浮图有九级，角角皆悬金铎，合上下有一百二十铎。浮图有四面，面有三户六窗。户皆朱漆，扉上有五行金钉，合有五千四百枚。复有金环铺首，布殚土木之功，穷造形之巧，佛事精妙，不可思议。绣柱金铺，骇人心目。至于高风永夜，宝铎和鸣，铿锵之声，闻及十余里。浮图北有佛殿一所，形如大极，殿中有丈八金象一躯，中长金象十躯，绣珠象三躯，织成象五躯，作功奇巧，冠于当世。僧房楼观，一千余间，雕梁粉壁，青琐绮疏，难得而言。……寺院墙，皆施短椽，以瓦覆之，若今宫墙也。四面各一门。南门楼三重，通三道，去地二十丈，形制似今端门图。以云气画彩，仙灵绮□（□即围也）。青鏁□，赫丽华拱门有四力士，四狮子，饰以金银，加之珠玉，庄严焕炳，世所未闻。东西两门，皆亦如之。所可异者，惟楼二重，北门一道不施屋，似乌头门。”

观察这段记述，似乎魏代建筑美过于秦时百倍，因为浮图之高百丈，恰与今日世界最高之巴黎铁塔相等。浮图原系宗教建筑，“太后以为信法之征，是以营造过度也。”由此很可证明，阿房宫之“五步一楼，十步一阁”，相离之密，面积之广。假如按里计算，在这二百余里当中，以最低限度推想，拟定每里楼阁宫殿四十所，全部至少也有一万二千余所。这么繁密与琐碎的建筑，哪里还能产出像浮图一样伟大的东西呢？兼之阿房宫建设之本旨，完全以个人作乐为单位，毫无宗教气味，所以敢信其建筑无伟大的可能。《洛阳伽蓝记》一文，似觉较为切近情理，至晋永熙三年二月，浮图为火所烧（浮图的存在仅六十三年而已）。火经三月不灭，周年犹有烟气，可见浮图本身之大，木料之多，确是一件事实。现在洛阳之浮图遗迹，虽如阿房宫之无从可考，但《洛阳伽蓝记》一文或不至如《阿房宫赋》之玄渺。

然而，由秦而汉，由汉而魏的平民建筑，在事实上，也不能不考察一下。宫室与庙宇尚可勉强由文字上推求，平民建筑不独没有文字可考，即遗迹上也无从看到其片砖碎瓦。因为这个原因，耽搁了许多时候不敢下笔。今年暑假，我与同学孙福熙先生相约同赴广东旅行，特诣澳门恭访一位收藏中国古代艺术品十分宏富的朋友王玉父先生。在他的许多宝藏之中，居然发现一个泥烧古代房屋模型，使我何等惊骇而高兴！据王先生说：“确是汉代的遗物。”那么，这次我真的在澳门的海底捞着针了。屋的外形（参看下页插图），似乎与宋以后

图 1-4　汉代陶楼明器

的完全不同，反而很像西洋近代的乡间小屋；但是它的正面窗户上端的装饰，已用麻叶云头式的曲线，而且明显可辨。屋的后面，其窗式非常怪特，狭小而长，但秩序井然。或每四小长窗排列者，原是一大窗，因为四窗上端尚有一云头横窗括住，由此可见四窗以内的三个墙面，等于今日之窗柱（窗柱多见于意大利北部建筑）。当时因为没有玻璃和薄纸的关系，不得不把窗的局部缩小；但为光线起见，又不得不均分为多数小窗。然而它的窗柱已有叶式线纹之装饰，可见那时平民建筑早有美术要求之表现。观察它的形式，平民的住屋既然有这种成绩，皇族和高贵的宫室，不想而知其建筑艺术更加可观了。我以为汉代平民房屋的瓦面很值得研究，宋以后的燕尾屋面，或者汉代平民房屋没有权限享受这种作风。《阿房宫赋》的“檐牙高啄”和《洛阳伽蓝记》的“浮图四角，鏁（锁）上”，意义无非是赞美燕尾屋檐，但是这个汉代遗下的民房模型，全无此式作风，似可证明当时燕尾作风是贵族的，不是平民的。再进一层讨论，汉代平民建筑，不独没有燕尾式作风，即所谓重栱双杪等“铺”（铺即檐额下之云字撑木，见插图）尚未风行。本来铺与燕尾（即飞檐）脱胎于古人行营帐幕和树枝。所谓头翘、二翘的表现，显然是树枝与树干相连之象征。所谓头昂、二昂、三昂等垂木，也显然是象征树枝尽端。至若由第一铺到第八铺铺额，当然是象征树叶无疑的了。然则飞檐何以脱胎于帐幕呢？我们可以观察蒙古人的行营，其幕布四围尽端，斜挂于歪立小木柱上，而小柱尽端，恰好和软布连成一个弯弯的弧线，尤其是帐幕的大门，一块长方形的布挂于两条相对的木柱上，正似宋时的大门亭檐，可见燕尾式作风的来源，确与帐幕成形发生密切关系。大概当时此种作风很少，由此我们可以推想汉代平民建筑之所以没有燕尾式作风，皆因那时皇族要独占风角，换言之，是专利。这种推测论调，虽然不敢绝对地相信为过去的事实，但或者有几分可以理解。

现在我们姑且认定这个模型是汉以后的建筑，然则汉以前的东西也不能不考察一下。况且阿房宫被烧毁后，未必当时中原疆域内的屋宇都归一炬。不过中国古代建筑材料，在汉以前，完全用石的，恐怕今日无从发现，因为印度建筑方法在汉以后才传入中原。换言之，汉代以后始有全用石料之建筑，而且这类东西属于少数。假使阿房宫建设于汉代以后，或不至以一火而尽。偏偏秦始皇要摆皇族的架子，在未筑长城两年以前，大兴土木（在公元前二百一十二年动工，即秦始皇即位三十五年），预备把天下永久地传给子孙受用。他的精神上的宏愿，多么永久而自利，但在建设一方面，反而没有想到木料之不耐久，纵使它雕刻得像生花一般美丽与玲珑，颜色着得比自然界还要丰富，也难以满足他那永久欲望的要求。假如当时秦始皇了解这点意义，即使阿房宫不用石料，也得和长城一般多用火砖，项羽的火力虽然伟大，到现在至少也得留下若干残砖。

由前汉到现在，不过二千一百三十四年，把这个时代较之希腊古代的建筑，似乎有点可怜。希腊建筑最盛时代莫过于菲蒂亚[①]之建筑巴登农（帕提农）。考其年代，巴登农（帕提农）动工于西历公元前四百三十一年，先于阿房宫二百二十五年。其建筑艺术之高明，石刻装饰之丰富，直至今日，不论在遗迹或文字方面，都井然可考。它的好处，在能使用石料，西洋很有诗人赞颂巴登农为石类的生命之花，也是菲蒂亚（菲狄亚斯）精灵之结晶。相形之下的阿房宫与永宁寺，恐怕没有多大意思了。

始皇以前的建筑，更难考察了。由始皇溯源至黄帝，经时二千四百九十一年。这二千多年当中，可谓洪水猛兽，诸侯封建的黑暗时代。穴居饮血的人民，恐怕还居半数之多。我们可以推想，在黄帝时代，始教民众耕种，这种时期，哪里谈得到什么美术建筑呢？而比之埃及，她的文化已达至第四朝，金字塔早已巍峨高耸于尼罗河旁。追究起来，汉以前的美术建筑（茅屋穴室不在列）实在一无所有。以上讨论，约略从宋溯源至汉，从汉又溯源至黄帝，但在黄帝以上，再也没有方法考查了。这个遗憾，唯有待诸来日，或者将有一天，可以发现黄帝以前的建筑遗迹。那时候，当必另有一翻（番）见解与理论。

现在我们应该讨论宋以后的建筑了。由宋（西历公元九百六十年）到现在，经时九百八十八年。在这九百多年当中，虽然各级建筑很具轨道，但就艺术演进而言，恰成一个长期的颓唐时代。其原因大概有三种：

（一）自宋崇宁起（1102年）命李明仲[②]编撰《营造法式》[③]一书，规定天下各级之例，丝毫不得自由，因之无从变化。

（二）自宋以来的建筑，除宗教遗迹少数应用石料以外，仍旧沿用土木。所谓泥水木匠等职业，素居下等之列，秘密传授，没有公开和共同研究的习惯。

---

① 今译菲狄亚斯（Phidias），古希腊著名建筑家、雕刻家。

② 李诫（生年不详，卒于1110年），字明仲，郑州管城人，北宋著名建筑学家。主持修建了开封府廨、太庙及钦慈太后佛寺等大规模建筑。

③ 《营造法式》是北宋官方颁布的一部建筑设计、施工的规范书。始编于北宋熙宁年间（1068—1077年），元祐六年（1091年）成书。

（三）科学不发达，不能补助建筑的需要。

有这三个大原因作颓唐时代的发酵丸，宋以来的建筑没有进步，那就理所当然的了。现在我们为方便整理起见，不能不先从文字方面着手。所谓文字方面的意义，大概除却李明仲《营造法式》以外，恐怕没有他书可考。建筑一学，是科学与美术融合而成一体。按科学方法去整理，必从根本着手。所谓建筑学的根本方法，最先是数学与几何。李明仲的《营造法式》，对于根本方面，没有透彻了解。现在让我试举一例：

“取径圆，《九章算经》李淳风注云：旧术求圆，皆以周三径一为率。若用之求圆周之数，则周少而径多，径一周三，理非精密。盖术从简要略，举大纲而言之，今后依密率，以七乘周，二十二而一，即径以二十二乘径七而一即周。”

算学家李淳风[①]先生既能发现径一周三之法不善，用二十二而一之法代之，算是进了一步。但在今日，二十二而一之法又不行了。周（长）等于三（点）一四一六，由（直）径乘之，即为周（长）之公式 $2\pi R$，这是现在的西洋算法。譬如立方、平方、立方根、平方根等学识，简直没有谈到，所以中国建筑之不敢应用石料，这也是个很大的原因。所以穹隆屋顶与穹隆地窟等建筑，无从看见（穹隆，voûte，多见于西洋文艺复兴以前的建筑，此种做法，完全以算学与理解为主）。

《营造法式》中，大小木作居其半数以上，其余砖瓦等作居多。至若石作，几乎没有，随便谈过算了，对于援经证典，什么墨子曰韩子曰的写得满纸文章，悦人耳目而已。但李氏关于历代名称统一的整理工作，确乎费了一番心血，而且对于建筑界也有许多贡献，省却读者空费脑力。至若他的制图，虽经朱启钤先生重新印刷，加之新三色，然没有几何与透视为底，阅者不能一目了然，即我们内行家都觉颇费眼力！

关于遗迹方面可以考察的，是元朝以来的北京，明朝以来的南京，山东的孔庙。它们的历史与艺术，大家都很明白，无须我来赘述。不过北京在元朝的面目，绝非如现在的北京。换而言之，现在的北京，不能充分代表元明两朝的建筑精神。况且满清在北京做了二百六十七年的皇帝，对于北京方面之建设，的确也是很有成绩。满清与蒙古的文化，很有分别。北京的建筑经过两朝长期顾主恩典，不论作风上或艺术上，都含有三种民族性的陶冶与融化。统而言之，北京建筑的作风，虽然过于对称，而失之平凡，但由全部而观，确有大方之气。南京的明故宫呢？它的运气太坏了，历代给人欺负，弄到今日，几乎片瓦不留，难以考察。倒是明太祖的墓还留下几个石刻，终年静坐和呆立于道旁，可怜极了。即由这几个石刻与飘摇欲倒的墓门推想，我们很可相信明故宫的建筑总得比它宏壮或伟大。我去年在南京看到故宫的柱础石一块，被近旁的居民搬去，在石地当中凿个圆窝，当作磨面的工具，令

① 李淳风（602—670 年），岐州雍县（今陕西凤翔县）人，唐代天文学家、数学家、易学家，精通天文、历算、阴阳、道家之说。

人发生无限感慨，人类得到时间之赐，居然也有贵族平民化的一天！

宋以后的宗教建筑的作风，较之宋以前的作风，也不能不讨论一下，因为前者演进的定例较为自由。自佛教流行中原以来，汉以后的作风，简直全体动摇。换言之，不论它的精神、曲线、彩线、体积，都受过印度作风的洗礼。当时汉人对于佛教举国若狂的态度，或者较之中国现在时行西洋作风还要厉害，因为人类的建设，带有宗教彩色的时候，必定伟大。不伟大，不能夸张神的严威与神秘。民众信仰佛教，也无非把自己的心灵寄托于神。如果寄托于神没有得到形式的捉摸，心理上必定觉得空虚，所以汉以后的建筑才有塔的产生。这派艺术之创作，不能不感谢佛国之恩赐。本来表现神秘的曲线，以长尖角最为有力，不独印度塔利用这种曲线，即欧洲中古时代而至今日的礼拜堂钟楼，都非常风行，尤其是北欧，如德国的哥仑教堂（科隆教堂），适用尖角曲线为最甚。按美学的定例，由水平线上仰视高明建筑，假使它是尖线，则上端之部面（表面）成为无穷尽之小面穿入天空，我们看到事物接近云端时，必生神秘之感（关于建筑原理，我在《贡献》杂志的第三卷第六期内发表过一篇文章，视觉之于成形变态的原理略有谈及）。换一句话说，宗教建筑的曲线，对于神秘的表现，早已研究得非常深刻了！中国宗教建筑的彩色，神秘的表现不能全用热色（暖色），由南至北，由东而西，庙宇是硃红墙壁、金翠图案的。我们似乎可以武断中国宗教建筑受到印度影响最深的为曲线与浮雕装饰，其次是体积。至若彩色呢，到处都是赤金与大红。

宋以后的皇族建筑，在八百年内，曲线与体积两方面，恐怕没有变化（进化是更说不到了）。但是这八百余年当中的皇族建筑，对于彩色方面之精巧，图案构图之周密，可谓登峰造极了。观现在北京故宫天花板与檐额图案，便可类推。故宫的庄严，我以为曲线方面之表现，反而不及它的彩色。现在我们可以得到一个证据：革命军到北京以后的故宫，把一大部分的原来彩色都改变成蓝白两色，因之原来的庄严气像（象）一落千丈。虽然把过去皇族的遗痕洗净，可是中国历史的文化和艺术也同归于尽！

宋以后的平民建筑，除却细部装饰以外，都被皇法限死，没有一点自由。然而他们的商店与坟墓较为自由，所以作风方面，也就活动得多。尤其是南方的，譬如福建、广东两省的商铺布置，和墓山建设，确乎值得专家研究。他们因为信风水，拼命地寻求新颖，因此产生这种艺术，居然增光于中国的美术史不少。

二

因为看见中国过去的建筑史，不能不舍却现在而连想（联想）到将来。表面上看，似乎这句话说得有点怪异。在事实上，恐怕没有多大出入。看吧，现在中国的建筑很明显地分出三派：

（一）完全仿造古式。

（二）完全仿造西式。

（三）中西合并式。

第一式是古人遗下的，到底模仿也不是时代艺术。第二式是外国人的东西。第三式是不中不西的调和式。

将来又怎么样呢？这个问题，很难料定，我们现在只得在能力范围以内计划推想。至若筹备的问题，那当然是当道（政府）的责任，我们无从过问。将来的范围，委实太大了，现为篇幅起见，选择一个较为重要的讨论一下。今后的建设关系将来中国文化最重要的焦点，当然是南京。换一句说，南京建设，便是中国新文化表现之发源点。对于这个问题，我们应该格外注意，希望今后的建筑，借着这个机会，寻求一条新路出来。我们虽然知道寻求这条新路是件难乎其难的问题，却也不能因为困难，就背手不问，将来闹出笑话时，还是中国人担当。这个问题，大概可分三大部分研究：

（一）组织建筑专门人才设计研究会。

（二）组织一个由政府直辖的实地建设工程部。

（三）组织一个建筑立法部。

这三个机关，可以总括称为建设部（或工务部），等于法国的 Ministère des Travaux Publics[①]，由政府选委专门人才为部长，大概他的办法和市政府不生关系。分开三大部以外，每部又分建筑和工程两部，由建设部直接聘请专门人才组织之。在欧洲这种组织法已有数百年的历史与经验，似乎很可采用，而且建设部内各组人才之选择，必须经过一番严肃考试，或聘请有名的专门学者，组织完备以后，才有研究和实现计划的可能。至若应该如何研究，如何计划，如何实现，如何扩充，如何演进，这是建筑部的责任，我们无须插嘴。然而我们的理想和希望，总得继续自由奔走于进化的道上。所以我们觉得为着中国新文化前途起见，无论如何，大家应该多负一点责任，实地没有机会贡献能力的同志们，至少也要贡献点意见。中国的文化是中国人的，我们不振作，谁也不能替我们工作的；而且他们替我们筹备的文化，当然不是我们的东西。我们的祖宗没有留下好遗产。邻舍的东西，我们也不应该硬拉过来。除开这两块吃不得的生肉以外，现在我们唯有一条生路。这条生路，便是新作风。新作风需要我们的创作能力去修成它！

---

① 公共工程部，在许多国家设有的国家部门。法国第二次复辟期间于 1830 年开设，负责规划、建设和维护公共基础设施，如道路、桥梁、水利工程等。

介绍西洋建筑

［原刊于1928年7月29日《中央日报》副刊《中央画报》第6期。］

建筑在美术史上，不论时间上或空间上，都占很重要的位置。我们可以在过去的建筑上考察各种民族文化的历史，尤其是有艺术价值的遗迹，不独给我们一个考察的可能，简直可以指导我们进化的道路。

我们观察西洋建筑的过程，或者可给我们许多参考。大概西洋建筑，可分空间和时间两方面考察。所谓空间的，是埃及的金字塔，希腊的伯登农[①]，罗马的哥罗梭[②]，法兰西的教堂，英国的议院，美国的摩天楼，都是历史上的文化代表。所谓时间的，埃及建筑之表现永久，希腊建筑之表现华丽，罗马建筑之表现雄大，法兰西建筑之表现柔美，英国建筑之表现侵略，美国建筑之表现资本，他们的作风，各随其民性而显露其艺术于无穷。

巴黎之阿北雳[③]Opéra

阿北雳即法兰西国家戏院，同时为国立音乐院，建于1862—1874年，系大建筑家加义哀[④]（C. Garnier）的杰作，素为各国批评家公认为现代世界最美丽的戏院。装饰有非常丰富的图画雕刻，堪称艺术之宫，尤其在傍晚时候，高贵而清雅的紫光罩住如珠似玉的石柱、活泼欲动的雕刻和碧绿无瑕的屋顶，哪一样不令人醉心留恋！

---

① 今译帕提农。

② 今译罗马斗兽场。

③ 巴黎歌剧院的卡尼尔宫，位于法国巴黎第九区的歌剧院广场。根据拿破仑三世的要求为巴黎歌剧院建造，是拿破仑三世风格的代表。

④ 查尔斯·卡尼尔（1825—1898年），法国建筑师，卡尼尔宫和蒙特卡洛歌剧院的建筑师。

罗马之圣彼得[①]

它位于哇的光（梵蒂冈）的右边，本来这个地址系尼隆[②]（Nercn）的赛马场，因为尼隆在这里杀死圣彼得[③]（S.Pero），所以在1400年[④]至1614年经过许多教皇之苦心经营，和文艺复兴的主要艺术家之细心设计，终于成为世界最美最大之教堂，其面积之广，体积之宏壮，确是一座不可多得的遗迹，尤其是它的圆顶，系米格朗[⑤]的杰作，意大利文艺复兴后的建筑，当以它为代表。

圣当时（S. A. e）宫[⑥]

系罗马时代的炮台，历代帝皇或教皇，多避难于此，其作风之强悍，极能表现一种死而不降的精神，宫与哇的光（梵蒂冈）虽距离很远，但有走廊可通，宫的正面为圣当时桥（圣天使桥，Ponte Sant'Angelo），两边置有罗马时代的雕刻，它算是今日古罗马建筑迹遗当中保存得最完备的了。

巴黎之圣母教堂[⑦]（Noire-Dane De Paris）

它是哥的[⑧]作风。动工于1193年。大概教皇亚力山大三世和法王路易七世是它的发起人，而且他们在未动工以前亲手安置过石砖。在十三世纪中叶才告竣。全局作风，可分两个时代，一为菲力之尖锐式，二为圣路易之光线式。其表面之清高，浮雕之丰满，曲线之稳妥，装饰之得体，玻璃之富丽，全局之谐和，确是哥的（哥特）作风杰作之一。

在这教堂里面，上演过许多惨淡光荣的历史，如大革命的缢刑，拿破仑之加冕等是也。

碧赖耶之音乐院[⑨]（Concert Prevel）

巴黎人对于建筑作风，素来坚持保存的态度，本国许多建筑家的创作都拿到外国去实

---

① 今译圣彼得大教堂（St. Peter's Basilica），位于罗马城中心的梵蒂冈国内，是天主教最著名的宗教圣殿。

② 今译尼禄，罗马皇帝，公元65年圣彼得受其迫害，被倒钉上了十字架而殉道。

③ 基督教奠基者耶稣所收的十二使徒之一，初代教会的核心人物之一。

④ 应为1505年，由教皇尤里乌斯二世立项。

⑤ 今译米开朗琪罗。

⑥ 今译圣天使宫，位于意大利罗马市中心，靠近梵蒂冈城。它紧邻圣天使桥（Ponte Sant'Angelo），距离梵蒂冈圣彼得大教堂步行约10分钟的路程。这座建筑最初是123年为罗马皇帝哈德良（Hadrian）而建的陵墓，后来被改建为要塞和教宗的庇护所。

⑦ 今译巴黎圣母院，位于法兰西共和国首都巴黎市中心城区，与巴黎市政厅和卢浮宫隔河相望，为哥特式基督教教堂建筑，始建于1163年。

⑧ 今译哥特。

⑨ 普莱耶音乐厅，1927年建成，装饰艺术风格。工程师及建筑师古斯塔夫－里昂（Gustave Lyon）设计建造。

现，等他在外国得到相当的效果以后，才肯拿回实用。不过现在的巴黎人可大不然了，新近告竣的碧赖耶音乐院，它的作风及建筑法之猛进，确能令人骇倒。在实用方面，完全利用科学方法，音浪的预算，能使五千听众不致有回音和碎音的烦扰。在艺术方面，极能适用新派装饰之谐和。最可观地，它能在一个相当的空间，布置出许多规模较小的音乐研究客室，这是建筑界的新面目。

阿北雳之内部

阿北雳外部已然美到无伦，但其内部装饰之丰富，彩色之高贵，也是罕有的建筑。法人维持这个戏院，国家每年津贴的款，可以当中国全国小学教育的经费！

芳登布鲁皇宫[①]（Château de Fontainebleau）

起创于法兰西亚第一[②]（1515—1547年），后由黑得邻娜[③]，法王安利第二及第三[④]之修饰，全局由五大部凑成，位于一个无边的花园当中，由湖心望去几若仙境，它是法兰西文艺复兴的杰作，拿破仑最爱居此，极力从事内部的装饰，到如今，还是一毫不变地保存。

芳登布鲁皇宫，从文艺复兴而至今日，上演了许多惊心痛目的历史，如免拉德希（Mona'deschi，化名为善骑公爵）因恋爱问题，被瑞典王后命人刺死于此，时在1607年。和百来年轰动法兰西的拿破仑让位等，都很值得我们回忆的。

拿破仑之会议殿

此室布置，完全系Empire作风[⑤]，极能表现当时奢华而热狂于胜利的状态，装饰有非常贵重而极有艺术价值的绣彩和地毯。

传说我们中国大名鼎鼎的钦差大臣李鸿章以前参观此殿的时候，定要坐坐陈列着的拿破

---

① 今译枫丹白露宫，位于法国北部法兰西岛地区塞纳－马恩省的枫丹白露镇，从12世纪起用作法国国王狩猎的行宫，曾是路易七世到拿破仑三世等法国君主的住所。在建筑和室内装饰上融合了中世纪、文艺复兴和古典风格的元素。它见证了意大利艺术与法国传统的相遇。

② 今译法兰西国王弗朗索瓦一世（François Ⅰ），1515—1547年在位。

③ 今译亨利埃塔·玛丽亚（Henrietta Maria，1609—1669年），查理一世的妻子，英格兰、苏格兰和爱尔兰的王后。

④ 今译法兰西国王亨利二世（Henry Ⅱ），1547—1559年在位；亨利三世（Henry Ⅲ）1573—1575年在位。

⑤ 今译帝国风格，19世纪早期设计风格，大量使用白色和金色，在一定程度上影响了后世欧美人的审美。该风格上接新古典主义，下启新艺术风格。其出现和法国皇帝拿破仑一世的崛起紧密相联，拿破仑为了和波旁王朝的艺术划清界限，想效仿古罗马帝国，建立起一个不受基督教思想影响的理性欧洲，命令建筑师们发明了一种全新的艺术风格，即帝国风格。

仑皇位，当时引导者反对，无奈他蛮着坐下去，法人亦无可奈何云。

附：

国际联盟会在去年六月征求建设会场图样[①]，投考者 40 余国，其中有价值之作有 10 余幅，尤其是法人免奴（Menct）之作为最佳，能于表演现代作风，同时保存大陆民族的和平精神，结果，他是第一。现正起造，作者是我的同学，他的艺术和生活，我也知道一二，预备来日有空的时候，给他作篇介绍的文章。

刘既漂志

① 1927 年国际联盟日内瓦总部（League of Nations）竞图，勒・柯布西耶也曾参与竞图。

南北欧之建筑作风

［初刊于1928年4月23日《中央日报》副刊《艺术运动》第10号，后刊于1929年4月出版的《旅行杂志》第3卷第4期。两者稍有差异。］

我们中国的建筑，虽然南北两方的意义无甚分别，但作风①上，却很不同。现在不妨以北方的燕尾屋檐去比较南方（屋檐）如跳舞式的裙波，北方屋檐曲线当然没有南方来得活泼和乐观，可是南方（屋檐的）裙波曲线不免过于夸张，反觉不甚大方。两个作风，同是一种意义，同是一种装饰，同是一种材料，但作风本身的精神，各有特殊的表现。由此而观我们中国的作风已有这么大的辨别，无怪乎欧洲各国更加复杂了。本来欧洲各国差不多各有各的作风，假如我们分开国界去讨论，恐怕一本书的篇幅也写他不完。现在我们只得从抽象方面研究，笼统分开南欧、北欧两部谈谈。

南欧，当以意、法、西等国为代表。北欧，当以英、德、荷、俄等国为代表。

欲知其作风的来源，我们不能不预先研究南北欧的民族性及其精神。本来作风的意义，在作家②方面说，是个性的表现，在民族方面说，是社会性的表现。我们现在研究的问题，当然于社会表现的部分为大，但是范围太大了，委实不易研究。现在似可把南欧的艺术主要国选两个作讨论的代表，那么我们当然公认法兰西和意大利为代表。法国民性虽与意国同为拉丁种，因为气候不同而各异，世界素来公认法国民族为血性民族，由此推想，不能不公认意大利为热血民族了！

阳光多晒的地方，其民族性之轻浮华丽，出乎自然（野蛮人不在列）。法兰西建筑虽然华丽，却是很少轻浮的气味，意大利则轻浮而华丽。

两国相比，在时间上，我们不能不以意大利为主，因为它的古代有罗马，近代有文艺复兴。但是法兰西之歌的（哥特），及其文艺复兴而至于现代的艺术，虽然溯源于希腊罗马，而其时代上之创作确有相当价值，尤其现在的建筑，就艺术本身批评（评判），反为意大利

---

① 作风（Style），即风格。

② 创作者。

望尘莫及！这一点，很值得我们注意的。

现代的暂且不问，我们先把历史上的遗迹一查。试问希腊的作风发源于何地，事实上想必我们公认它来源于埃及。至若埃及的作风来源何方，我们暂且不问。但是我们相信由欧洲中古而文艺复兴，由文艺复兴而今日，其作风的嫡派，确实源贯不绝。两千年来澎湃过去，虽然中古时代（中世纪），受封建制度的影响而名为黑暗时代，可是作风上别开生面，炮台式的装饰，假如当时没有经过封建制度，事实上，绝对不能创作这种作风。

意大利建筑之最盛时代，究在何时？这个问题很值得讨论，因为他有两个平衡的作风：（一）在罗马时代，（二）在复兴时代（文艺复兴）。平心而谈，罗马时代之得力于希腊，恰如复兴时代之得力于罗马。从空间方面推论，据我们现代人可以考察的，当然文艺复兴遗迹较多看见。从时间方面而谈，历史的记载，不思而知其前略后详，所以两者在事物上很难求得一个适当的相比。一方面，以为各有各的好处，也许各有各的坏处，但是两方面的好处和两方面的坏处相比，似乎丰富浮华的文艺复兴反不如大方磊落的罗马遗作。

也许当时罗马艺术大受希腊朝派[①]的影响，加上他自己喜欢征服他族的精神，所以产出一种华丽而大方的作风，利用当时希腊五种柱式外，另外自己加上两种，同时采用圆顶的筑法。

雕刻呢？虽然不如希腊的纯粹的艺术，却是他的装饰性反为希腊所不及。罗马作风，不独当时在意大利可以看见，即南北欧都被他布满。现在北欧的哥的（哥特）建筑，纯粹的罗马作风，已不成为疑案，即当时北欧本身的建筑，也很受影响。

罗马作风最易分辨，因为他的平行线都很宽展，楼部的比较也很合基本的比例。现在我们可以举个例子去证明它。譬如，驴背上乘着胖子，总不如马背上乘着好看，但在象背上，反觉得胖子太小，由此可以推想建筑上的比例。罗马的建筑恰似英雄乘着骏马，有时虽然全部体积很大，却是有压不倒基础的态度，不论由直觉或理性去观察，都觉得大而不笨，宽而不夸，而且处处表现男性（特征），这都是他的特点。

图 1-5　翡冷翠（佛罗伦萨）之大教堂

① 官方建筑。

到了文艺复兴时代的建筑，似乎可以分开朝野两派去观察，因为两派的主张很有不同之处。但是两派本身的理由，各有各的归宿。朝派当然含带古典的气味，所以他归宿到历史上习惯用的格式美方面。换言之，除却几种固定格式外的作风，绝对相反。至若野派①，确是当时稀罕的作风，因为他先知当时的毛病。当时朝野两派不同之点，姑且不谈，单从现代野派主观方面去观察，可以得到适当的评判，由近代到现代四百来年的评论，却将野派认作没有生命的艺术。但是这么华丽的建筑，谁肯相信它没有生命！

然而艺术过于华丽或过于夸张，与美观本身会否发生冲突？这个问题，似乎非常难说。

譬如，口渴时的心理，在未饮水以前自信可以饮得很多，却是饮量有限。观察或鉴赏，也是一样，假如人在沙漠里，当然觉得沙漠本身孤寂，因之回忆或赞美城市之可乐。那时的心理，当然想不到城市上的坏处，因为城市的坏处，还及不上沙漠的孤寂，相形之下，自然觉得两者相差很远，但是一经到了城市，不久便可发觉许多不满意的地方。丑的当中，固然含有更丑的东西，即美的方面，亦觉尚有不美之地，由此可以证明人类赞美的本身，随事物环境而转移，但是，两者的量走到极端的时候，必成一正比。

也许近代意大利建筑只有局部鉴赏的价值，因为全体的美，不独被部面（表面）占去，而部面本身过重，反觉拥挤，结果呢，局部的美，虽然不能因为拥挤而完全失去其价值，但全体则不期然而然失却其美了。

倒是山村当中时常可以发现孤傲清纯的建筑。这种遗迹虽然出诸乡下泥水工匠之手，但建筑本身的精神，确有生命之意义，也许这种东西为野派成绩之一。

法兰西的建筑，笼统可说歌的（哥特）、近代和现代三个时期，这三个时期当中最出色的，当以歌的（哥特）为可观。

歌的（哥特）这个名称大概是拉化儿②（Raphae）最先创用，当时他和罗马教皇 Leon X③通信上说过，由于歌的（哥特）的意义全带野蛮风味和自卫态度，所以它的艺术别开生面，它的生命延长有四世纪之久（1200—1600 年）。

歌的（哥特）作风之能登峰造极，一方面自然深含宗教气味，但一方（面）亦为贵族所要求，强迫良民如牛马入山开石，不计耗财。现在巴黎雅味安④（Amiens）、老安⑤（Laon）等处的历史遗迹，多半是这类作风。

---

① 民间建筑。

② 今译拉斐尔（1483—1520 年），意大利画家、建筑师。与李奥纳多·达芬奇和米开朗琪罗合称“文艺复兴三杰”。

③ 利奥十世，是文艺复兴时期的主要教皇之一（1513—1521 年在位）。马丁·路德在他任内的 1517 年提出《九十五条论纲》，引发宗教改革。

④ 今译亚眠，法国北部城市，上法兰西大区索姆省的一个市镇。亚眠在中世纪时发展迅速，是北方地区最重要的商业城市之一。1152 年，亚眠主教堂（Cathédrale Notre-Dame d'Amiens）建成，成为当时世界上最高的建筑。

⑤ 今译拉昂，法国北部城市，上法兰西大区埃纳省的一个市镇，同时也是该省的省会。

图 1-6 巴黎之尚蒂丽（Chantilly）王宫

法兰西近代作风，文艺复兴虽然华美，可是摹仿意大利近代作风的痕迹太重。好在路易十四至路易十六时代创出一种贵族式的作风，开开门面。到了现代，受了科学和社会革新的影响，加上法国民族装饰的天分，而产生现代的体积和立方两派[①]的作风。

现在我们把北欧的作风，也大略讨论一下。

北欧民性比较庄严、神秘、冷淡，因之他的建筑，也是同样的表现。现把德国高罗尼（Cologne）大教堂[②]和意大利之圣彼得（St.Pierre）大教堂[③]相比，当可一目了然。两者外形方面，也相差很远，前者专用尖角直线，插入云霄，好斗和残酷的民性在此尽露其真面目，后者喜用曲线。在事实上，前者何尝高过后者，但直觉上看去，似乎悬殊得很远。平心而言，前者虽然伟大、刚硬、严厉，但无后者之大方、柔美。两个建筑美的比例本身相比，也许前者不及后者，因为后者虽然大，但望上去觉得没有一点夸张，但前者适得其反，明明事实上不大却故意拉大，因之它的结果失却重心。尤其它的大门的比例更觉不成。因为建筑本身已既然这样拉大，它的门必须同时拓大，但却恰恰相反，恰似竹竿头穿个小蜂洞，这是北欧作风的大病。但是它的伟大处，确是值得钦服的，也许北欧建筑作风不能以德国一邦为代表。譬如现代英国作风，虽然没有特殊的创作，可是征服属地民族的性格，在中古中世纪建筑上面已经大表现而特表现了，现在伦敦的国会议院很能代表他的本性！

总而言之，南北欧作风，相差很远，全被自然界支配而成。谈到艺术本身，我们虽然不敢绝对断定南欧胜过北欧，但我们也不必断定北欧弱过南欧，因为各有各的好处、各有各的坏处。

一九二八年四月十六日

① 立体主义，20 世纪初巴黎的现代艺术风格，以碎裂和重组的几何线条为形式特征，由巴勃罗·毕加索和乔治·巴拉克开创。

② 今译科隆大教堂，位于德国科隆市，是哥特式建筑的杰作之一，建于 13—19 世纪。

③ 位于梵蒂冈，建于 1506—1626 年，为天主教重要的教堂之一。

雷峰与闭沙

[原刊于1928年7月25日出版的《贡献》第3卷第6期《刘既漂建筑专号》。]

世界的事物，有的确是非常奇怪，谁都知道中国古代建筑遗留下的雷峰塔并不歪斜而骤然地倒了，但是意大利的闭沙[①]（Pisa）塔倒是歪斜地存在着。我们的雷峰塔真的倒塌了好几年了，当时也引起许多文人学士的诗意和考古家的叹惜。不过这种无关痛痒的耗闻，终于被人忘记了，好像一场轰轰烈烈的情史，不论它的经过如何惨淡，如何可怜，如何可惜，终有一天没人理会！然而，雷峰塔的历史，雷峰塔的地位，和雷峰塔的艺术，确是一个东方唯一的古塔代表。现在它的遗迹虽有，可惜形影全无，雷峰塔的一场噩梦，我们索性让它过去吧，因为每次想起它，心里总是难过！尤其联想到闭沙（比萨斜塔）时，更觉难过！然而他们的闭沙塔（比萨斜塔）仍旧飘摇欲倒地安坐如山，它的历史，它的神话，它的艺术，都很值得我们研究的。我以前也去瞻仰过一次，参观的时候，得到许多恐怖而奇妙的印象。引导者的论调，也特别有趣，他说：

“先生们，你们现在已经身临世界上独一无二的塔里，你们不要害怕，我们直觉上虽然觉得危险，不过我们的上帝，是恩典无边的！我们尽可放心观览，上帝在上！我们这个塔，便是耶教永久存在的胜利纪念，而且它的建设，确是当时得过上帝的同意而造的！”

同行的几位旅客，微微地暗笑，终于在他们的眼角上流露出真面！

在神话上，以为塔的歪斜全是上帝之表现权威使之而然，这些论调，都是宗教家的饭碗玄学，受不起我们的批判。我们现在还是研究它的历史吧。

闭沙塔（比萨斜塔）起于邦拿奴[②]（Bonanno）之手，当初不过十一密达（米）高，

---

① 今译比萨，指比萨斜塔，位于意大利托斯卡纳省比萨城北面的奇迹广场比萨大教堂的后面。始建于1173年8月，是意大利比萨大教堂的独立式钟楼。外墙面均为乳白色大理石砌成，各自相对独立但又形成统一的罗马式建筑风格。从地基到塔顶高58.36米，1174年首次发现倾斜。

② 博南诺·皮萨诺，生卒年不详，意大利雕塑家，于1175年（即比萨斜塔动工一年后）投身于斜塔的建造，手法融合了拜占庭和古典元素。

图 1-7　雷峰塔

图 1-8　意大利之闭沙塔（比萨斜塔）

因为有一部分的地基不坚，塔身渐次歪斜，邦拿奴（皮萨诺）即极力挽救，由第一层改修至第三层，终于老病缠身，不可继续！随后由阮斯碧力（Guil dInnsbruck）继续修理，同时加建三层，因之它的歪斜，更觉利害①。在 1350 年的时候，由闭沙奴②（T.Pisano）在六层塔的周围，加建大理石的圆柱走廊。塔的艺术价值，由此增加百倍。最后有位建筑家佳利来③（Galilée），在众议纷纷的空气中，胆敢加建最高一层。当时反对的声调非常热烈，以为此举必招大祸，塔的存亡，全归佳氏（伽利略）负责。可喜他的学理深沉，洞悉力的原理，终于在地心引力的范围内实行其危险的艺术工作。传说当时佳氏（伽利略）因为群众怀疑的关系，日夜在塔督工，可见当时佳氏（伽利略）自信的决心，确实值得后人拜服。

统计塔的外形歪度，与垂直线相距四密达二十六生丁密达（厘米）之多，塔身的高度为五十五密达（米）二十二生丁密达（厘米）。其体积之巨大，可想而知。

---

① 1272 年由乔瓦尼·迪·西蒙（Giovanni di Simone）在原有基础上以一定角度加建了 4 层。

② 托马索·迪·安德里亚·皮萨诺，在 1372 年加建了钟楼，使哥特风格的钟楼与罗马风格的塔楼相协调。

③ 今译伽利略（1564—1642 年），被誉为现代科学之父，在物理学、天文学、宇宙学上都有重要的突破，曾在比萨斜塔顶上进行自由落体实验。

它的作风，完全可以代表闭沙派[①]（Pisan）艺术。其建筑材料，几乎全用白色大理石。观其曲线之单纯，装饰之适当，彩色之谐和，和环境风景之融洽，不能不公认它为世界唯一的闭沙派（比萨派）杰作。塔的旁边有当摩[②]（Duomo）教堂，两者作风相同。究其历史，当摩（比萨大教堂）建设之起源先塔一百多年，由此推想，或者塔的艺术该是受当摩（比萨大教堂）之影响。但当摩（比萨大教堂）惨经火灾后（火灾年代无从考证），由1602年至1616年重新修筑，安知当摩（比萨大教堂）重修的时候，又不受闭沙塔（比萨斜塔）作风的影响呢?

还有一种闭沙（比萨斜塔）作风的图案，颇可注意的。一面闲空的壁面，在上端嵌上一块四方直立的大理石图案，极能表现一种清朴而不穷、华丽而不俗的精神。这种图案构造，全用黑白两色的大理石小块嵌织而成。本来闭沙（比萨斜塔）作风多走强健的直线，加上一种软脆脆的装饰，极能表现美女和英雄并立的态度。他们的古迹，保护得多么起劲，不独可以供给考古家的实地工作，即鉴赏者的游兴，也增加不少。然而，我们的雷峰塔老是一睡千秋地下去，考古家已无从工作，即鉴赏者也乐得不问！现在谁还记得西湖与南北高峰鼎立的已倒的古塔呢?

---

① 比萨派是反映比萨地区在艺术和建筑方面的特色的艺术风格。通常指涉中世纪和文艺复兴时期的作品，代表艺术家有尼古拉·皮萨诺、乔瓦尼·皮萨诺、阿诺尔夫·迪坎比奥。

② 指比萨大教堂，中世纪天主教大教堂，位于意大利比萨的奇迹广场。大教堂是比萨罗马式建筑的著名典范，于1118年落成，施工于1063年开始，于1092年竣工。12世纪进行了扩建，增加了新的立面，并在1595年的火灾损坏后更换了屋顶。

蒂佳萝宫（iL Palazzo Ducale）

［初刊于1928年10月16日出版的《亚波罗》第2期，后以《游蒂佳萝宫》为题刊于1929年4月出版的《旅行杂志》第3卷第4期《刘既漂建筑专号》。两者稍有差异。］

“先生，到了！”房东说。

“是的！”

“先生的房间预备好了！”

这是我由翡冷翠（佛罗伦萨）乘夜车初到万毅思[①]（Venise）那天晚上的光景。当时确是有点困倦，好在由车站到旅馆的代步（燕尾小艇[②]，Conole）非常舒服，兼之船家的姿势来得特别起劲，两岸灯光也暗暗地照着大理石一块一块地映入外面。当时看见这种柔美而繁华的现象，似乎醉了，因之忘却数天来的困倦，房东纵然抱着一腔好意劝我休息，可是，万毅思的夜景充满着歌舞的空气，谁人睡得着呢？

万毅思的精粹虽多，但是谁都知道蒂佳萝宫[③]（Palazzo Ducale）最为特色，所以我第二天起来最先找它，好容易瞻仰它的尊容。也许我那天去得太早，一堆一堆的鸽子，尚在那块洗脸，淡红带绿的阳光斜照过来，照得蒂佳萝像仙境一般，我们虽然没有看过仙境，理想起来，也许相差不远，或者大同小异。总之蒂佳萝的美，确是值得我们羡慕而拜倒的！我们不论参观什么东西，事前总须有点预备。现在我们谈论蒂佳萝，至少须知道它的历史，而且它的历史的风波，很能令人惊骇的。

本来多时[④]（Doges）为万毅思共和国总统的尊称。当时的多时，为表现他的威严和光荣起见，在814年建成他们的多时宫，即今日的蒂佳萝。最奇怪地，前后一连烧五次：第一次为976年，第二次为1105年，第三次为1309年。但每次火燹以后，立即重修。及后到了1405年，才修成现在我们可以看见的六个穹形之窗（Arcades）。但在Piazzetta[⑤]

---

① 今译威尼斯。

② 今名贡多拉，是威尼斯主要的水上交通工具。

③ 今译总督宫，建于1340年的哥特式风格的宫殿，是意大利北部威尼斯市的主要地标之一，前威尼斯共和国最高权力机构威尼斯总督的官邸。

④ 指雅尼洛·帕提西帕奇奥（生年不详，卒于827年），第十任威尼斯总督。

⑤ 指小广场或小的开阔空地，通常与主要的广场相邻或连接在一起，但规模较小。

这一朝向的门面，当时虽经20年的工作，在1483年仍归一火，以后由建筑家利梭[①](Ant Rizzo）修理，同时由他开始建筑宫内的表面和大人台阶[②]。利梭后由罗柏多[③]（Lohbrdo）继续工作。1511年，始由使伯住多[④]（G.Spavento），后由亚邦帝[⑤]（Abbondi）工作，至1574年，不幸又归一火。1578年，由建筑家邦德[⑥]（Ponte）重修，始免火魔之扰，安宁而至今日。威尼斯之共和政府，亦由1600年，仍旧迁回蒂佳萝宫工作。

蒂佳萝的命运这么舛逆，可是蒂佳萝的美，也许是因为它的命舛而生的。我们可以推思，火燹以前的蒂佳萝未必美过重修以后者，而重修以后的华丽，也许不至弱过前者。蒂佳萝的作风，既经过这许多风波，大体上难说定它是什么作风；但是，由表面上观察，大约可分四种：（一）哥的（哥特）式，（二）悲桑单式（Byzantin，拜占庭式），（三）文艺复兴式，（四）威尼斯式。

有了这四种作风的调和和历代重修的经验，再加上人才物产的丰富，终于告成如花似玉的蒂佳萝！

蒂佳萝的全部表面，差不多都用大理石筑成。意大利建筑之用大理石固是一种常事，不过，它的用法确实来得特别，而且它的作风非常特殊。由彩色方面批评，谁不欣赏那桃红和乳白似的大理石表面？组纹之奇异，可说前无古人，密密的斜方走线，适与全体相称，不独没有浊气，而且非常清雅，恰似贵妇傲立，英雄拜倒的态度。曲线方面，更觉罕有，如向东一面为哥的（哥特）式，其构造之雄壮高超，尤为可爱。宫的西面及朝海一面，共有大理石圆柱36个，柱顶浮雕之变化，均随固有之曲线而装饰其历史故事。柱的上端为长廊，长廊本身有小圆柱71个。据考古家之推思，以为小柱上端之圆窗装饰，象征意大利贞女之乳，有的以为取形于某种花样，除却装饰性外，绝对没有别的意义。究竟谁是谁非，我们不必苦追。总之，乳形的曲线是很明显的了！但是几何式之花样也是不少。我们似乎不必认定脱胎花样的作风，一定比乳样来得高妙，同时也许不必武断乳样一定比花样来得好看。这个问题，只好就地解决，因为哥的（哥特）式柱顶上端的穹形（Vault），在历史上观察起来，古代多用尖形，近代多用钝形，到了现代，简直变成了平线。蒂佳萝重修的时代，恰好介乎古代近代的当中，所以那个时代的穹形，不尖不钝，在无意中，创出这种乳形曲线的作风来了！乳不乳，我们可以不必管它，不过后人往往误解，因此不能不讨论一个明白。

---

① 今译安东尼奥·里佐（约1430—1499年），意大利建筑师和雕塑家，15世纪下半叶威尼斯最活跃的艺术家之一。

② 今译巨人楼梯，是通往总督宫的楼梯。

③ 今译彼得罗·隆巴多，15世纪威尼斯著名建筑师、雕塑家。

④ 今译乔治·斯帕文托（生年不详，卒于1509年），意大利文艺复兴时期建筑师、工程师，活跃于威尼斯。1486年，被任命为圣马可检察官的顾问建筑师、建筑经理，因此，负责圣马可广场周围的大部分公共建筑，设计了圣马可教堂的圣器室、圣马可钟楼的钟楼和圣特奥多罗教堂。

⑤ 今译安东尼奥·阿邦迪（生年不详，卒于1549年），文艺复兴时期的意大利建筑师，活跃在威尼斯。

⑥ 今译安东尼奥·达·庞达（1512—1597年），威尼斯建筑师和工程师，重建总督宫的首席建筑师，以重建威尼斯里亚托桥而闻名。

图 1-9　蒂佳萝宫全景，既漂藏片

图 1-10　蒂佳萝宫大门，既漂藏片

蒂佳萝的大门（Porta Della Carta），为白氏[①]（Bart）及痴邦[②]（GiovBon）的杰作。装饰之丰富，世无匹者：门上的匾额，刻有爱情之神，为白氏亲手之作，其装法之超绝，表情之周到，曲线之相称，堪称哥的（哥特）时代与文艺复兴时代交接的一段妙品，不用说赏玩蒂佳萝的游客连声叫好，即一般考古者或艺术家看见，简直不忍离开。当时罗丹[③]对于该门的态度，几乎五体投地，赞美得无可言说了。我们虽然不能于罗丹个人态度而为评判该门的标准，但自文艺复兴以来的美学家，哪一个不是它的鉴赏者？虽然当时野派有点异议，可是它的艺术本身，确是值得他们拜服的。

蒂佳萝的右端和圣麦（St.Marc）教堂[④]相接。蒂佳萝后面倒很值得注意，因为后面是水道，为当时贵人花艇出入的水门，该面水道虽然狭小，而风景之好，为古今画家所留恋描写的妙品。由此可以推思一切，并且水面一部的历史很值得记载。因为水面部分完全是文艺复兴的作风：水面有一天桥，名叹惜桥[⑤]（Pie Dei Sospiri），为建筑家乾的奴[⑥]（Ant. Contino）1600 年所作。此桥与监狱相通。它的作风，近代有人嫌它稍微重了一点，因为桥形穹线太钝，也许他们看惯了乳形，觉得不太舒服！

---

① 今译巴托洛梅奥·邦（生年不详，卒于 1464 年），意大利坎皮奥内的雕塑家和建筑师，与父亲一起设计金宫（Ca' d'Oro，1424—1430 年）和圣母弗拉里大教堂的大理石门的装饰及宪章门。

② 今译乔瓦尼·邦（生年不详，卒于 1442 年），巴托洛梅奥·邦的父亲。

③ 奥古斯特·罗丹（Auguste Rodin，1840—1917 年），法国雕塑家，被认为是现代雕塑的奠基者，以《沉思者》《巴尔扎克纪念碑》《吻》《加莱义民》和《地狱之门》等雕塑而闻名于世。其最具原创性的作品则脱离了过去神话和寓言的传统主题，以自然主义塑造人体，彰显着人物的性格、肌肉和身体结构。

④ 今译圣马可大教堂，是矗立于威尼斯市中心的圣马可广场上的一处建筑，始建于公元 829 年，完工于 1094 年，是世界上最负盛名的基督教大教堂之一，是威尼斯建筑艺术的经典之作。

⑤ 今译叹息桥，位于意大利威尼斯圣马可广场附近，总督府侧面，巴洛克风格。

⑥ 今译安东尼奥·康丁（1566—1660 年），意大利雕塑家和威尼斯学派建筑师，其叔父安东尼奥·达·庞达（Antonio da Ponte）是亚尔托桥的设计者。

蒂佳萝的外形，以上大略说过了。但是，现在我们应该进去观察它的内容。因为它来得比较复杂，除却建筑美以外，尚有许多图画、雕刻和各种艺术品。

进门券太贵了（20个利[①]，约中银3元），这明明是意大利人欺负我们游客的！本来我们可以每天进去参观，这样一来，能不令人生疏？老实说，因为这个缘故，里面我仅去过两次，而且有一次是礼拜天（礼拜照例公开）。虽然进去看了两次，终于头晕脑痛，丧胆而归，似乎有点不大满足！因为没有慢慢咀嚼，好像三分钟吃顿大餐似的，酒菜虽甘，哪里还有时候审味？所以我那两天弄个吃不消，现在回想，似乎值得记载的事物很多，要是一件一件分门别类去评价，确是没有办法，这一点，不能不归罪于我的记忆力薄弱！现在只得笼统说说罢。

由大门进去，迎面便是大人台阶。台阶之右为空庭，庭的四面为文艺复兴作品，但取材于哥的（哥特）装饰者。两边檐额雕刻，一为邦帝尼[②]（Giov Bandini）1587年所作，一为利梭（Ant Rizzo）1464年之杰作。庭的中央，有铜刻神井两座（Puteaux），一为阿鲁碧决帝[③]（Alf Alberghetti）1559年作，一为光蒂[④]（Nic.Dei Conti）1556年作。本来这种神井，当时意大利迷信家认为神圣不可侵犯的东西，因之神井旁边数尺，当时绝对不许人足践踏。有了这种迷信，才能产出这种杰作。神井的作风，似乎万毅派的色彩较为浓厚，哥的（哥特）式的风味，可说没有。

大人台阶上面，有大雕刻两座，一为月丁[⑤]（Nepune），一为麦斯[⑥]（Mars），都为大雕刻家桑梭勿奴[⑦]（Sansovino）1554年所作。大人台阶的命名即起源于这两个雕刻。蒂佳萝里面的陈列室，即当时多时（雅尼洛·帕提西帕奇奥）会议厅和办事房等，大小共有30间，而且这30多间的装饰及其陈列品都是很有价值的艺术品。要是一间一间去评价，恐怕费时太多，我们还是找着几个重要的说说罢！

第一楼多半是多时（雅尼洛·帕提西帕奇奥）的住室、办公室及律师室，现在改为古画陈列室。

第二楼最为精粹，如内阁厅（Sala Del Collegio）之大壁炉，为雕刻家江伯纳[⑧]（Campagna）得意之作；壁炉对面，为畏罕尼斯[⑨]（Véronése）1575—1577年作的花神

---

① 里拉（Lire）是意大利在1861—2002年的货币单位。2002年元月后意大利开始使用欧元，里拉正式退出流通。
② 今译乔瓦尼·班迪尼（1540—1599年），意大利雕塑家。
③ 今译阿方索·阿尔伯盖蒂（Alfonso Alberghetti），生卒年不详。
④ 今译尼科洛·德·孔蒂（1395—1469年），意大利商人、探险家和作家。
⑤ 今译尼普顿，古罗马神话中的海神，统治着海洋和水域，也被认为是威尼斯的守护神之一。
⑥ 今译马尔斯，古罗马神话中的战争之神，象征着勇气、战争和军事力量。
⑦ 今译雅各布·桑索维诺（1486—1570年），意大利文艺复兴时期的雕塑家和建筑师，以其在威尼斯圣马可广场周围的作品而闻名。
⑧ 今译吉罗拉莫·坎帕尼亚（1549—1625年），意大利北部雕塑家，出生于维罗纳，1572年前往威尼斯，师从雅各布·桑索维诺（Jacopo Sansovino）与丹尼斯·卡塔内奥（Danese Cattaneo）。
⑨ 今译保罗·委罗内塞（1528—1588年），意大利文艺复兴时期的画家。威尼斯画派的“三杰”之一。著名的作品是宗教和神话题材的巨幅历史画，如《加纳婚宴》《利未家中的筵席》和《威尼斯的胜利》。

（即 Venise）接礼图，畏氏（保罗・委罗内塞）在蒂宫的作品最多，近代批评家多推这幅画为其杰作，其表情之婉致，彩色之鲜明，花神的可爱可羡可敬之处，都整个地介绍出来，尤其是装法之巧妙，确得出奇制胜之术。内阁厅有了这幅杰作，加上邦德（Ponte）的天花板，大演其文艺复兴之夸张装饰，和畏氏柔美而热烈的彩色相偕，适得其当。事实上，该厅虽然不大，可是有了这几种特点，和透视布景的魔力，反觉身临大殿，应接不暇似的。

由内阁厅进去，为元老厅，为当时多时（雅尼洛・帕提西帕奇奥）和元老院议员开会的场所。该厅天花板装饰之丰富，几乎令人不能消化。画套走边，固是金碧辉煌，堆檐塞栋，即油画之多，尤令人惊骇。总统座位上端，为画家单多列[①]（Tintore）作的耶稣下十字架图，其魄力之伟大，很令人醉心拜倒，永为信徒，具有吻耶稣之脚而不知味的魔力！我们觉得，这种宗教性的绘画，装在政治建筑上，似乎有点不甚妥当；假如把它移在礼拜堂里，则必门当户对，永为一班信众歌功颂德，感谢无边了！不过这种现代说法，也许和当时的心性相反，我们可以不必拿目前的心理去批评它罢！厅的右壁，有一幅花神之爱普烈四亚（Bréscia）贺礼，亦为单多列（丁托列托）所作。还有一幅天花板上的油画（赞美花神），也是单多列（丁托列托）所作。其材料之丰富，幻想天堂之华丽，人物动作之活泼，没有一处不令人心往神驰（头紊脑痛）的！元老厅，这个名称，在今日的眼光来看，似乎应该改称为单多列（丁托列托）画室较为妥当，这是尊敬艺人应有的态度。

由元老厅向西，经过几个规模狭小的玲珑小巧的客厅后，终于走到大名鼎鼎的会议厅（Sala del Maggior Consiglio）。该厅面积长五十四密达[②]，宽二十五密达（米），高十五密达（米）四十生丁[③]。厅内并无柱身。这种伟大的建筑，在文艺复兴时代，确是罕见，并且它的天花板都用平行线，其负重之巨，可想而知。由此可以证明当时之建筑术，确已非常进步。该厅的装饰之宏壮，和建筑本身，适得其当。如厅内正面的壁画，素称为世界最大油画，有二十二密达（米）宽、七密达（米）高，题名为“天堂”，系画家石国[④]（Tac）和单多列（丁托列托）于 1587 年至 1590 年所作，经过 3 年之久。其天堂神秘之表现，及其波涛澎湃的势魄，几乎可说前无古人，后无来者，画中人物之复杂，非有三数天功夫不能一一鉴赏。可惜色彩稍为单调一点！也许这四百来年的风霜使它老了！该厅的天花板，分 35 幅油画。这 35 幅当中，尤以中央的那一幅最为特色，题名“万毅思（威尼斯）之收纳征服民族”，为巴笠马[⑤]（Palma）作。总而言之，该厅装饰之美，堪与质量相称。

---

① 今译丁托列托（1518—1594 年），意大利文艺复兴晚期画家，与提香、委罗内塞并称为威尼斯画派的“三杰”之一。
② 密达即米。
③ 生丁即厘米。
④ 指雅各布・科明，为丁托列托之父。
⑤ 今译帕尔马・维奇奥（1480—1528 年），意大利文艺复兴盛期的威尼斯画家。

图 1-11 蒂佳萝会议厅（正面为石国与丁托列托合作的天堂图），既漂藏片

其他还有斯力帝奴厅[①]（Sala d.Scrutinio），较小于前者。但其装饰浮雕之丰富，为前者所不及。可惜金色太俊，未免被它遮掩了许多杰作。

今日回想万毅思（威尼斯），不觉离开它一年了！可是甜蜜的印象，确是得到不少，即使蒂佳萝宫内，也鉴赏过许多艺术以外的自然美！朋友们有机会时，意大利是应该去的；假如你们到了万毅思（威尼斯），最好多带点干面包，蒂佳萝门前的鸽子待哺之娇态，多么可爱，怪可怜的，立在手上，任人摩抚！

① 今译选举大厅。

意大利建筑之花：介绍巴维亚修道院

［原刊于1928年11月20日出版的《良友》第32期。］

如果有人说及“意大利”三个字，我认为谁人心里都会发生一种感想。大家的感想，当必各有不同之处，但是，总不外羡慕它的历史，和赞美它的遗迹。在下去年初次回国的时候，听到这三个字，霎时间像做梦一般在脑海中穷追我在意大利短期旅行中的幸福。现在呢，真不敢恭听这三个甜美的字了。自己也没有勇气说出这个原因，而且不说可以省却许多烦恼与懊悔。今天逢见同学孙福熙先生[①]，不知为着什么又谈上这三个字来了。他说：“你总得介绍一点意大利的艺术啰，而且你当初也有这个意思。”为着不肯推却老友的友谊和反背自己的心愿，现在也顾不得心里难过不难过了，索性把当时参观巴维亚（帕维亚）买下的几张照片刊印出来，供诸国人，并笼统添上几句说明。

图1-12 欧洲巴维亚（帕维亚）修道院之正面

① 孙福熙（1898—1962年），字春苔，浙江绍兴人，现代散文家、美术家。与刘既漂同为留法艺术青年，1928年国立艺术院建校时任图案系教授。

巴维亚修道院[①]（Certosa di Pavia）在米朗[②]附近40里左右，它的环境很像我们中国南方的风景，宽大的平原，满满地种着稻。小溪上隐含着流水声与蚊声，加之旅店鸡犬的叫哮，这些满有诗意的微波，永远地向着修道院的朱墙徘徊。短墙之下生满野草与蔬菜，静是静极了，远远的大理石山呆立于稻田尽处。在这丰饶的野草上，忽然看到天堂一般的楼阁，这便是意大利文艺复兴时代的建筑之花。

大概它的历史也很不短了，它虽然在1086年安置过第一块开工石及其开工典礼，但至1447年修道院才完工，到1499年礼拜堂也随之告竣。不过礼拜堂的正面装饰经过许多朗伯蒂[③]（Lombarde）雕刻家长期的工作，直至1560年还没有完全成功，然而他的主要建筑家，当是佳夏（A.Da Carrara）无疑了。

巴维亚（帕维亚）能成为建筑之花的原因，我们不能不考察一下。

本来意大利的文艺复兴时代，不论哪一种美术都差不多达到登峰造极的地步。建筑里面好的创作，也不在少数，为什么这个山村僻壤的巴维亚（帕维亚）居然独自得到历史上最佳妙的评价而至今日呢?

图1–13 欧洲巴维亚（帕维亚）修道院之侧面

是的，我们最先应该了解它的环境，因为它的成功简直可说是环境的恩赐。而且它的环境本身有三个非常明显的特点:（一）本地出产一种桃红而带朱色的火砖，这种材料，是世界上独一无二的。似乎火砖本质像松粉一般，飞在道上，但是砖的作用，仍旧一样坚耐。[④]（二）附近出产大理石，而且非常丰富。（三）朗伯蒂（伦巴第）省的艺术家很多，尤其是雕

---

① 今译帕维亚修道院，意大利北部伦巴第大区的一座修道院建筑群，建于1396—1495年，是意大利最大的修道院之一。

② 今译米兰，意大利的西北方大城，米兰省的省会和伦巴第大区的首府。

③ 今译伦巴第，位于阿尔卑斯山和波河的一个意大利北部大区。

④ 此句之意为这种桃红色砖石材料看起来非常轻盈但是十分耐久。

刻家，兼之当时斯光蒂[①]（J.G.Visconti）醉心艺术与虔信宗教，专为他自己和他的家族建筑道院，为出世人永远的栖宿。有这三大原因，所以当时朗伯蒂（伦巴第）的艺人们起劲地工作了一百多年。

院内构图，大约可分三大部：（一）礼拜堂，（二）修士室，（三）作室。

（一）礼拜堂：它的作风，是悲桑单（拜占庭）化的朗伯蒂（伦巴第）式，一切细部多用六角、八角或以上之装饰，彩色也非常奇特，专用各种碎块大理石构成图案，其用心之巧妙，难于言语形容。本来大理石本质既有天然之美，再加之艺术陶冶，当然更加超脱。它的曲线，也经过一番深刻的寻求。利用无数柳小的白色石柱，一根一根地飘显于朱色粉墙之上。最可爱的是檐间的砖花图案一条一条的平行线，加上一排有规则的白色石砖，随着平行线走入弧线，由弧线又走入平行线，弯来曲去地点缀着。好似粉翠的草地上，见到无数的小野菊。其成形虽然复杂，但与全局音韵非常谐和。

图 1–14　礼拜堂内面

礼拜堂内部装饰也非常值得注意。粉蓝的穹隆天花板，画上金色星宿，象征天堂。壁面的柱身由一块绿色和一块白色的大理石拼成，华丽而清雅。各部分和各段落的图案，也配置得恰到好处（文艺复兴时代的艺术往往取材过甚，一味表现丰富，而不顾全部，因之弄巧反拙，现代有人批评文艺复兴时代是颓唐时代，在一方面观察，确有其理）。

（二）修士室：院内共有修士室 25 所，各立门户，室虽不大，但日常生活所需都设备得很整齐，如水井、面包笼、小菜园等。在这里的修士们，由文艺复兴到现在，都在自然界中过生活。他们除却念经以外，还要自食其力，耕种蔬菜、米麦、葡萄之属。修士室里面的装饰，在古代生活状况之下，算是贵族的了。雪白的灰壁上端，看到桃红色的浮雕。井口木盖，也刻着消极式[②]的花纹，或耶稣格言。由华丽的礼拜堂，忽然深入这纯朴无瑕和一尘不染的修士室，到底心里觉得人生应该各得其归宿。这样艺术化的圣地，我以为不信宗教的人也愿意在这里长住。

（三）作室[③]：巴维亚（帕维亚）的作室，算是世界制造美酒最有名的地方了。酒名叫作

① 乔瓦尼·维斯康蒂（1290—1354 年），米兰大主教。

② 指条纹图案。

③ 酿酒室。

石代斯[①]（Chatreuse）。史载石代斯酒（查尔特勒酒）系该院当时一个修士发明的。他们享了二百多年的秘制专利，现在欧美各国仿照的虽然很多，终不及它。作室（酿酒室）里陈列着许多制酒家私，大概是旧的，可惜参观者不能看到修士们的工作。制酒器具也装饰得很可爱。游客去的时候，小小一瓶石代斯酒（查尔特勒酒）是应该购的了。

因为篇幅过小的关系，我实在冒昧写这篇介绍文字，因为介绍得过于抽象，甚至仅是一部分而已，这是我很抱歉的。

西湖，十月十九日

刘既漂先生在欧洲研究建筑与图案多年，回国后任国立艺术院教授，作有南京建设图及建设计划文字甚富，其发表在各出版物者想必为阅者诸君所爱好。今特为本志编辑梁得所先生代求此篇，以介绍于《良友》的良友之前。

——孙福熙

① 今译查尔特勒酒，又译荨麻酒。

敬告全国建筑界同志书

［原刊于1928年1月10日出版的《首都第一届美术展览会特刊》］

建筑大计划之各式屋舍，以乐民居，此为总理[1]建国大纲中民生四大需要之一条。现在中国的黄河以南，无疑已经到了建设的时间。军事成功以后的地方，便是建筑家努力的区域。

建筑界的同志们，不独现在应该出来，在这言论界多多宣传，而且还要实地计划，大兴土木地去实现总理的方略。这个方略，便是中国未来之花，也是我们建筑家义不容辞的责任。但是仔细一想，总理定下的方略多么伟大，其中组织虽很妥善，惜无详细办法，并且总理也说过“以后建筑发展办法当由专家去研究”。我们现在尚未得到努力的机会，因之我们应该预先讨论发展中国建筑之方法，俾得将来可以逐步实现，完成总理之伟愿！

目前中国建筑状况，委实无甚可言，即言之也令人心痛！但是他们不能因为目前无整作（作为），徒呼奈何，究非办法。我们应该因为没有整作（作为）才去努力。有整作（作为）的地方，委实用不着奋斗。可以奋斗的地方，也委实没有整作（作为）。我们建筑界的同志们都很了解西洋科学及其精神。现在我们不妨利用他们科学的方法去办理，抱着他们的精神去经营，再加上我们自己的艺术，这样办去，相信将来必有极圆满的结果。

现在我们讨论工作问题。中国地大物博，人民聪颖，社会安定的区域亦算不少，尤于现在是建设开端的时期。何以我们忽然大叫一声“无用武之地”，岂不令人骇怪吗？不要慌，让我们详细一谈。我们委实有很可怜的环境，其原因大约有四：（一）受外国经济的压迫；（二）国库尚未能筹款建设；（三）人民迷信；（四）建筑界之无团结。现在我们可把这四个问题分段讨论如下：

（一）受外国经济之压迫：中国经济之受外人压迫，谁都知其危害极大。现在我们单就建筑事业范围以内的进行讨论。在租界方面的建筑，自不用说由他们包办一切。即为租界以外的建筑，亦几乎全受影响。譬如现在的英美建筑公司，在天津、上海、北京都有分行。在这三埠的大规模建筑，似乎非他不能承办的态度。究其内容，亦不过组织得法，同时得着英

---

① 指孙中山。

美银行之助而成。假如我们仔细把它分析一下，当必哑然而笑，愤然而怒，因为英法银行的资本完全系中国人的存款。他们利用我们的资本创办实业，其得息仍归银行。我们存款利益较之银行本身利益，则有天渊之别。如果我们可以了解，把信用外国银行的心移到中国银行里，再由中国银行利用本国的存款去发展本国的建筑和实业，如此，则存款者的得息当然过于前者。同时存款者可尽救国的一份责任。这才是根本打倒外国经济的办法。即在外人方面，他们素来最惯利用我们自己的掌，打我们自己的嘴。我们又何不醒眼（睁眼）看着小偷盗物罢?

西洋建筑实业银行很多。其办法专门利用人民存款去发展建筑事业，其得利较之其他银行之大。譬如建筑大规模的旅馆若干所，其建筑经费先由银行付出，旅馆告成后出卖，则其代价比倍过（几倍于）建筑经费。假如旅馆建筑愈多，则成本愈轻。若成本愈轻，则银行进息愈大，同时存款者之得息亦愈多。现在中国尚无此等银行出世。适值建设开端时期，为组织建筑银行之绝妙机会，将来发展指日可待。似乎此种银行由商（人）自己组织为妥，如此，不独脱离政治影响，即行动上，亦得自由发展。兼之同时可以抵抗外国经济之压迫。

（二）国库尚未能筹款建设：国库现在不能筹款建设，想必大家都很知其理由，因之许多建筑同志很难得到相当机会去发挥所能。目前政府方面除却组织筹备会或研究会以外，简直没有办法。南京自号为首都以来，单就建筑方面而言，试问有何成绩？徒使一般热心同志灰心而已！

（三）人民迷信：在西洋文化未入中国以前，中国人自重的观念很少。尤（由）于不知自重，单在居住的一方面而言，贫苦的人自不用说住茅蓬子，甚或住土穴。在中等以上的人家，有了相当的资本时，便迷信风水。祖先的坟墓，故不在话下要攥（选）一块顶好的地方，即三两间泥房，也求神作福，风水先生的罗盘，当作一个重要的问题。先把神鬼安排妥当，然后安排祖先龛神之类。至若人本身的安适，从来没有说及，甚或他们不知道“安适”两字的作用。这一点，在任何乡村城市我们都很可看见，有的因为神的问题，牺牲一个可能实现的计划，有的因为风水而起讼，讼穷而不能实现者。诸如此类，算不胜算。近数十年来，因为租界建筑成绩很好，而且租界内建筑家都是洋人，以前的老迷信逐渐移到洋建筑家身上，以为欲造洋房，非洋人不可。因此，有的人竟把西洋的建筑学迷信为神秘的技能，反乎自己不敢相信把这神秘的技能学得过来。其实他们何尝知道西洋科学之容易了解。现在上海的先施公司和永安公司两座大洋房①，平常人总以为这么伟大的建筑当然是该洋人造的无疑了。假如不是他造的，至少也是他打的图样。岂知这两座洋房，竟是一位自己人打的图样，而且自己人造的。由此而观，徒然归罪民众迷信，亦未免过甚。因中国建筑家过去的成绩，很少宣传，不能使多数民众知道，致使他们继续迷信洋人。进一步言，岂不是我们替洋人卖

① 先施百货大楼由广东华侨马应彪委托英商雷士德的德和洋行进行设计，于1914年开始兴建，1917年10月20日建成并正式开张。永安百货大楼由马应彪的同乡郭氏兄弟委托公和洋行设计，辛和记营造厂承包建造，于1916年开始兴建，1918年建成并正式开张。

广告吗?

（四）建筑界之无团结：我们不应该埋怨过去的建筑界无团结。委实中国以前没有多少建筑家，兼之中国面积广大，不易逢面，无从联络感情。纵使可以逢面，亦不过二三个同志而已。大凡组织一个团体或学会，至少也要二三十人才能发展。现在中国建筑家，在国内专门学校毕业的很不少，即国外学成归来的亦很多，大约总在 50 人以上。现在尽可设法组织起来。有了团体便可以发展个人不可能的事业，同时可以共同研究。过去的建筑界，没有在社会上得到相当的信用，我们认为这是不幸的结果。今后的建筑界，知道过去的病症，将必可以痛改前非，团结起来，抵御外国资本之侵掠!

我们在这应该负的责任未完成以前，无论如何必须顾及我们最后的目的，便是创造新艺术，创造有个性、民族性的新建筑，以表现中国之新文化。这是我们建筑家对于祖国，对于人类，对于世界应尽的天职!

全国建筑同志们团结起来抵制帝国主义之侵掠!

全国建筑同志们团结起来打倒垄断中国建筑事业的国际资本主义!

全国建筑同志们，团结起来，铲除国人迷信风水及迷信外国建筑师之成见!

全国建筑同志们，团结起来，创造新中国的新建筑，以完成总理“建筑广厦千万间，大庇天下民众俱欢颜”的伟大志愿!

刘既漂敬白

从《建国方略》说到南京改造

［初刊于1928年1月6日、13日《时事新报》副刊《市政》第2期、第3期。后以《南京改造》为题刊于1928年7月25日出版的《贡献》第3卷第6期《刘既漂建筑专号》。］

“**南京为中国古都，在北京之前。而其位置，乃一美善之地区。其地有高山，有深水，有平原。此三种天工钟毓一处，在世界中之大都市诚难觅如此佳境也。**”这是（孙）中山先生在《建国方略》[1]中的几句话。对于南京的将来，在《建国方略》中，也很明白地说过。总理的学说，我们应该想出一种最完善的方法去实现它。总理在《方略》里也说过“**关于应何建筑的方法倚待来日专家去研究**”。建筑事业，我虽然不是一个门外汉，可是回国不久，恐怕不能十分熟悉南京市面，但已业是建筑，索性尽点应尽的责任，和大家讨论，纵在事实上不能发生若何效力，或亦有些许利益。

关于南京的改造，我们可分现在和将来两个计划研究，因为在事实上很难筹出大宗款项，不能痛快地全体同时改造，因之不得不暂时从可能的地方着手，由小而大、由近及远的办法，亦未尝不可。

现在：对于现在的计划可分四项研究。

（A）卫生：现在我们最先应该着手的，为卫生建设。

大凡城市之重要必需品，为水及光。两者当中，尤以水为更重。市面积水不能排泄，即如人身大小便之不通，百病因之而生。市面水若不洁，则为害更大，如人之饮毒液。现在南京市民用水不出三种：城内河水，城外河水，井水。（一）城内河水，三水当中以河水为最恶秽。市民不得不饮此水者，亦居多数。现在略举一例，南京市民习惯在河中洗衣，洗马桶，最奇怪的，同时洗米洗菜。数百年来习惯，或成为自然举动，同时城内各河从来无人修通，腐泥臭物渐将河底塞满，昔日的流动水，现为死水。可怜一般多数的市民，舍此臭水以外，又无他水可饮！（二）城外河水，虽然含带泥质和石灰质成分不少，但较之城内河水可有天渊之别了。无如此，水不易运来，因之代价甚大，市民能饮此水者居少数。（三）井水，城内井水多含石灰及硫酸质，其为害几乎等于城内河水。由此而观，可知南京改造应该最先

---

① 孙中山于1917—1920年期间完成的三本著作的合订本，分别是《民权初步》《孙文学说》《实业计划》。对南京改造的描述出自《实业计划》第三部“建设内河商埠”。

解决的为水无疑了。

现在我先行研究建设自来水的办法。我们不敢希望政府马上拨款经办，但是政府应该设法奖励商办，较易奏效。南京市面广大，骤欲创办大规模的水厂，恐难找得资本。我以为最妙仿照巴黎的办法，分区由商人承办。现在南京人烟较为稠密的地方为南部与中央两部，最妙先以两部分为界，拟出相当草案，征集商人承办。南京市民，其数在 30 万人以上，自建都以来，人口日有增加。大约每区人口在 15 万人以上，平均每人用水 3 升，其总数为 45 万升。假定每升值钱二文，则每区水厂每年得息在 13 万 2000 元以上，15 万人口的水厂，大约中银 100 万元资本可以造成。八年内可将资本收回，八年后的每年利息将必源源增加。此种办法，在市政方面，人民得益极大，在商人方面，亦得利不少。

自来水的问题很易解决。南京面临长江，兼之环近多湖，城外又多空地，如停水池之设备，尽可任意发展。至若水厂如何建筑，水池如何布置，水管如何安设，都属建筑技术，无须在此赘述。不过水产之建设，完全是科学的出产，我们应该采取西洋新式的办法，并且政府与商人的合约必须细订一切，以免商人从中弄弊。有如现在上海中国地界（华界）的自来水，商人营业的眼光，总以资本少、得息多为宗旨。外国来的机械，当然新的贵，老的便宜，政府不监察，安知结果将不等于上海中国地界（华界）的自来水呢?

自来水讨论完后，便论到阴沟问题。因为阴沟的问题属于“水”。不论商店、住家、工厂等，其日常排泄秽水甚多。譬如臭水产生毒菌，如不排泄，小则养育蚊虫苍蝇之类，甚则变为痢疾瘟疫等流行病，为害之大，不可思议！现在南京市面，虽有若干街道建有阴沟，可是办法不良，有名无实，到处腐水停积，恶臭不堪，尤以饭店茶馆为甚。现有阴沟的弊病有三：（一）阴沟本身过小，不易修理；（二）市民不知公益，有时不免将腐物抛进阴沟，致使闭塞不通，易使秽水停积发毒；（三）街面从无用水洗扫，因之沟内不得充分之流水而排泄他物。为市民公益幸福起见，现在政府不独应该积极修理，一方面亦必须扩充。南京阴沟贯线，专在人口稠密的地点上计算，至少亦须 30 里。我们所谓贯线者，是水沟本身较大，能容纳支线的流水，同时沟内可以容人行动，从事修理便是。支线阴沟大约亦在百里以上，成了街道的，即有建设阴沟之必要。但恐不能同时大小水沟动工，最妙分期发展。现在假设先修贯线 10 里，支线 20 里，由市面人口最稠密的地点着手。

建筑阴沟材料，亦很需研究，因为南京本地出产多属砖类，石类虽有，可惜不坚。本来阴沟建筑，如能完全采用西门土[①]，则效果最大。可惜南京附近没有西门土出产，由外埠运来，则运费必贵，因之成本过重，诚恐政府一时不能担负。现在我们可以作折中的办法，采用意大利式的水沟建筑，将流水的部分全用三合土，过道用石料，沟壁和沟盖都用粗砖。这种办法较为经济，亦很耐久。

① 西门土，为 Cement 音译，指水泥。

至若阴沟的用费，比不得电灯和自来水的可以生利，假如希望市民自己组织去，恐怕三千年后也难实现。并且这个问题关系市民生命极大，应该由政府完全负责。我提议最新着手建设贯线10里，支线20里，其用费最多不过15万元以上20万元以内。此款由政府筹拨，似属可能。兼之南京将来必须大修马路，阴沟工作应在修路以前，阴沟建设与自来水同时进行，这才是改造新都的根本。

关于卫生上的建设，公共厕所亦为重要问题之一。这个名词说起难听，却为人类生命上的一个绝大需要，尤其是在文明之邦。

南京清道的方法，亦应改良。西洋用的清道车多么便利，政府尽可采用，去替代那些清道夫！比较上，总可多得一点效力。对于城市卫生运动，也可表现点成绩。

迷信风水与卫生委实关系很大，法律应该限制一般丧家，至少把他们亡人的灵柩埋进地内，不致有碍公众卫生和表现社会野蛮的态度。再进一步说，我们的政府应该设一公共坟山，如此，则一方面可以省下许多有用空地，一方面用人工去保护，不致死者露骨青天。如果民众的风水迷信固执不变，法律可令他们服从。

南京的浴室，也是一个值得讨论的问题。事实上南京委实不少浴室，不过好的和干净的恐怕没有一个。南京人认为头等的浴室，恰好等于上海最劣的。但是我们亦应该知道它们不好的原因有三：（一）没有自来水；（二）组织不得法；（三）无法律之规正。有了这三种原因，无怪乎没有成绩。为市民卫生起见，政府应该急速建设市立浴堂，或国立浴堂。本来浴堂作用，不独使人清洁、不致害病，委实可以强健身体。大约西洋浴堂组织有三种：（一）盆浴（Bain）；（二）雨浴[①]（Douche）；（三）池浴（Puscine）。中等之家多半安设第一种和第二种，但是第三种构造规模较大，非由市办不成，同时可为市民运动游泳。现在上海的青年会亦有此等浴池之设备，其成绩如何，我们都可看见。

将来南京应该于起办自来水之日起，创办一个大规模的浴池。其中组织最妙仿照德国的，分开男女两浴池，以便男女公益均沾。这种大规模的浴堂最多不过20万元可以建成。兼之建成后的进息，我们可以推测，假如浴位200个，平均每日浴客400人，每客浴费两毛，则每年进款2万4000左右，纵使开销费居进款1/3，每年利息可得1万6000以上，十年内便可将建筑费收回。这种办法，在市政方面及市民方面，均为有益无害。假如市政无能建设此种浴所，亦不妨请商民承办，彼此订定相当条约，亦未尝不可。现在南京浴堂，一进门，至少花上五毛才可洗个臭澡出来。其中丑态恶浊，极能令人呕吐三天，甚或大病一场！

（B）交通：对于交通，大约可分三种研究：（一）修路及开拓主要马路；（二）建设主要贯线无轨电车；（三）扩充公共汽车。

（一）修路及开拓主要马路。南京市面的路，委实没有一个好的，正正当当修起来，简

---

① 今译淋浴。

直全盘都要改造，至少也要几百万元才有点头绪。现在为政府暂时经济起见，只得将市面四条重要贯线根本修理，余作段落的修理。第一条为中正街（由菜市口起至朝天宫止），第二条为内桥大街（由内桥起至南门外街止），第三条奇望街（由淮清桥起至小西门而觅渡桥止），第四条花牌楼（由总司令部起直至夫子庙）。四条贯线总计不过15里，假如每里修费2000元，总算不过3万元而已。要是先将这四条修好，则由南而北，由东而西的马车，可以奔驰自如了。

（二）建设主要贯线无轨电车。传闻市政府欲修有轨电车，其用意当然完善，但有轨电车之实用远不及无轨电车，因为有轨电车对于交通虽然方便，可是阻碍之处亦很不少。譬如电流忽然停断，一时车身不得行动，时逢路小，则后来各车不得不因之而停顿，有时集聚数百辆于一道而经数小时不能移动者。南京街道狭隘，汽车驰驶似觉非常勉强，假如不能先将马路拓大，竟先驾驶电车，不独交通有所阻碍，即人命案件亦必大有增加。兼之建设有轨车之资本，等于无轨者。上海的有轨车与无轨车，便是铁证。同时无轨车经过的路线必由电车公司修理完备，政府可省修费，岂不一举两得?

（三）拓充公共汽车。这种计划最妙政府找商（人）承办，但由政府规定他的办法，当必很可发展。

（C）公益：目前南京关于公益建设，可以勉强马上着手组织或实现的不过五种：（一）公园之改良；（二）临时市场之建设；（三）救火局之改良；（四）公共医院之建设；（五）国家影戏院。

（一）公园之改良。现在南京稍为可游的为秀山公园（血花公园），但其中构造之不良很多，前后也很有人提议改良，大家都很表同情，希望市政府除表面添换招牌以外，还要根本地改良起来，或拓大一点。不然，至少也要开个草场，让一般可爱的小国民翻来覆去，才像个花园的样子。

（二）临时市场之建设。南京市面，由聚宝门而至中央大学，由小西门而至大中桥，居民不算不多。在这么热闹的市面，居然没有一个正式的市场，是很可怜的。现在市面之所谓市场的，不过街头街尾的空地上，或庙前庙后随便摆上菜篮肉桌，把残菜余骨抛个满地，因之苍蝇群集，兼之庙前庙后的空地，素来为那一般露股大便的圣地，再加之腐菜臭肉，其中盛况，可想而知。

马上应该建设的市场至少也要五所。市场建筑（材料），最妙全用三和土，以便洗扫，并防火灾。地点分配必须详细研究，因为一方面要选得市民买物便利的中心点，一方面要顾及乡人远来卖菜，屠夫卖肉的交通便利。第一市场，在聚宝门及南门桥之间（此地点接近雨花台一带农人，同时为南门大街之终点，人烟非常稠密）。第二市场，可在夫子庙附近，最妙临河、近桥，以便洗扫，同时交通方便。第三市场设在小西门内，其地势和聚宝门相似。第四市场设在内桥左右，该地为南京南部的中心点。第五市场设在总司令部附近。

这五个临时市场，很可用小规模的办法，总要布置得宜，平均每个市场可容人一千。假如买物者在场勾留半小时，则上午 5 小时内，市场可供万人以上之买卖。据我个人预算，建筑五个市场用费 15 万元以内，很可有为了。因为这种建筑只求实用，不讲美观，除三和土以外，所需他料极少。兼之这种建筑，三数月内便可告竣应用。此种办法，在市民方面之得益，当必极多，因为市场卖的食品多由乡人直接售卖，则可省去商人转手的耗费。在市政方面，15 万元之建设费仍可由市场租金上渐次收回。

（三）救火局之改良。南京房屋多用木料，火灾一起，便连属多家。救火局之改良，必须当局注意。现在西洋救火机械完善，兼之南京湖水极多，未有自来水以前，尽可设法多购两架新式机械，其代价不过四五万元而已。

（四）公共医院之建设。如欲大规模地建设一个医院，则经费至少也要 30 万元，一时恐难办到。但可设法，以最小的经费创办极大的医院。南京庙宇颇多，不妨觅得好的修改而为医院。其代价必有天渊之别。

（五）国家影戏院。堂堂的新都，找不出一个影戏院，多么可笑。影戏的作用，为社会教育的工具，市民消遣的良药，商人盈利的泉源，市政府应当极力设法奖励商人创办，一方面市政府自己创办一个大规模的国立影戏院。这种工作，亦是革命宣传事业之一。有了 10 万元以上的资本，将必很有可观，并且成功以后之进息非常之多，政府的资本亦可从中收回。

（D）方法：以上所谈，都是马上应该着手进行的计划，现在我们必须研究的根本办法，大约可分六步研究。（一）计划之预算；（二）工程之组织；（三）分配建设区域；（四）编译建筑法律；（五）采用西洋建筑方面；（六）材料。

（一）计划之预算。亦可分现在和将来两期讨论。大约政府方面，第一期建设，至少亦要筹出 200 万元。商民方面，如承办自来水及电车等资本，亦必须筹出 300 万元以上。事在人谋，金钱是由人造的。政府和商民合作更当容易。譬如现在每月军用费达至 700 余万之多，如能把这 700 余万元当中的用费扣下 20 万，则一年内可得首都建设费 240 万。在公款 700 余万中扣去 20 万，简直毡上去毛，在首都改造方面则得益不少矣。再不然，由政府派人到南洋向华侨募集 200 余万元股额，想亦不难找得。至若商人方面，如政府能使之得利，小小的 200 万元，何难一筹而就？政府和商民如能在三个月后筹出第一期建设，一二年内尽可把以上所说各部计划实现。将来建筑的经费如何出脱，到其时想必更有可能矣。

（二）工程之组织。此部当由市政府特设，雇请国内专家。如是单纯的工作，委实用不了多数人才，省却许多无用的耗费。

（三）分配建设区域。此部市政府亦应聘请特别人才共同研究，如关于美观方面的布置计划，当请美术建筑家。关于实用方面的计划，当请建筑师、工程师、测量师等，去实地调查，详测地理、地质及预算将来全体用费的详表。这部的存在，西洋各国都有，名为国家建设委员会[①]（Comite de Travaux publics），南京市政府应该从速组织的。

（四）编译建筑法律。中国法典上尚无建筑法律之存在。建筑法律之编译，为中国市政上一大重要事业。编译建筑法律，尚属易事，要政府实行，人民照办，才是难事。我觉得此部事业，最妙由政府自动，聘请法律家、建筑家、卫生学家，合作编译，采取外国建筑法律和我国自由的需要。编成后，由最高行政机关通过实行。

（五）采用西洋建筑方法。（孙）中山先生说："夫人类之能进屋宇而安居，不知几何年代而后始有建筑之学。中国则至今犹未有其学，故中国之屋宇多不本于建筑学造成。"这几句话便是中国数千年来建筑的弊病的铁证。我们自问，中国委实没有其学，纵或有之，后者不能继续研究，挨到现在，还是如此。我们知道建筑学的同志应该出来尽责，给社会生活增点颜色。我们不妨采用他的方法，采用他的科学，如日本东京之建筑，便是一个证据。但是，我们不能因为学他的方法便忘记了自己固有艺术，自己个性的表现。

（六）材料。南京建筑材料，在目前而言，尚未十分为急。要是预备将来之用，则今天应该起首筹备基础。建筑材料普通用的为砖、瓦、石、铁、石灰、西门土等。

砖瓦出产，南京本身很可发展。古式土窑，当不如西式的便利。西式可分两种：（一）柴窑；（二）炭窑。柴窑恐难发展，因为南京环近木少，运输不便，因之成本大。兼之窑主自己因为省木起见，减少火力，出产劣货。要是炭窑，则比较妥当一点，南京环近固然无炭出产，但可由武汉或上海运来。炭的火力比柴窑强加数倍，代价又比柴便宜。并且炭窑建造，稍有科学常识的便可经营，有了3000元以上的资本，尽可着手。砖瓦事业，如能设法利用西式组织，则出货必速，发展可待。不说南京将来需要恐大，即目前尽可销行自如。

石的问题，南京石多，惜无好石。据我个人考察，以为南京石，只可用之修路，及不受压力的墙壁。但苏州出好石，运来南京极易。现在南京路石，应由市政府开办石工场于环城或城内。即如路石之用，至少也要一万万立尺（1亿立方尺）之多。假如由市政府自开，则将来修路费可以省俭一半。并且石工场开办资本，极可大来大用，小来小用，任意发展。因为石工场用具除却小铁路车及人工以外，其他用品，不至多大开销。工场办法，最妙预先指定用额开取，以免耗费。

铁的问题，南京环近向无出产，为目前计，只能向武汉铁厂购运。可喜长江输行方便，想亦不至极贵，但为将来大规模建设起见，武汉一厂出产恐不敷用，最好奖励商民在芜湖建设铁厂。因芜湖铁矿丰富，与南京亦较接近，将必两得其便。

石灰问题，在南京环近，尽可发展。此厂办法较之砖窑更易，因为环近多产石灰石。

西门土问题，西门土工厂之创办，在南京附近亦很可能，制造西门土原质为石灰石，再

---

① 在法国第三共和国时期（1870—1940年），为了推动国家现代化和基础设施建设，法国政府成立了多个专门机构和委员会。其中一个重要的机构就是国家建设委员会，其任务是协调和管理公共工程项目。在20世纪初期扮演了关键角色，特别是在法国进行城市化和基础设施发展的时期。该委员会负责制定、推动和监督大型工程项目，如铁路、运河、港口、道路和桥梁等。

加上少许燧石或硅土而成，但其热度在750度以上，较之石灰成本，适得其半。同时此厂设置全用机械，欲办此厂，至少预备资本百万。据去年法国西门土工厂报告，100万资本的厂，平均每月出产可达4万余元，除却开销可剩2万5000元以上，由此推想可知一切。

将来：以上所谈，我认为目前必须着手的计划，但是我们不能因为暂时不能实地筹备将来的建设而不研究将来京都根本改造的办法。我们应该同时积极讨论一个详细的办法出来，现在为篇幅所限，只得把将来的一段谈话容我改日再说。假如有人问我："你是个美术建筑家，何以没有提及一句美观的意见呢？"那么，我只得谦逊地对他道歉。现在纵欲尽力计划，在事实上，委实万难做到，好比大病才好的人，你要他去做苦工，想必很难办到。纵使可以办到，我相信他的结果将必非常悲观。现在我只得照着中山先生的理想，从中找出些办法，或者对于当道，有点贡献的可能。

现在让我把下项预备讨论的大纲录下：

（一）交通建设：无轨电车、公共汽车、扩充马路、修桥、飞机场、长江隧道（由下关至浦口）等。

（二）区域建设：政治区域、商业区域、工业区域、教育区域、住家区域、军事区域。

（三）公益建设：公园、贫民新村、孤儿院、养老院、盲人院、残废院、戏院、影戏院、市场、屠宰场等。

（四）美术建设：纪念碑、博物馆、国立展览会场、国立戏院、国立图书馆等。

对于首都建设的希望

［原刊于1928年7月9日《中央日报》第6版］

现在我们都在讨论首都建设的空气中旋转，觉得这问题的重要，值得全中国、全东亚，甚或全世界人的注意。我们简直可以断定它是北伐成功以后一个最大的问题，因之它的焦点，可以给我们许多摸索、讨论、研究和计划。

它的焦点可从几方面去归纳：（一）我们经过这数十年来的流血革命，为建设的目的；（二）建设首都，为表现中国的新精神，新文化，新艺术，去承受各种民族自由平等的敬礼；（三）我们现在从事建设，也是（孙中山）总理毕生思想的目标；（四）我们终于得到机会，演进中国民族能知能行，和不知能行的可能；（五）首都建设，必能引起全国建设进行的兴趣。从这五方面归纳起来，更加觉得这个焦点的重要，欲实现这个焦点，是一件巨大的工作，因为建设比破坏更难了。

现在我们单在积极方面解析一下：在社会心理中，无非希望将有一个伟大而壮美的首都，但是只是希望，绝对不能成为事实，挤着瞎干，也是不可能，我们首先应该用科学的方法，和理性的见解，去观察一切。

我们看看世界上几个有名的首都，其历史之过程，总得有许多可观的成绩，而且绝非偶然的。譬如巴黎，有了法兰西民族一千多年的文化史，才能成为世界最美雅的首都；譬如罗马，有了二千多年的美术过程，和罗马民族征服全欧的精神，才有今日壮美而大方的罗马；譬如柏林，有了数百年来铁血的历史，才有今日最大的德国首都。我们的南京，当初何尝不是宏大而丰富。我们可独创一个新的首都出来，同时可给世界人类做个不靠遗产而创作的榜样，好不痛快！

话是可以这样说，不过做起来非蒐集许多专门人才，去苦心经营不可。谈到人才与经营的问题，不能不联想到三个非常重要而且急待解决的办法。（一）中央建筑研究院之组织；（二）中央建筑立法委员会之组织；（三）中央建筑行政委员会之组织。为什么要组织一个中央建筑研究院呢？因为要蒐集各方面的人才，如建筑家、工程师、美术家等，共同研究，采取世界各国优美之点，并创作自己新的艺术，将使首都建筑另成一派作风。为什么要组织一个中央建筑立法委员会呢？因为要维持一个有轨道的建设方针。为什么要组织一个中央建筑行政委员会呢？因为要实现一切研究院的设计，和执行立法委员会的法律。

譬如目前首都亟待解决的马路，表面看去，似乎把它划得很有规则，又长，又宽，又直，总得可以适合时代，不过事实上有时相反。我们现在可以举出一个例子，柏林与巴黎相比，柏林何尝不比巴黎清洁宽爽，但精神上反不及巴黎之惹人留恋。这一点确乎值得我们研究，而加以注意的。往往因为划错了一条路线，竟使全市风景失和，给后人一番无谓改造的牺牲。现在为首都建设开端的时期，我们应该各尽所能，实现一个完美无缺为世界景仰的新首都。

南京水运设计

［原刊于 1933 年 5 月 1 日出版的《前途》第 1 卷 第 5 期五月纪念特大号，1-4 页。］

水运这个问题，在南京工商界实际工作的人都会知道其中道理，而且两界人物都在希望南京水面运输之将能实现。可惜迁都[①]以来，当局竟无人过问。

这个问题并非一件不可能的难事，实际是件很容易解决的问题。在设计之先，我们应该知道各种理由与利益，知道理由与利益以后，再行讨论设计。读者将必觉到（认识到）这个问题，关系南京改造前途，有绝大的需要。现在把各种理由简略说在下面。

一、南京水运与陆运之比较：陆运有了马路、铁路，汽车、火车，自然便当快捷。但是陆运之代价，则不堪言。譬如由下关运至城南，不论何种货物，都用货车，平均一吨货物，即需大洋 2 元 5 角以上，外加小工、上下运工大洋 1 元，则一吨货物运费必需 3 元 5 角之数。假如一吨货物之代价在百元左右，其成本即增加百分之三点五的数目，这是很便宜的打算。假如货物代价低廉而必须倚靠大汽车转运者，那可糟了。即如建筑材料而言，一吨砖的代价不过大洋 8 元，8 元的代价加上 3 元 5 角的运费，平均增加为百分之四十，较之每吨百元代价之货物增加 12 倍。现在南京正是建设时期，像这种可怕的运费，当然能使建筑材料的代价无形中增加。这不是阻碍建设的屏障吗？关于这一类的事实及理由很多，本文篇幅有限，恕不一一详载。要是南京有了水面的转运，那可省去一笔大款。水运虽然没有陆运快，如能设法从事，未尝不可加速。水运的代价，我们可以作一简略的计算：普通一只 40 匹马力的小汽船可以拉动两只 90 吨的砖船，算它每小时可走 15 里，其用费最多不过 20 元。由下关至水西门，由水西门外关进城直至市中心一共约 30 里，两小时可以拉到，这一来我们可以知道，40 元的汽船费，外加货船 10 元，上下小工搬运 40 元，总共为 90 元，如此计算则每吨砖之运费为 5 角，较之陆运每吨需洋 3 元 5 角者，则有天渊之别。

二、水运设计：前年南京水灾，是难得的奇闻，因为素来南京城内的水平线高过长江水数尺，而去年是相反的，这次奇闻，不能当作标准。南京城内河水不能向外流，除非把河底

---

① 1927 年 4 月 18 日，举行国民政府定都典礼，发表《定都南京宣言》。

挖深，将整个水平线弄低，这在事实上是不可能的。现在想把城外的船驶进城内，非得应用科学方法不可。这篇文字的焦点就在这里。

在低水平线来往的船开上高水平线的河面，目前有两种办法：(1) 双门水关；(2) 升降机。我认为第一种办法最合用于南京，在相当的经济范围之内，可以从事建设。第二种需要很高的建筑费。第一种虽然经济，但不如第二种快捷，我们不妨作一折中打算，分两期建设。换言之，第一期用第一种，第二期用第二种，拟定第一期成功以后收入之进口税，完全归作第二期建设之用。如此则国家所出之代价有限，而将来成功之利益则无穷。

现在我们先讨论第一期设计。

A 水关地点：南京本来有两个水关，一名东水关，一名西水关。西水关接近长江，位于城南最热闹的区域。事实上城南需要水运较之任何区域都要紧。现在我们为目前需要起见，拟定西水关为第一期工程，东水关为第二期工程。

B 水关建筑法：这种工程，必须由水利专家与工程师合作才成。在第一期工程，我们虽然采取双门式的水关，但水关工程本身的作用还有许多借助于机器的，即如那两套关门，如果不用电力，恐怕开关不便。关门的格式有三种，一种是双开门，一种是拉门，还有一种是吊门。这三种当中，以吊门为最便利快捷。我们现在就拟定应用吊门，吊门完全应用力的平衡作用去开关它。一个人的力量，可以把关门吊起或放落。事实虽然如此，到底人力不如电力快捷可靠。

两套关门的设计，现拟一幅简略的图样，一览便可了然。在此我得特别声明，此图不能作一件理想的参考品。西水关内外两线相差若干及两面河底相差若干，最好做一次实地测量工作。

C 码头之分配：有了双水关以后，码头的需要，有如铁路之车站。双水关本身的码头较为主要。总关出进运船挤拥，码头上得建造过税所、警察所、机器间等建筑物。因之总关码头面积不能不预为扩大，以备将来之用。好在西水关的场地很大，有的是空地。假如城墙地段不够应用的话，我以为第一重水门满可建在城墙之外，第二重建在城墙脚下，城墙之内完全作码头之用。这种码头之面积，在长而不在宽，必要时可以延长或利用河的两岸，由总码头进城后，秦淮河在城南绕了一个大圈以后往北直至中央大学农场。秦淮河本身有十五个小码头可以分配，现在我们假定一个简略表如下：

第一个　西水关内（造币厂门前）

第二个　陡门桥（直通油市大街）

第三个　新桥（此码头专供城西南角市民之用）

第四个　南桥（南通中华门，北通南门大街）

第五个　武定桥（专作商店运输之用）

第六个　夫子庙（专供城东南角市民之用）

第七个　淮清桥（八府塘附近）

第八个　大中桥（光华门一带建筑工程运料之用）

第九个　复成桥（复成桥一带空地极广，将来建筑发展时必需码头）

第十个　天津桥（通中山路东段，专作政治区建设之用）

第十一个　竺桥（竺桥一带属军事训练区，需要运输重量之物）

第十二个　太平桥（为南京城中菜市之中心点）

第十三个　浮桥、珍珠桥（教育区）

第十四个　北门桥（近中山马路中段，正在建设时期）

秦淮河之外有沿河，尚可分设小码头四个，假定如下：

第一个　四象桥（银行区）

第二个　内桥（珠宝廊附近）

第三个　点心桥（朝天宫附近）

第四个　张八桥（军械局附近）

统计秦淮河码头 14 个，沿河码头 4 个，共计有 18 个，这算是第一期工程，以后随着市面繁荣增加或移动作第二期工程。

D 管理：这个问题，很难找着一个相当的公式作为标准。假如这种事业完全归于商办的话，管理完全属于营业化，政府不能过于限制。如果是政商合办的话，那又是一种公式。万一完全由政府主办，那可两样。在外国官办容易发达，但在我们中国，似乎官商合办较为妥当，因为这个运输是完全营业性质的组织，国家做生意到底没有商家得法，但是往往商家有了充分资本，而无政治力量又不能使之成为事实。这种问题一时颇难解决，最好俟诸来日罢。

三、建设费之预算：第一期工程经费的需要，较之第二期为多是无疑的，因为第二期工程无须建造许多码头。现在我们假定第一期工程完成后，将两年内水运上得来的进款完全归作第二期工程建设费，由此而观，我们的难关在乎第一期而不在第二期。大凡做件新事业，不易得到普通社会的同情甚或反对，像这种公众利益的建设，应该由政府倡办。这一笔创办费必须由政府负担。

我们现在所假定的双水关，工程的范围很大，原有的关不适用，势必新开一关，面积也得宽宏。假定用二十亩宽的水面，把城墙拆开六丈至八丈一个洞口，本身建造第二重水关，全部工程为永久计，得用钢骨水泥，城墙内面的两边河岸也得用钢骨水泥码头。西水关来往船只将必很多，在城墙内水面一里长的两岸堤都得用石料备做，以免崩塌。这一段河底亦须挖深五尺。现在我们可以假定建造以上所说的计划，简略分列工程费用如下：

西水关进口双水门全部工程约需洋 250000.00

西水关前后河底挖深五尺约需洋 35000.00

西水关码头及河边两岸石堤约需洋 220000.00

码头上建筑物 67000.00

秦淮河沿河码头 14 个共约需洋 420000.00

沿河码头 4 个（此河码头数小）80000.00

其他附属工程（修河船、搬运船、小汽船、各码头警察所等）200000.00

约总共计洋 1283000.00

这一百二十八万三千元，爽快说句话是一百四十万元，这一笔款子虽然很大，但因水运减轻负担而得到的利益，每年必在千万以上，有了水运以后，全城马路可以省却重力车辆之压迫，马路可以持久三年，这不是一种公众经济良方吗？当此建设时期，水关进口税也必可观，每天进口一百吨的货船一百只，每吨抽税两角（最低价格）则平均每天进款两千元，每月 6 万，每年 72 万，除却开销以外，拿两年六个月的进款，尽够补还创办时之建筑费。假如能把这笔日常进款陆续归作第二期工程之用，则将来南京水运事业必有良好结果。

最后我得为这篇计划申明一声：因为水运事业并非一件简单的事物，这篇简略的小篇幅，实在不能详细讨论，我觉得很抱歉。关于运输的组织，第二期工程的设计不得不暂时搁下，随后有机会时，再作一篇较为实在的工作计划罢。

武汉大学建筑之研究

［原刊于 1933 年 2 月 1 日出版的《前途》第 1 卷 第 2 期，后以《武汉大学新屋建筑谈》为题，刊载于 1933 年 4 月 4 日《申报》第 27 版。］

“在批评之前，我得郑重声明我的目的在乎公开研究，毫无攻击或私见之背景，读者可以相信这篇文字对于将来中国建筑界及教育有相当关系。”

我素来没有到过汉口，尤其没有参观过宣传已久的武汉大学新建筑，在中国近年的经济状况之下能完成一件由奠基典礼到设备，一切内外各部装修的大工程是不可多得的！

我的运气不坏，在百忙的营业生活中抽出一个礼拜由南京乘船出发，自然界的伟大真玄妙，秋天的气候最能迷醉旅客。在地图上认为很短距离的京汉航线，一来一去能给我五天的休息，这使我十分满足。

八月卅一（三十一）日动身，九月三日抵汉，由汉乘渡过武昌，由武昌再乘汽车直到武大，听说离城十三里，商办汽车，这商家来头快，我敢说在中国找不到第二家比他快，我很愿意替武大的同学们祈祷，希望上帝保佑他们永远平安地在那可怕的速度中来回！

未到武大一里之前，远远望见形如宫殿、宏壮若山的大建筑，初次接目确能使你拜倒！聪明的美国建筑师能把北京故宫及城门的曲线美应有尽有地脱胎过来，碧绿的琉璃瓦，波浪式的飞檐，方形的小窗，屋角上的云头，都是美观。参观武大，好像在北平逛故宫一样热闹。但是在这美观与热闹的形式上，似乎有点疑问，可拿不出一个具体的名目给它，好像西洋人赴中国宴会，身穿大礼服，吃饭时非用刀叉不能下喉的苦处！

得张治中先生的介绍，进见王校长[①]，由王校长派该校监工专员的助手某君引导参观，这是王校长的惠赐，我得在此声明感谢。

经过两天的参观及研究，似乎可分美观、实用、经济三大部分讨论。

---

① 指王星拱（1888—1949 年），字抚五，安徽怀宁人，著名教育家、化学家、哲学家。1933 年 5 月出任国立武汉大学校长，于 1929 年委托美国建筑工程师开尔斯主持国立武汉大学珞珈山校址校园规划与校舍建筑设计。阿伯拉罕・莱文斯比尔、石格司为开尔斯的助手。

（一）美观

宫殿式的建筑自经国府通过认为国有作风之后，武大建筑当然采用。有天才的建筑师无论在任何公式范围之内，都能发展天才，而且能在同一公式之内分别表现各种不同作用之建筑外形。事实到底是事实，理想能施诸事实的往往很少，武大的全部外形虽然很好看，但亦逃不出理想与事实不统一的例外。建筑物能影响人类心理，已成为心理学的定例之一，所以我们事前应该讨论建筑之能影响思想的定例。譬如，英国牛津大学校的建筑是封建式的作风，天知道，牛津学生多数受它的洗礼而满载封建辣味。巴黎大学建筑，资产气味很浓，产生出来的学生也免不了资产味儿。德国闵镇大学建筑，最有骑士遗风，因之产生一般狂勃好斗的武夫。美国的大学建筑，我没有参观过，不敢信口批评以免见笑大雅。总而言之，一个大学校舍，好像一架机器，这架机器必须特别完备而科学化，它的制造能力应该超过一切。它虽然由物质造成，它的原素是完全精神的，因此不能不联想到我们家里需要的大机器，应该采用哪一种为最合适？北京宫殿式作风，在过去，完全代表皇族权威与宗教之伟大，以前小百姓建造住宅只许用三开两进，做过大官或庙堂建筑才许用五开三进的式子，皇帝自己的建筑，只要他老人家高兴，百开百进都成。像这种制度，这种遗传性的威严，拿来应用在革命潮流澎湃的新时代，未免有点开倒车吧？然而，现在我们中国应该采纳哪一种作风呢？假如我们的民族非常健忘，能把廿（二十）世纪以前的历史遗迹作风翻个跟斗，一尘不染地仍旧变为最新式而能代表革命精神的建筑公式，这是一件多么奇怪的进化律啊！但是事有例外，因为这种事实在政治力量之下是很可能的！命令式的工作，未常（尝）不是一件能使社会进化的原子，但社会因之受到的影响可有很大的反响。现在有一个很简单的比喻：好比两个同样年纪的小孩，因为各个父母不同的关系，小孩们可以得到他们父母个性不同的影响，父母们本身的学问姑且不问，他们的外表之影响尽够使两个小孩为人之不同。我们可以相信大学校舍的外表有如小孩们父母的外表一样，我并非反对武大建筑采用宫殿式而发此议论，请读者明了我的目的在于研究建筑美之影响社会心理为原则。然而，武大的外表却成为这篇文章目标之一，委实使我抱歉！

能说武大的全部设计是很伟大的，现在所完成的不过百分之五十，据目前完成的外表观览，尽够使人掉舌。宿舍约占全部五分之二，教室约占五分之一・五（五分之一点五），食堂约占五分之一，其余附设建筑约占五分之〇・五（五分之零点五）。除却教授住宅及女生宿舍之外，所有建筑物都列成一排，最妙是排在一座枕木式的山上，换而言之，把整个山变成一个伟大的建筑物，这一点十分值得赞美，好像西藏拉麻庙[①]之危立悬崖一样，这种少有的天才，构思是否出诸美国建筑师的设计，抑或出诸武大当局的规定，我没有询及指导者，不得而知，但无论如何，我认为这是武大全部建筑最精彩之一点。

---

① 指西藏布达拉宫。

图 1-15 学生宿舍

宿舍的全部有三个大门，每个门上有个望楼，很像城门楼子，全体大小高低亦很相配，可惜钢骨水泥的架子流露在外面，这是美中不足之处。一个人不穿衣裳还有皮可看，假如剥了皮露出骨时，确能使人惊骇。钢骨水泥的屋架有如人的骷髅给人看见，虽然不能骇倒，但无形中能使你看着不消化，这是那位建筑师设计的缺点（也许这位美国建筑师做惯了工厂之流的工程），冠冕堂皇的大架子忽然露出马脚，未免可惜！整个宿舍靠着山的斜坡筑成，总分四排，第一排为四层楼房，第二排为三层楼房，第三排为二层楼房，第四排为一层平房，四排连成一个很大的平顶屋面，好像把原有的尖形小山筑成平顶小山，给学生们散步是再妙没有，可怜住在平顶底下一层的寄宿生在暑天将必受着高度热力的虐待！

宿舍的右端为食堂，这部建筑我认为很满意，光线空气都很适当。楼上也是食堂，现在暂时充作礼堂，外表亦很美观，高度的屋顶上加造两排横窗，这种构造在中国新建筑中确实是件新闻。外表虽然没有门面，走檐的双柱，多窗式的屋面，及丰富的屋角云头，尽够使观者忘却食堂之无门面，这是建筑师的心得！

宿舍的左端都是课堂，可分两大部。最近的一部筑在山顶上，这部建筑的外表完全脱形于北京的城门楼子。斜线的屋角，成方的小窗，四四方方的一件大东西摆在山顶上，远望好像和宿舍连成一体，在外表的美观上，它能给我们以相当的好感，但内部的构造如何，让我在后面实用部讨论罢。第二部离宿舍约七八十尺，这部建筑虽然和宿舍列成一排，但建筑的公式有点两样，总分三段，中央一段是西洋与亚拉伯（阿拉伯）混成公式作风，但在无可奈何之中，在圆顶之下四角凹形之一小部加上一片中国琉璃瓦，总算在混成公式之上加点中国酱油，这种口味不会给人以特别的快感，中段两旁的两段是相等式的宫式小殿，外形很谐和，长式的窗子，绿色的瓦面，门前天坛式的栏杆，都很相称。

还有女生宿舍、教授住宅、工厂、运动场等附属工程是没有美观外表批评的必要，我也乐得省事不谈。

总而言之，在大体的美观上我认为无甚不满意之处。

（二）实用

这架大机器，实用的问题比较美观的问题来得重要是无疑义的，漂亮的机器不能制造货品当然成为废物，这架机器的作用原则大约有三:（1）光线，（2）空气，（3）音浪。我现在根据这三种原则，把武大各部建筑分类研究如下。

光线：男学生宿舍的构造，我在前面说过了，全部都是坐北向南的，实际上坐北向南的房间仅有百分之四十，其余百分之六十的房间都被前者遮蔽，筑在山坡上的宿舍都过着天井生活，在这天宽地阔，空间不值钱的地方过那天井生活是最不合算的，美国建筑师以为前排宿舍提高可以显得伟大，而不顾及后面宿舍之惨无大（天）日，这是他的大缺点。要知，舍却这个方式之外，还有许多方式可以使它伟大而同时全部宿舍又可以得到南向的光线，这一点，完全观乎建筑师学识不同之处而运用其技能罢，我很替这位美国建筑师抱憾!

食堂的位置在山坡上，南北两部开着相等的大窗，光线非常充足，很好。教室分为两大部分，一部是普通教室，一部是理化教室。普通教室的位置在宿舍的后端，山坡的最高点，我在前面说过他的外形和北平某城楼一样。此屋中大小课堂约有三十个，是个“口”字式的构造。照例，在山头上的建筑不论哪一方都能得到充分的光线，在普通住宅上不能成为很大的问题，但是教室的作用与住宅完全两样。咱们中国不论哪个小百姓都有建筑常识，因为他们都知道坐北向南的好处，在夏天西照是很难受的，在冬天北风尤宜避去，东向是没多大关系，因为东向光线在下午不足的缺点，能在第二天上午补足，总算过得去。南面呢，不用说，一天十二个小时都有光线，而且夏天有南风，冬天无北风等等好处，这都是最普通不过的常识。然而，我们这座美丽伟观的教室大楼却与以上各种自然定例很有相反之处，因为“口”字式的构造，在南向一部房屋为最佳，东向一部次之，西北两部房屋简直不能充教室之用，由此我们可以知道这所大楼的实用，南向百分之二十五是最适宜的，东向百分之二十五是可以用的，西北两向百分之五十完全成为装饰器。要是建筑师在事前能从光线实用方面着想，这一部大工程或许没有这样大的牺牲，然而白米煮成熟饭，只得让武大的学生们勉强吞下罢！最可惜是武大常用的教室都建在这不幸的美观表面之下！

还有一部理化教室在宿舍的东面，两个小宫殿夹着一块洋火腿，表面上望去，谁都以为它是大礼堂，当中那个圆顶素来表现礼堂仪采之用。然而事实到底是事实，我们理想的大礼堂，在里面分成很多不等边的教室与办公处，光线都很充足，好像超过充足之数，上课时没有一处不是反光的大窗，武大学生在反光之下逼视黑板应该觉到目眩罢！这一部建筑完全不合建筑原则，建筑师未免过分漠视职业而作此毫无理由的三个大课堂（AmPhithéâtre），光线之坏，不堪设想！比光线更坏的还有音浪，这一点让我在后面音浪部再谈罢。这三个大课堂的平面方式，我以为六十岁以下的建筑师绝对不会采用的，因为这种方式不合现代之用，在近代任何建筑学校都有详细的指示，除却七十年以前的学校对于建筑科学不甚发达而忽略建筑方式实用者外，现在是绝对找不着的。然而像我们武大这种最新式的建筑，仍旧采用这

图 1-16　文学院

图 1-17　理学院

种无用的方式，谁肯相信呢？我们把话倒过来说，岂不是洋建筑师有意和中国人捣乱吧？

我们现在知道了洋火腿的底子，再来研究两傍宫殿式的物理、化学两大教室罢，天理良心，这两傍的光线非常之好，我们几乎以为另出一手，长方式的大窗南北两面相对，与食堂光线布置相似，很好很好！可惜美中不足是这两傍建筑的下一层，大约占全部百分之五十，因为外表美观的关系，窗子开得非常之小，而且很少，这种牺牲我认为等于三大课堂的不良构造。

空气：山野空气之足是天然的赐予，武大全部的空气，夏天较为难受，因为有一大部分是平顶的房子，到了冬天，也许好一点，加上水汀的设备，更加安妥了。

音浪：普通教室多半是二丈宽三丈长的长方式，这种方式的音浪是很好的，这座建筑大致音浪都不错，可惜光线配得不均，外表上一个一个很好看的小方窗，而课室内的小窗有的开在地板线上，这能使人有如坐云端之感。

我不敢说全部教室音浪都弄得不适宜，除开工学院圆顶之下的各式怪课室之外，我都认为满意。所谓怪课室，是反乎现代建筑原理的一件出产品。武大建筑的整个设计的原则，应

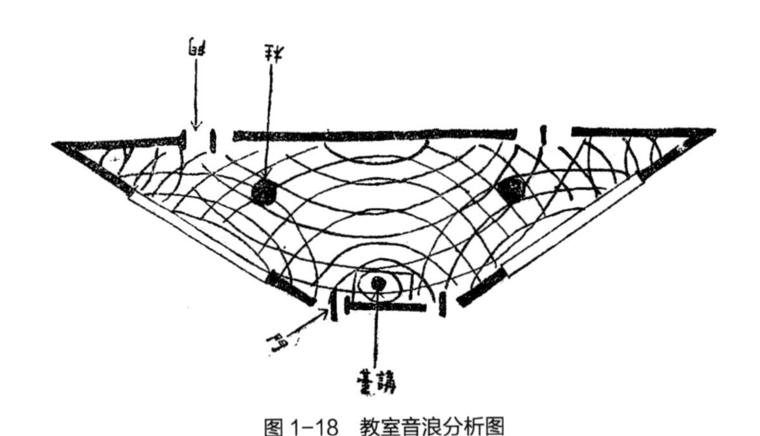

图 1–18 教室音浪分析图

该由内部分配的设备为主，外表的美观应为客。换而言之，先把实用的问题解决后再谈美观。武大的建筑，正得其反，内部一切分配都跟着外表美观而迁凑，这一点，为最大的错误。八角形的课堂，其音浪之反响很坏。现在，在八角形之内再分三部，简直成为三角形，三角形的音浪比八角形更坏，一个音波去，三个音浪回来，同时两角末端音波尚未达到，而三个回来之音波又反回去，恰好与两末端角的回音相遇，因之一室回声四起，听者不能聆悉教授的字句！教授则空费劲，而学生则虚度光阴，这不是学校方面无形的损失吗？

（三）经济

目前中国经济状况，筑设经费的缺乏自不待言。教员们闹欠薪的不景气，比比皆是，当此破产时期，校舍建设之筹款是件难乎其难的勾当。现在武大能在第一期工程筹付一百七十万元一笔大款，这是值得我们敬服的。但是，一分行情一分货，花了这笔款，总得有相当的代价，我们很佩服武大当局筹款之能耐，但我们希望武大当局用款最好将来有同样的能耐。过去的错误无法可改，但是没有错误，经验从何而来？现在我们中国建筑人才很多，做出的成绩都不坏，这次已然上了外国人的当，下次不妨找个土产建筑师干干，也许将来成绩比外来建筑师高明，听说武大教授当中有的是建筑人才，这何苦家中白饭不吃在外面要馒头呢？

往往有人因为经济算盘过度地响亮，拼命在小的部分打算，雇得很便宜的建筑师，因之全部工程没有好结果。这种事，在我们中国很多，这次武大却反乎此例，请的外国建筑师，付的高价设计费，结果虽然不很坏，但亦不很好，这是爱用外来货的一个小效果！

二十一年九月　南京

最新医院建筑设计之大要

［原刊于1935年4月23日、4月30日、5月7日《申报》增刊《建设周刊》。］

创设医院之责任，在能济世活人，当此文化日进之际，建设医院，实为要务。惟医院建筑实为科学及应用技术之实施地，一切计划较其他建筑尤为复杂，故设计者应先有医院设备之智识。临时又需与富有经验之医院主持者作详细之讨论，方可从事进行。否则，盲人瞎马，无以着手也。以下所述，皆最新医院设计中之要点，兹略述如下。

（一）床位之规定

床位为应病人之需要而设，欲建医院者，需预定床位之数目，然各地之情形不同，需要因之而异。苟就繁华都市之统计而言，每两千户口，应设内外科床位1个，传染病床位1个，儿童床位1个，产科床位1个。但此种比例，每有变化。其原因有四：（一）瘟疫流行；（二）社会情形不同；（三）人口增加率之不同；（四）医院之多寡。故要作精确统计，当先作详细调查焉。

（二）地址之选择

最重要一项，为地址之选择。地址适当则一切易于解决，故于选择时，当注意数项：

A 安静：要离开铁路、工厂、繁盛街道及公共集会之所。如教堂、学校、运动场、市场等地。

B 鲜洁空气：要避产烟恶味之处。如制造厂、车站及未修之大道。

C 昆虫稀少：要离开马厩、屯货场、沼池及湿污之地。

D 外景适当：外景须静而不嚣，雅而适意，使病人得以畅其胸怀，故以田林远山等天然风景为宜。

E 方位向阳：须选一地址，能使病室之布置，每日至少得有一部日光。

F 保持永久：避免将来能变为工商业中心之地。

G 将来扩充：将来发展之速率不可测料，须预备二倍大之扩充地皮。

H 交通便利：以上虽言及离开工商业中心，但亦不可偏僻，否则病人及供给品之运输将感困难。

（三）各部分的处置

A 行政部：此为全部计划之魁首，计划须包含一种热烈的欢迎，亲密的情谊，诚恳的招待表示，使能增加发展力。

（1）进门厅——须设问讯处、公共电话、招待室、公共厕所等。

（2）办公室——普通办公室、个人办公室、会议室等。

（3）业务办公室——病况登记室、看护监护室、医药指导室等。

（4）社会服务部——职员办公室、图书室、急病室、病人运送门、诊查室等。

B 公用部：公用部之楼廊等。须设于房屋中心，使出入方便。

（1）走廊——去公共病室及私人病室之走廊至少要宽 8 尺，因此种宽度可容两床并排经过。如走廊较长则宽度亦增加，因病人、探病人、护士及看护妇等均须经过走廊。在每层走廊中，应设一小室，6 尺 ×7.5 尺，以备病床之推入。天然光线及通风为走廊中之要件，亦应注意及之。

（2）楼梯——须位于中央部分，易于上下，至少两个，始能足用。梯之宽，不能小于 4 尺，并应装置墙上扶手，每级之高度应小于 7.5 寸，宽度不可小于 10 寸。

（3）电梯——用以载病人由病室至手术室，其大小应能容纳病床看护妇及司梯等人为准，故 6 尺 ×8 寸为合宜。电梯之前，须有一所，墙以木条及石灰粉刷造之，便机械声音不致传于走廊而入病室，且可作候梯之用，以免走廊之拥挤。

C 病人部：病室分男、女、儿童、产妇及新产小儿等室，此外又有公共病室及个人病室之分。

（1）公共病室——近代病室已小于昔日。每室约置床位 8 个至 12 个。今更有减少 4 个至 2 个之趋势。容 8 个床位者，可取 22 尺 ×42 尺。容 2 个床位者，可取 16 尺 ×16 尺。皆因病室之大小依每人应占空间体积而定，即每人至少应占 1000 立方尺，以每床位中心到中心 8 尺为宜。床之间可以屏隔之。平顶高度以 10 尺 6 寸为宜，窗最好 1 尺宽，窗台离地板 2 尺 6 寸，上缘距平顶半尺，走廊宽度可用 8 尺至 10 尺。

病室内射进之光线，勿使直射病人之目，最好之方向为头与两窗所夹之墙能成垂直。

公共病室之外，尚须有小病室，以备有传染病者住之。又设安静室于其旁，以备怕人扰乱或能扰及其他病人之病者住之，其位置应近看护站。

（2）个人病室——个人病室之大小形状，须使病人睹之不厌。可为床位之外，留余地以置桌椅，故以 10 尺 ×16 尺,14 尺 ×16 尺，或 12 尺 ×18 尺为宜。旁边须设盥洗处及厕所。

（3）儿童病室——儿童病室之隔墙上部须装有玻璃，以便于照护。走廊之内亦须装以玻璃，室内须漆以图画，以作装饰，使儿童可有安慰。

（4）产妇病室——须有进门厅，而入接生室（至少 12 尺 ×16 尺）。须连以消毒室及应用室，育婴室之毗邻。每日至少须有太阳一部，并需良好之自然通风。依面积言之，如产妇床位面积为 30 平方尺，而每个小儿需要空间 200 至 300 立方尺时，则面积应以 12 尺 ×23 尺为宜。温度须保持80F[①]。如为隔音起见，以穿堂同走廊相隔为佳，其附近须设膳室以备产妇及小儿之饮食。又须设小育婴室，以备遇有传染病之小儿用之。

D 手术部：当位于高层，因其光线充足也，但亦有位于第一层者，则应用大窗。手术部最重要部分为主要手术室，约 18 尺 ×24 尺，次要手术室约 14 尺 ×16 尺，平顶不可低于 12 尺，以求空间之适合。窗之宽度以 8 尺为宜，窗台高 2 尺 6 寸直抵平顶。窗上须有藏光设备，因有时不准阳光之射入也。手术桌上设强电灯，其光线之配置，须使无影。内部颜色最好用灰绿色之瓷砖护墙以上，再以淡灰绿色漆之。地板则以深灰绿色之瓷砖铺之，但砖面不可太滑。近代手术室，多设有学生参观处，其处在手术室之上层，距地板面仅 7 尺高。上有鞍座一周，学生可由玻璃屏伏望手术桌上，其视线正由身前之短墙缘射入，使下面人不至觉察。

每一手术室之旁当有消毒室、医生洗濯室。此外附属部分尚有麻醉室、看护妇工作室、小试验室、医生休息室、更衣室、厕所等等。麻醉室约 12尺 ×16尺，墙面应设以暖和之色。

E X射线部：位置须干燥不潮，并须设病人出入方便之处。其规模小者有：

（1）荧光镜检查室——放射线照相室及治疗室合二为一；（2）诊断办公室；（3）洗相室；（4）候诊室，规模大者有一个或多个放射性照相室，一个或多个荧光镜检查室；（5）诊断及办公室、治疗室、洗相室；（6）候诊室、更衣室。大致如此，惟须视其经济及需要而定其室之多寡。

平顶不可低于 10 尺（由地板面至梁底），内部墙面须盖铅板（就荧光检查室及放射线照相室而言），入此二室之门，亦应以铅板包之，如其上下层均有病室，则此二室之地板及平顶亦须以铅板盖之，以备防光。

F 解剖部：须设于地下层，与电梯接近而出入不使病人望见的地方。

G 药材部：药局药材室及试验室，均应有北向之光线。

H 职员宿舍：无论医院大小，职员居住问题为必待解决者。因办公以后精神疲劳，当有相当休息，故宿舍位置，一则须与医院接近，一则须得享受公余之乐，故网球场及户外运动的设备均不可少。医生之有家族者，需要住宅式之房屋，故设计也当顾及此问题。

看护妇宿舍及学校：看护妇宿舍以独立为佳，然亦须以廊与医院联络之。普通房间，以容二人为准。浴室与厕所宜另辟一间，但须可通卧室，并须可供四五人之用。每层备有小厨

---

① 80 华氏度约等于 26.5 摄氏度。

房及缝纫室。公用之起居室、接待室、体育馆、淋浴室等亦应尽量设置近街处，应有大门，而入院时不必经过之。看护妇学校可设于宿舍内，但亦可独立，设计者当就其需要，临时布置之。

I 饮食部：饮食部须设于出入方便并易于供给物品之地方，另设一门以使不与医院之业务上发生阻碍，但须接近电梯。内有总厨房，规定饮食的厨房，看护妇、监督员、工人及职员等餐室，炊食管理室。

J 锅炉房：锅炉房有附于医院内部者，有独立者。有附于内部者，须靠近物品供给之出入口。如经费充足，能设于独立之位置至佳，盖可使各事便捷也。

K 洗衣房：宜设于地下层，最好位置在儿童病室下，因儿童之精神，不致被洗濯工作所扰乱也。然平顶亦须以防音方法构造之。如取独立位置时，则以设锅炉房上层为佳。

以上所述各项仅述其概要。然一院有一院之条件及需要，设计者当于临时视察情形酌定计划，固非上述各点所能一一解决也。

卷二

美术工艺

艺术问题

［原刊于1928年9月17日《中央日报》副刊《艺术运动》第32号。］

艺术是贵族的呢，还是平民的?

假如A君老老实实地说艺术是贵族的，那么，A君当然有（被）打倒的资格了，这因为贵族的名称在现代有点不合口味。要是A君说艺术是平民的，恐怕在事实上很是不通。这个问题经过近代许多人的讨论，理论与事实常常发生冲突。到了现在成为一个亟待解决而未解决的悬案。这个悬案虽然难于解决，我们也不妨讨论一下。事前总得要详细考虑，鼓起勇气，作回弄斧的冒险事业。

本来艺术的表现，在我们的文明社会里，不消说是情感与高尚思想之发泄。人类的情感，绝对不能存有平民与贵族的阶级之分。因为情感比不得思想，情感好比一个美女的裸身，思想好比一个穿上衣服的英雄。前者天真！后者天才！天真可以不借他种能力之帮助而尽量地表现。天才则不然，因为没有受过教育的天才很难成为英雄。但是天真和天才混合为一去表现，势必非常可观。因此，愈加可以证明艺术是没有平民与贵族之别的。我们回头看看历史上的艺术家，哪一个不是从平民出身的，纵使不是，他的个人生活必很淡泊，物质之要求必轻于常人。然而，他的产生，却为社会上少数人之鉴赏。能鉴赏艺术的人，必定深悉艺术的意义，或有爱美的嗜好，但是他们不一定便是贵族。现在我们似乎可以拟定艺术不是贵族的，也不是平民的，艺术是人类之高超处！

美术鉴赏

［原刊于1928年10月10日上海《开明》第1卷第4期。］

许多人问我："你们所介绍的西洋美术品，我一点也不觉其美。这样做有眼的盲人，实在不平得很。有什么速成的方法可以使我了解这种美术品呢？"

我的意思，一件美术品，除了这作品的作家自己以外，没有一个人可以说完全了解的。我们还可以说作家自己或者也不完全了解，反不及一个批评家明了。这话怎么讲呢？这话的意思是说美术品在于创造新的，新的理论，新的应用，都是未经定评，哪里能够各人同样地了解呢？即使并无若何新的成分，但因为美术出发于情感，大半以主观为凭，很少客观的标准，所以因为各人的性质、环境与教育不同而各异其认识，所以，美术家认为最得意最用力之处，或没有一个人了解。反之，批评家最赏识的某点，却非作家所着力描写，而为不经意地自然流露者。

有人以为美术品必须求人能够了解，否则近于故意眩惑，失去美术感人的本意。这说法似乎太偏了一点。譬如我们反过来说，美术在于超引，作家下降其艺术程度而与无论什么人相等，则无论什么人都自己造作好了，用得着什么美术家呢？这里包含着一个大问题，就是艺术是应该贵族的呢？还是应该平民的？

我们听惯的"贵族"与"平民"的所示，完全是说平民的是好的，贵族的是与贵族的政治一样的，要被打倒。实在，艺术非高超不可，用高超去牵引下陋，使之向上。艺术非独特不可，使独特的思想变为普遍。思想应是平民的，为着平等的一切人设想。材料应是平民的，为着一切人易于了解，但艺术的态度须尊严高超，可以说是贵族的。

说到这里，我们可以回到鉴赏力了。我以为，我们所谓了解一件美术品，绝不是看一幅画而知有山有水有人有狗之意，所以美术上的普通理论是应该涉猎一过的，但也不必如上面所说的要了解连作家自己也不了然的奥妙，所以只就普通理论涉猎一过也颇够应用了。

我稍学建筑，故就建筑原理写了一点，登在《贡献》旬刊三卷六期上。国内素来少有人谈建筑，比图画、雕刻等更无基础，所以很愿将浅近理论写成专书，或者可算是引玉的一块砖头，还望专攻各项美术者写成各门理论书籍，这实在是提倡美术的紧要工作。

彩色与情调之关系

〔原刊于1928年7月25日出版的《贡献》第3卷 第6期《刘既漂建筑专号》，后刊于1929年2月出版的《国立大学联合会月刊》第2卷 第2期。〕

我们通常看见的自然物资，其成形必带光及色，人类得光之助，才能感觉和介绍物质美之可能。平常我们视觉可以观察到的七色，其于光中变化之能力广大，我们可以利用七音谱去替代各种主要彩色。但是应该以何色为何主音呢？我们当以视觉中最多接触的为主。由此我们可以知道第一音1字为黄色，我们的视觉虽为乐谱七音限定，但彩色之谐和，完全与音谱之谐和适时作正比。因为我们的视觉亦极有能力分辨各色不同之真相，如听觉之分析，音调之平上去入等变态是也。

平常在光上显明可视之基本颜色有七种，（一）红；（二）橙红；（三）黄；（四）绿；（五）蓝；（六）紫；（七）桃红。现在我们可以根据音学方程式去计算，假定V为光之速度，λ为色浪之长度，N为每一秒钟色浪之数，为：

$$N=\frac{V}{\lambda}=\frac{309\times10^{17}}{\lambda}$$

由此方程式推算，则红色每秒钟浪之长度为475，大红或混合红每秒可得浪数420至410。现在试把这七种基本颜色简录如下：

（一）红为音谱之6字，每秒钟浪数为48，浪之长度为（471-48）=423

（二）橙红为音谱之7字，每秒钟浪数为48，浪之长度为（471+51）=522

（三）黄为音谱之1字，每秒钟浪数为49，浪之长度为（522+55）=577

（四）绿为音谱之2字，每秒钟浪数为49，浪之长度为（577+60）=637

（五）蓝为音谱之3字，每秒钟浪数为49，浪之长度为（637+66）=703

（六）紫为音谱之4字，每秒钟浪数为49，浪之长度为（703+73）=776

（七）桃红为音谱之5字，每秒钟浪数为49，浪之长度为（776+81）=857

由此可知各色原质之不同，由其浪之长短而增减其刺激性，现在把这七种基本颜色的得数挨次比较如下：橙红强于红色，其得数为3=（51-48）；黄色强于橙红，其得数为4=（55-51）；绿色强于黄，其得数为5=（60-55）；蓝色弱于绿，其得数为6=（66-60）；

紫色强于蓝，其得数为7=（73-66）；桃色强于紫，其得数为8=（81-73）。现在我们可以知道这七种基本颜色的原质，由此便可分类研究各色之变化及其作用，我们仍顺音谱说去。

（A）红色

红色之性质及其变化，大约可分五种，但其表现当然随其变化而发生各色的作用！

（一）赤红，在感觉上表现岩石，在思想方面表现自利，在情感方面表现适用。

（二）黑红，在感觉上表现弱肉强食，在思想上表现愤怒，在情感上表现破坏。

（三）大红，在感觉上表现火光，在思想上表现贪欲与奢望，在情感上表现合作。

（四）朱红，在感觉上表现（火）焰，在思想上表现骄傲，在情感上表现虚荣。

（五）白红，在感觉上表现空幻，在思想上表现自主，在情感上表现毅力。

红色本身除和谐以外尚有许多变化，在情感方面而言，如红色与金色并立，表现贵丽；与黑色并立，表现壮观；与黄色并立，表现富贵；与绿色并立，表现淫荡；与赤色并立，表现残忍；与蓝色并立，表现轻浮；与紫色并立，表现艳丽。总而言之，在五种红色当中，除却黑红以外，都属明显的热色。有时明明同样的红色，用之于画花卉则鲜眉悦目，用之于画血则觉悲惨痛心，因之很难断定。通常红色之表现为喜或悲，因为人类视觉之进化与感觉之变迁有密切的关系。譬如有的人以红为喜，如意大利之Chartreuse道院[①]几乎全用红砖去表现他的乐观主义，如中国葬器，除却死者家属孝衣以外多用红色，北方的棺材外面多加红毡和红杠。明明是件悲事，反以红为主要颜色。至若作用方面讨论起来则更加复杂了，因为两色并立尚可表现其他相当意义，假如三色或四色并立则更能表现了，并且同是一样颜色，故意把它用淡一点和浓抹一点，都能由此生出许多枝节，艺术家之利用色彩皆因其视觉非常灵敏，能于微淡中分出色的作用来，如音乐家在几个音中找出无穷尽的乐谱来。

（B）橙红（Orange）

橙红本身变化大约可分三种如下：

（一）橙红，在感觉上表现火焰，在思想上表现拜金，在情感上表现欲望及爱美。

（二）清橙红，在感觉上表现动力，在思想上表现勇敢，在情感上表现虚荣。

（三）淡橙红，在感觉上表现幻想，在思想上表现创作，在情感上表现生产。

橙红性质及其本身变化较少于他色，与他色混合能力亦小，但与各色并力极大，这是橙红的特长处。橙红，在古代少用，近代较多，现代为最。由此可见历代人类心理之变态，于用色上颇可考证出来。纯粹美术素来少用此色，但装饰艺术上却用得不少。此色少用于东

① 意大利查尔特勒修道院，坐落于查尔特勒山脉的一处隐秘僻静之所，由圣布鲁诺于公元1084年和他的6个亲信建立于山脉腹地，为查尔特勒修道士们的居所，是一座具有象征性意义的建筑。

方，有时偶然在古式建筑上看见，原来并非橙红，乃是久历风雨之朱色。橙红为寒带民族所最喜，因为此色性质热而生动，适为寒带生活之需要。在装饰艺术方面自不用说而知其地位，即在纯粹美术里也很多应用，如鲁本斯[①]（Rubens）的人物画，多用此色。又如荷兰风景画派的晚景，亦多用它。最近如巴黎万国博览会之图案装饰，亦以它为主要颜色，由此更加可以证明现代社会之物质欲望，殆有火焰万丈之势。

（C）黄色

黄色性质及其本身变化可分五种如下：

（一）赤黄，感觉上表现土色，思想上表现吝啬，情感上表现保守。

（二）灰黄，感觉上表现矿石，思想上表现懒惰，情感上表现反抗。

（三）火黄，感觉上表现收获，思想上表现友谊，情感上表现实验。

（四）淡黄，感觉上表现空幻，思想上表现理性，情感上表现聪颖。

（五）藤黄，感觉上表现金贵，思想上表现大方，情感上表现征服。

黄色本身最善与他色混合。至若与各色并立，则更不成问题了。除却紫色以外，不论何色，都可以和黄色混合。譬如黄色与青色混合，则变为绿色；黄与红混合，则变为赤色；黄与朱（红）混合，则变为橙色。假如黄色与两种或三种颜色混合则其变化更加复杂。黄色的变化已有这么多，但同时它的表现的本能也非常广大。古来画家之表现太阳光多用黄色。北京的皇宫瓦面都用黄色，望上去不能不使人敬爱而且觉得神圣不可侵犯。还有中国的黄袍和老虎身上的黄斑，都很能利用黄色。又如金色的本身也是黄色，不过它的本身有发光可能，特别表现出一种富贵的作用，如果金色与黄色并立，则更能表现出一种金碧辉煌的光景来。但金色过多，有时不免太浊。金色虽为黄色一类，可是纯粹美术作品绝少用它。欧洲中世纪的宗教画，背景多用金朱两色，所以现代人只有公认它为装饰艺术，这是很值得现代艺术家注意的。但在装饰艺术方面而言，金色几乎为主要音谱，因为金色有反光磁力，使人注目，并且装饰艺术唯一的本能以好看为主体，欲使它好看，总出不了两种办法，（一）彩色谐和而且鲜明；（二）曲线出奇而不俗，至若画的本身反为第二问题了。

关于现代喜用黄色的画家如法国的 Besnard（白纳，巴黎美专校长）[②]多用淡黄去表现人物，明明一个实在的人体，一经他的彩色，即含无限空幻的意义。尤于巴黎 Luxembourg 博物馆[③]两幅出浴图（Au bain）不独表现人体曲线之美，同时体积和彩色都非常到家，望上去

---

① 彼得·保罗·鲁本斯（1577—1640 年），佛兰德斯画家，巴洛克画派代表。

② 阿尔伯特·贝纳尔（1849—1934 年），1924 年起担任巴黎国立高等美术学院院长，对于留法中国艺术家例如徐悲鸿、方君璧等产生了影响。

③ 巴黎卢森堡博物馆。

似乎想入非非的样子，这种杰作，不能不归功于应用淡黄的艺术高超。本来应用黄色最易流入俗气的方面，这个问题，应该明白色的性质及其作用，大概关于各色量的方面必先下深刻的功夫，才能支配它去表现自己的艺术和个性。

（D）绿色

绿色性质及其本身变化大约可分四种如下：

（一）深绿，在感觉上表现草本，在思想上表现伪诈，在情感上表现侵掠。

（二）青绿，在感觉上表现培植，在思想上表现怜恤，在情感上表现行善。

（三）淡绿，在感觉上表现空幻，在思想上表现实行，在情感上表现超过感觉。

（四）粉绿，在感觉上表现希望，在思想上表现心驰，在情感上表现初恋。

绿色可以说是中国的特色，中国素来习惯应用此色的历史不为不久，不论其在纯粹美术或装饰艺术上，都以它为主要彩色。现在我们单在世界颜色使用表上一查，便可知道中国一国应用绿色及蓝色几占全世界 2/3，由此可见一斑。究其原因，大概因为我们自己的肉色很与绿色谐和，我们喜欢它也无非受自然界之支配。

绿色与各色混合的能力很大，尤与各色并立的能力更大，详细比较，差不多没有一色不谐和的。譬如绿色与红色混合而成紫绿。总而言之，不论哪种单纯色和他混合，都可变出好的颜色。由此而观，中国人之爱绿色，并非夸张。

（E）蓝色

蓝色性质及其本身变化大约可分五种如下：

（一）深蓝，在感觉上表现深水及夜，在思想上表现坚忍，情感上表现钝感。

（二）灰蓝，在感觉上表现远景及暮色，在思想上表现鄙儒，情感上表现恐惧及转折。

（三）大蓝，在感觉上表现水及天，在思想上表现仁爱，在情感上表现忠实。

（四）淡蓝，在感觉上表现空幻，在思想上表现卓绝的忠实，在情感上表现高尚之道德。

（五）白蓝，在感觉上表现清高，在思想上表现性灵直觉，在情感上表现性灵生活。

蓝色本身变化固是广大，但与各色混合或并立之能力尤为可观。素来西人习惯以此色为最高雅。我们看见的海水，一望无际的波涛，特显其一尘不染的意义，无非是蓝色。若在白日之下，举首一望青蓝的天色，似乎分外清高。这些空幻的感觉，虽然不能切实指定在事实上的质量若干，但由我们直觉上去观察，蓝色的性质委实纯静得很，古今艺术家不论纯美或装饰，如果他对此色的性质可以了解，他的作品必清雅无疑。

（F）紫色

紫色性质及其本身变化大约可分四种：

（一）灰紫，在感觉上表现影及内室，在思想上表现失望，情感上表现孤独。

（二）深紫，在感觉上表现苹果或静物，在思想上表现纵欲，在情感上表现享乐。

（三）大紫，在感觉上表现山，在思想上表现宗教，在情感上表现羡慕。

（四）淡紫，在感觉上表现空幻，在思想上表现心灵直觉，在情感上表现精神生活。

紫色之用于纯粹艺术极多，尤以历史画及风景画为甚，装饰方面，现代亦甚发达，如银紫色的服饰及粉紫色的电光，为欧美物质生活中最所痴爱者。现在巴黎国立大戏院（Opera）正面的电光，由灰白的雕刻上露其紫光，建筑的价值亦假此特显其美，直觉上虽然含有多少淫荡意义，却是美的方面不失其高贵的态度。

（G）桃红

桃红性质及其本身变化大约可分二种：

（一）桃红（Carmin vir）在感觉上表现花，在思想上表现高情，在情感上表现欲望和游戏。

（二）淡桃红，在感觉上表现空幻，在思想上表现高情，在情感上表现玄想的人生。

桃红色与他色混合能力很小，但与各色并立性很大，除却深青以外，无论何色都很相投。由此可见它在美术上之应用少于装饰艺术，此色之悦目为他色所不及，但用之不得当，则极易反，和块用者，尚可任意，着色混用者，则须预先研究。譬如乐谱上的第七音，虽然好听，确实比较他音难用。

以上七种基本颜色（Couleurs Fondamentales）为篇幅起见，不能不从简分析，因七色以外尚有附属色彩，它们虽然不是主色，却也值得讨论。本来色彩变化，要是微细分析起来，恐怕有一千来种，要是简略说去，只有一种，就是物理上的定理。譬如把七色染在圆形厚纸上，使圆纸作速广之旋转，那时我们视线可感觉的只有白色。太阳光的色正与此理吻合。现在我们讨论情调与彩色当然绝对不能以一色去代表，但亦不能把千余种彩色同时研究，现在只得把这七色以外最主要的附色简略一谈吧。

白色虽然不成一色，却在空间和时间上都占重要位置，我们何以认它不成色呢？因为白色本身不论它的白度达到若何高处，但是它至少也由两色混合而成，我们在这七种主要色当中随便拉出一色，都可以使它由淡而成白色，我们平常看见的白纸，如果没有他纸相比，似乎很白，要是相比之下，则易分辨。大概白色可分八种：青白、蓝白、黄白、红白、紫白、灰白、土白、橙白。在这八种白色当中，以青白为最白，蓝白及紫白为最美，其余次之，而灰白为劣。

夜晚里的月光，当其圆满的时候，由我们的直觉去观察，总以为月光是白色的，但在事实上或感觉上则大谬不然。譬如风景画的夜景，舍却深蓝或深紫以外，很难表现。又如风景画里的墙壁，本来是白的，但在图画上绝对不能全用白色去表现，至少也带多少热性的淡黄或淡青等色。

世界上最喜欢用白色的民族莫过于拉丁种，拉丁种当中尤以法兰西为甚，这是他们历代的习惯。譬如在装饰方面而言，都以金白两色为主，尤其由路易十四至路易十六为最盛时代。巴黎 Versailles 皇宫[①]的内部装饰，除却金白两色以外几乎没有他色，在雪白的浮雕上，秀丽地露出几条金线，在美观上确是很有价值。本来金色是浊贵的东西，但用在白色上，则反浊为清，再加上白色的高雅，当然更加美妙了。这种色彩极能表现当时贵族心理之富贵清傲。

白色以外值得讨论的为黑色。谈到黑色，不能不从中国想起。素来世界公认中国商品特出的为墨，在国际上也最得他国的信用。我们习惯上用的颜色，想必以墨为最多。艺术之能丰富与艺术家之时代情感，固有绝大关系，但色彩之应用为表现情感必需之品，中国历代喜用黑色而忽略彩色，是我们现在可以公认的，我们并非反对黑色，只因为我们觉得单色派的出世画委实无路可走了。假如我们仍然继续下去，可保千年后，与现在的单色派相比，不独不能进化，将必更加颓唐。

除却中国以外，喜用黑色的国家可说没有，他们以黑色为悲哀，因此除开丧事以外，少用此色。深蓝或深青等色似乎有时因深而成黑色，可是这种颜色得到反光时即可显出它的真像来。譬如深青色的鹅绒和雪白的脸色相形，同时各显其美。总而言之，不论何种深色，如有反光之可能者，用在图案艺术上，总有相当的结果。

以上所述九种主色，如果我们细心把它分类或配合起来，恰似化学家之可以得到无穷尽的变化。不过人类视觉能力很小，百色以外的色，便无能力分辨。譬如普通市面的广告画，必把最有刺激性彩色染上，才能得到常人的注意，此处不详加研究了。

1928 年 2 月 15 日，南京

---

① 巴黎凡尔赛宫。

艺术与情感的关系

［原刊于1928年9月24日《中央日报》副刊《艺术运动》第33号。］

有一个冬天的晚上，我们在巴黎郊外散步，谈到艺术与情感的关系，文铮[①]兄大发议论，以为一个人的艺术是完全从情感上产生出来的，这个情感很似一个柠檬，假如你把柠檬压榨，随着你的压力大小，得到柠檬汁分量之多少。这种压力，便是我们的环境。环境恶的，压力当然较大，所以潦倒贫苦的艺术家的柠檬汁，总得分外发泄。但是艺术家本身情感之是否丰富，"第一"要柠檬生得魁伟，"第二"要他们生活不应该过于舒服。

这种抽象的美学，在理论上，确是很有价值，但在事实上，很有点例外。譬如德国的音乐家密华葛奈[②]（Wagner）的一生，多么安时与富丽，他的作品之多、作风之怪、艺术之高超，在音乐界确是一个近代主要角色。由此可见，柠檬的压力未必完全来自环境，恐怕有一部分来自艺术家的内心。换言之，快活的艺术之情感表现，当然和贫苦艺术家的表现很有不同之处。就是说有的艺术家的柠檬要他人替他压榨，有的艺术家是自动的。

我们还可以在别的方面观察。譬如一个理性的艺术家，他的榨法，那就不同了。有的理性过重的人简直不能表现他的情感，既然不能表现，他的艺术也就无从发挥了。不过这一方面，也有点例外。譬如雕刻家和建筑家，他们的表现的工具，几乎完全是科学。但是他们的原素及背景，还是情感。

往往艺术家很有点怪性，其实不是怪性，不过艺术家的情感和常人不同罢了！假如艺术家的情感和常人一样，艺术品从何产生呢？

① 林文铮（1901—1989年），广东梅县人，美术理论家，翻译家，时为国立艺术院教务长。

② 今译瓦格纳（1813—1883年），出生于德国莱比锡的作曲家。作品有《婚礼进行曲》等。

万西的格言

[原刊于1929年1月25日出版的《贡献》第5卷 第1期。]

近年来介绍意大利文艺复兴万西①的文章不在少数，因之他的历史，在此无须赘述。昨天在书架上无意中捡得万西（达·芬奇）遗墨一本，系法人北拉党②（Pèladan）编。此书不觉在我家住了7年的冷宫，想起来，的确辜负了它，遗墨当中有100多页关于美术上的格言，虽然他的观察、嗜好、习惯与现在的不同，但是他早已成为现在美术过程的台阶。这次随便拣选几个心爱的翻译出来，供诸同好。

3R

我觉得接近水平线的星宿，其体积较大于天空的星宿，因为近水平线的星宿，必较近于太阳而多反光。

4V

在某面积上之能容纳较大之角度者，其能容纳彩色之能力亦必较大。

5V

假如在下雨的时候，我们从最接近目前的雨点本身看起，而至于最远的雨点，在事实上我们绝对不能分辨最远的雨点以后的远景。

---

① 列奥纳多·达·芬奇（1452—1519年），意大利文艺复兴三杰之一。
② 今译约瑟芬·佩拉丹（1858—1918年），法国文学家，对达·芬奇的作品有深入研究。

7R

视线观察有光的体积较能于无光的体积，即同样的体积上也是一样，因为我们的视线根本是暗的。而且在多数相像的事物上，视线也就无能分辨。黑夜与暗的事物，视线不独不能观察，且无从认识。

影子可分三种：（一）假如物质本身等于光线本身，则其影子必成一无穷的柱形。（二）假如物质本身大于光线，则成一无穷的倒退金字塔形。（三）假如物质较小于光线，则成一有空的金字塔形，如天狗食月的原理。

10R

有关的体积能格外显其美处，则不得力于配景各物阴影之适宜。

12R

在相等的各物方面观察，假如某物本身为白色，则其成形必在视线上较大于他物。我们还有一个证据，譬如火焰中之红色一部，在视线之下似乎较粗于他部。

12V

远看彩色之变迁，唯有日光能为之分析。

18R

透视学主要元素有三种：（一）物体减小，（二）彩色之距离，（三）距离点之定例。你作分辨阴影之厚薄时，应该了解画面空气之表现。譬如天神之行动，必须兼顾到风吹天神薄纱之姿态。

天空透视之彩色，应得愈低愈光，如画夜景。

19R

绘画可称为人类的艺术创作品中最能表现的一件东西。

目，是人类性灵的窗户，借它可以直接观察无穷尽的自然界的创作。耳次之，因为它没有经过视线得来的音韵，比较上，淡弱得多了。如果你们是历史家，或诗人，甚或观察家，假如你们没带眼睛去辨别事，你们绝对不能在文字上表现事物本身的真理。

假如你是个诗人，你预备用画家的笔法去描写，无论如何，你总不能如画家表现之周到。诗人，如果你叫绘画是无音的诗，那么，画家当叫诗是无目的画。

瞎与哑，哪一个为最坏呢?

就算诗人能如画家之自由发明表现上之工具，他终究不能达到圆满目的，因为诗的表现的工具只有言语。画呢，能表现事物的成形。你们以为哪一个好呢? 言语是随地而变迁，画则到处可以了解。

19V

诗人之描写美女和画家之描写美女，其结果完全不同，两者结果可从情人眼中分辨出来。

我不愿忘记在我这许多发明当中的一个细微的观察，虽然可笑，但是非常实用而能引起人类想象的动机。请你们看看混杂各种石类的壁面，在这错乱的物体表面上，你可以看到风景、山障、湖海、战争，在这种神秘的空气中，你能使它成为一个美的成形。

远山传来的钟声，有如墙面的神秘，在这钟声当中，你可听到你的名字或你所想象的某音韵。

文艺通讯社稿，12 月 8 日

由安格列到现在『一百年来的妇人肖像展览会』

[原刊于1928年9月30日《中央日报》副刊《中央画报》第15期。]

现在谈到美术，总得在法兰西，法兰西尤其在巴黎。因为巴黎自文艺复兴而至今日，几乎成为艺术界的窝巢。法国人自己鉴赏与创作，固是很自然，然而外国艺术家长留巴黎强认它为故乡，事实虽然如此，似乎有点过分。我们可以证明巴黎为现代艺术的中心。别的表现我们暂且不谈，单就公共或私人的展览会而言，每天至少都有30多个值得鉴赏者游览与批评的。这次我们介绍一个必须介绍的肖像展览会，由安格列[①]（Ingres）而至今日的碧佳梳[②]（Picasso），在这一百年当中画像艺术之变迁，妇人装饰之改换，简直和四季的花草一般，作公园之装饰，满陈于沙隆[③]之壁面。还有她们软脆而艳丽的手肩，放其银光于沙发，迷醉人类之幸福！

从19世纪至20世纪初叶，他们不断地产生出许多奇怪反常的作品，这种风驰电掣的变化，算是空前的时代了！我们虽然不敢认它为进化，但是我们也不必笑它退步。然而，在这集中与结晶的艺术运动焦点之下，至少我们可以见到和观察他们的繁密的派别、夸张的变态以及一切怪异的表现，都很明显发挥着秩序的步骤。女人们的服饰变迁关系绘画，确是一椿（桩）无可疑义的铁案，但女人们身体曲线之变化，恐其关系尤为重大。

在安格列（安格尔）的时代，她们都很时行（兴）一种狭窄的衣裳。缠腰的趣史，也非常流行。胸部是向上地推着[见安格列（安格尔）夫人肖像]，裙子也拓大了许多，在万德阿鲁德[④]（Winterhalter）与欧坚义王后时代[⑤]（Eugénie）的长裙，更加夸张地拓大了。女人们的帽子，也用尖角式，好像头上生了一个海马角。

然而，画家们在这个奇怪服饰变迁的时代中，虽然受到它的影响，但他们的艺术的出品，绝对不至有如该时代的表现。我们可以讲一句话，有价值的艺术品绝对不能与该时代的

---

① 今译安格尔（1780—1869年），法国新古典主义画家。

② 今译毕加索（1881—1973年），法籍西班牙画家、雕塑家，是西方现代派绘画的主要代表。

③ 沙龙。

④ 弗朗兹·克萨韦尔·温特哈尔特（1805—1873年），德国画家。

⑤ 今译尤金妮女皇，1853—1870年执政法国。

现在相同。因为艺术家的感觉总比社会常人来得敏锐，所以他们的出品总立在先进的线上，因此他们生着的时候，多数不能受社会人的欢迎，或者反受拒绝！譬如马尼[1]（Manet）和万德阿鲁德（温特哈尔特）的生命的奋斗悲史，都是很明显的铁证。

画像的目的，如果是注意在得人欢心，纵使他的艺术技能非常高强，但其艺术价值必居于水平线之下。我们应该赞赏铁面无私尽忠艺术的画家，能表现对方的精神和发挥自己的个性。终日从事于不符事实的美容画像者，只能享受装饰匠的荣名。

我们现在梦想跑到这个展览会里，开囊买画，代价若干，姑且不问，单从作品艺术本身着想，我们当必先从安格列（安格尔）老先生的夫人买起。碧列东[2]（Prud'hon）的画是色彩派的开山健将之一，不能不收藏一张。或者意沙北[3]的精小水彩画像也要一张。然后我们应该注意到德拉克[4]（Ddlaroix）的作品。由德拉克（德拉克罗瓦）我们不能不问津于德域利亚[5]（Deveria）的了！

为好奇于历史起见，我们似乎可以收藏若干拿破仑三世时代的宫廷生活之作。那么，万德阿鲁德（温特哈尔特）的东西是不能放过的。关于表现运动的作品，不能不敬撰徒莱[6]（A.de.Dreux）的骑马女了！他能表现她们爽快清轻的精神。

图 2-1　奴，安格列（安格尔）作

法国画家安格列（安格尔，1780—1867 年），是历史画家大卫（David）的高足，他能利用师傅的艺术技能，表达拉化儿（拉斐尔）的作风，他的作品多用冷色，但其曲线之纯真为他人所不及，安氏常自命为音乐家，而其绘画反自轻视。可惜同情于他的主观批评者，百年来未得一人！此幅表现阿拉伯人之奴隶家庭。

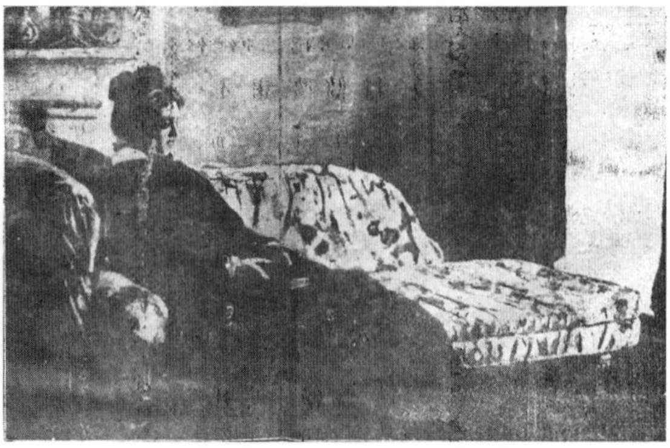

图 2-2　摩尼夫人，摩尼[7]（Monet）作

摩尼（莫奈）生于巴黎 1840 年，死于 1926 年冬，他是法国印象派首领之一，能润使彩色如自然之造化，尤其能表现光线之变化。他以风景画著名，这幅是他夫人的肖像。

① 今译爱德华·马奈（1832—1883 年），法国印象派画家。
② 今译皮埃尔·保罗·普吕东（1758—1823 年），法国画家。
③ 今译疑为法国印象派先驱卡米耶·毕沙罗（1830—1903 年）。
④ 今译欧仁·德拉克罗瓦（1798—1863 年），法国浪漫主义画家。
⑤ 今译尤金·弗朗索瓦·玛丽·约瑟夫·德维里亚（1805—1865 年），法国浪漫主义画家。
⑥ 今译阿尔弗雷德·德·德勒（1810—1860 年），法国画家。
⑦ 今译莫奈（1840—1926 年），法国画家，印象派代表人物和创始人之一。

其次还有十余位大画家，如印象派、未来派、立体派、后印象派等首领的杰作，都在这期画报介绍。我们虽然不能实际把它们买得过来鉴赏，却也可以瞻仰它们的平面曲线及其体积于一铜版上！

图 2-3　习作，佳利哀（Garnier）作

法国画家佳利哀（1849—1906 年）之艺术，富于表现个性，用色之特出，可谓前无古人，后无来者。专事描写悲哀与穷苦的母亲们和小儿们，换言之，他是个人道主义画家。

图 2-4　女像，雪散尼[1]（Cezanne）作

法国印象派画家雪散尼（1839—1906 年）生平专画风景与静物，素称为表现自然力的健将。

图 2-5　卧女，比利时画家格文东乡（K.V.Dongon）作

① 今译塞尚（1839—1906 年），法国后印象主义画家，他的作品和理念影响了 20 世纪的现代艺术运动。

图 2-6　花衣女士，麦蒂斯[1]（Matisse）作

麦蒂斯（马蒂斯）系法国现代后印象派画家，极富于想象，绘画多用紫绿色，且含装饰风味，其用笔之奇特，装法之出俗，确有创作之天才。现在他在巴黎独树一帜，极受批评家之歌颂云。

① 今译马蒂斯（1869—1954 年），法国画家、雕塑家，野兽派代表人物。

匈牙利雕刻家味格罗的三幅杰作

［原刊于1928年7月8日《中央日报》副刊《中央画报》第3期。］

文艺复兴以后的西洋艺术，其描写自然的技能，可谓登峰造极。至18世纪末叶，于色彩方面，开创了新路，所谓纯美的艺术，乃渐有装饰的意味了。到了19世纪末，色彩派发展至无可发展，但是艺术在于抉发新的境界，不能因袭，所以他们走到了色彩的大成之后，于是又创体积的新表现方法。现代艺坛的许多新艺术，可说就是立体派上的奇花异果！

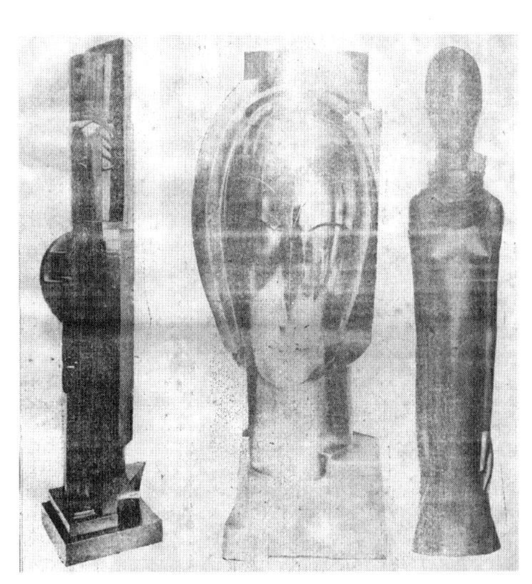

图2-7 《装饰雕刻》《铜像》《少女》（雕刻作品三幅）

现在所介绍的三幅（《装饰雕刻》《铜像》《少女》）是匈牙利雕刻家味格罗[①]（G.Miklos）的杰作。他今年开个人作品展览会于巴黎。从这几件作品中，可看出立体派的精神。味氏（米克洛斯）在单纯的线条之下，寻求光的变化，我们看他的作品，真是达到了操纵光线，表现完整的体积的自由！

刘既漂志

① 古斯塔夫·米克洛斯（1888—1967年），匈牙利画家、雕塑家、插画家。作品风格受到立体主义影响，是现代艺术家联盟（Union des Artistes Modernes，UAM）的成员。

斯光蒂那之平民艺术

［原刊于1928年8月19日《中央日报》副刊《中央画报》第9期。］

在欧洲文化史上观察斯光蒂那[①]（Scandinave）的演进，比较各国来得迟缓，也许是一种神秘民族的精神表现。公元前50年的希腊地理学家斯搭拉捧[②]（Slrabon）当时还没有发现斯光蒂那（斯堪的纳维亚）及波罗的海之存在，可见它的文化确乎有点后起的嫌疑。然而，它的神秘而不可摸索的历史，渐渐从他们的英雄而冒险的海盗生活中流露出来。他们的艺术之沿起，多半从这海盗事业上发源，史载虽然实行掠夺主义，事实上几乎操纵全欧的海权，当时地中海和大西洋沿岸的商埠，时常惨遭他们的光临。

他们武力所到的地方，不独抢掠他人的财产，在精神方面，也偷占不少。如希腊人所谓天神[③]（Jutpier）之象征帝王，占有天下区域等神话，他们一直用到现在，尚误认为他们祖宗的创言。他们的艺术之受各国影响，尤其明显可考。我们可以在这几幅插画当中分辨出他们的作风。可是我们应该明白他们的艺术绝非摹仿，譬如亚拉伯[④]的几何图案之影响他们的作风，是无疑义的了，但是一经斯光蒂那（斯堪的纳维亚）民族个性陶冶以后，则另生一派，他们能使动物成形变态而容纳于几何的曲线局部之间，这是他们创作的特点。当初和斯光蒂那（斯堪的纳维亚）民族接触最频的民族，恐怕是俄国了，及后南欧，如罗马、土耳其、亚拉伯（阿拉伯）、印度、希腊、波西[⑤]等国。不过到了欧洲文艺复兴以后，他们终于抛弃其海盗职业，于是乎派出许多留学生到法、英、意等国，因之他们也有一个文艺复兴的时代。所谓法国路易十四的作风，也影响过他们的艺术。不过到了现代，他们硬把自己的个性全盘地抛弃，一丝一毫都摹仿南欧艺术，结果呢？得到世界批评家的轻视与嘲笑，劝他们仍然实行其海盗主义也许不至有如今日颓唐的文艺时代。他们的祖宗之发现美洲，确实比科仑布[⑥]早

---

① 斯堪的纳维亚，欧洲北部沿海的一个半岛，大致包括今天的丹麦、瑞典、芬兰、挪威和冰岛五国。

② 斯特拉波（约公元前64—23年），古希腊著名的地理学家和历史学家。他编著的17卷本《地理学》一书，是古代希腊给后世留下的篇幅最大、资料最为丰富的地理学专著。

③ 即古希腊神话中的天神宙斯。

④ 今译阿拉伯。

⑤ 今译波斯。

⑥ 今译哥伦布。

几百年，我们现在虽然不敢希望他们在这地球上再去发现一个新大陆，至少他们应该保存斯光蒂那（斯堪的纳维亚）的民族个性，穿穿他们自己的古式衣裳，总比万国通行千般一样的时服来得有趣！

图 2-8 斯光蒂那（斯堪的纳维亚）之古代茅屋（受美洲红种民族之影响）

对于国立艺术院图案系的希望

［原刊于1928年2月20日《中央日报》副刊《摩登》第11号。］

图案[①]（Decoration）的作用，在美术范围中，确是一件很重要的艺术。我们举目所见的东西，如有图案性的，明明在实用上不生若何作用，都似觉特别可爱。这便是图案的功效。

图案的范围非常广大，社会上无论何种物件，大至建筑，小至火柴盒子，都少不了图案的帮助。譬如现在的商战，借用图案的磁力极大。中国的商品，其质量何尝不及外货，可惜图案不佳，终不能与外货竞争。中国素来以丝织物著名，现在中国市面销行的绸缎反用法货。这种现象，在国体上，固失却光荣，即在商战上，亦大受损失。诸如此类，不胜枚举！

现在中国图案人才之缺乏，等于科学。即在教育方面而言，恐怕没有一个具体的图案学校。由此可见中国图案艺术之亟须提倡也！这次西湖国立艺术院创设图案系，对于中国图案前途，当必有绝大的贡献。因此我们觉得非常高兴，所以诚恳地对该系贡献点意见。

图案用途，大约可分四大部：（一）建筑图案，（二）家器图案，（三）服饰图案，（四）商品图案。

这四种图案，在巴黎国立图案专门学校[②]（Ecole Nationale Des Arts Decoratifs）各设专科，分别得很明白，如美校之有图画、塑刻、建筑各专科一样。现在先由建筑图案方面谈起。

（一）建筑图案

含有塑刻、嵌瓷、玻璃花窗、壁画、金工等专门学识。所谓塑刻者，对于塑刻基本学识必先彻底研究，有了相当的程度，才能如意创作，至少也把传统的方法改新。如塑刻一类的图案，还有浮雕、瓷雕、木雕、金属雕等艺术。所以巴黎图案学校的塑刻特设一科。至若嵌瓷、玻璃花窗、壁画、金属工等艺术，在技能上有沟通之可能，可以一同研究，无须另分专科。

---

① “图案”一词来自日本，为Design的日语音译，指设计之意。此处刘既漂将“图案”译为Decoration，指装饰艺术。
② 现为法国国立高等装饰艺术学院。

（二）家器图案

这种图案，亦是人类生活中日常必需之品。欧洲各时代艺术之表现，多考证于此。譬如路易十四之作风和路易十五之作风迥然不同，路易十六之作风又与路易十五不同，各有专书评论及详载诸历史。这三个时代，总计不过百余年光景，而其装饰图案之变化，则有一日千里之势。反之，我们中国的图案，试问清代三百年来，有何革新？图案艺术如果没有专门研究，绝对不能向新方面发展。并且中国旧俗素来轻视制造家器职业的工匠，我们不独希望该院事实上铲除这种腐臭不堪的老脾气，而且应该随时极力提高图案艺术的价值及其地位。本来工匠的本能，仅在技术方面过活，对于创作的思想鲜有萌芽，因之社会上应该产生出一种图案的先导者。现在西洋的图案家在文化上的地位，等于专门技师，如能创作特殊作风者，则等于艺术大家矣！

现在中国家器在图案上，不消说没有进化，即实用上，亦不实用。譬如中国古式交椅，质量方面似乎优于西式的，但坐上去，老不舒服。究其原因，不过中国家器向未能利用现代物资之赐，美观与实用不能符合也。

漆画，本来起源于中国，数百年来丝毫无进境，而日本漆画，则进步无穷，万国艺术界都公认它为漆画图案的代表。其次，如欧罗巴之法兰西，数年来利用中国漆的原料，在巴黎大设工厂，制造出许多西洋现代图案，千变万化，反为漆画祖国所望尘不及。其原因也不过法国图案之有研究而发达故也。

（三）服饰图案

衣裳作用，在事实上，只求其温暖，但美观亦为必需的条件，并且人类好美之要求，出乎自然。服饰图案，在彩色上固须深刻研究，即曲线上、实用上亦须与前者并重。中国服饰色彩之丰富，可以为世界之冠，不过在曲线上，走错了路。大凡美的曲线，不能十分离开自然。人体之美，以曲线为主。现在中国服饰不独把它遮掩个不露痕迹，即在曲线本身，也非常枯燥不堪。两条歪斜垂线到地，已不能表现人体之美，又无活泼气象。图案方面，亦很难在这两条垂线上挽救或掩饰其丑态。结果呢，当然不佳。这是我们不能不希望该系同志负起责任去改新或创作的！

（四）商品图案

中国商业之不发达，在政治和科学方面，固不能不负其责，但图案之不能长进，亦是一个原因。现在我们随便可以举出一个例子来，现在市面流行的葡萄干都是美货，本国出的葡萄简直无人问津！其量之多少，姑且不问，但质之纯良，适与美货一样。何以轻此而重彼呢？究其原因，不过美货装饰得轻便完美，中国葡萄，不独没有装饰，连包裹的纸条都没有！由此可以推思一斑了！中国货品，不独葡萄一样亟待图案之援助，即百货皆然。现在中国实业界之缺乏图案人才，已成铁案，由此益见西湖艺术院图案系当与中国实商两业前途有绝大关系！

以上四个问题之亟待解决，想无疑义。但是对于中国将来新图案之趋向，应该如何取路，尚成问题。中国古式图案作风多走弧线，到了现在，可谓山穷水尽，今后必须别开生面，另找门路。似乎中国图案素来少用直线、角线及无线，有这三个新路，再加上时代彩色之赐，必有很可观的新图案作风出世。我们尤其希望它早点实现！

罗马之哇的光（Vatican）

［初刊于1928年7月30日，8月6日《中央日报》副刊《艺术运动》第25号、26号，后以《记罗马哇的光之游》为题刊于1929年4月出版的《旅行杂志》第3卷第4期《刘既漂建筑专号》。］

我存介绍哇的光[①]的志愿已很久了，当初未曾到过罗马，不敢介绍，及后到了罗马，虽然稍稍认识它的真面目，反而不敢介绍了，因为哇的光（梵蒂冈）的艺术不论图画、雕刻、建筑都非常丰富，而且各方面的艺术都非常可赏可贵可学可羡。在这许多“可”字当中，使我如临大海，茫无边际似的，终究无从说起。假如我把它抽象地介绍，一来恐怕辜负这如山似海的艺术之宫，二来恐怕说得过于简略，给读者认识一个缩小的哇的光（梵蒂冈），甚或读者仅仅得到一个似有似无的印象，而且我对于意大利的艺术尚未深切研究，并且我在罗马观察的时期也很短促，因此觉得没有把握。这两个原因屡次打散我的勇气。近来稍微得到一点材料，同时在行囊里找出几段关于当时参观哇的光（梵蒂冈）的日记，东拉西凑杂乱写在下面，难免为读者见笑。

哇的光（梵蒂冈）可分两大部分介绍：（一）哇的光画室[②]（Pinacothegue Vatican）。（二）哇的光（梵蒂冈）博物馆（Muese be Vatican）。

（一）哇的光画室（梵蒂冈美术馆）

由闭哀第七[③]创办。其中绘画差不多都是文艺复兴时代的杰作。现在我们从第一陈列室谈起。

第一室里陈列的作品，大小有80余幅，在这80余幅当中，值得我们留恋鉴赏的有十来幅，不过这十来幅当中，总不免含有多少宗教气味，但是我们不能因为它们有了这种气味而轻视它们，我们根本应该了解当时的艺术是从宗教而产生的。它们的用意虽然不值得

---

① 今译梵蒂冈。
② 梵蒂冈美术馆。
③ 教皇比奥七世。

图 2-9　罗马哇的光（梵蒂冈）画室（梵蒂冈美术馆）

我们鉴赏，然而，它的艺术本身确乎很有相当的价值。第一幅系 Margaritone d' Arezzo① 作的《圣弗兰西亚》（圣弗兰西亚系创立 Fnanciscain② 耶教（基督教）修道士的始祖），他惨淡经营，面无人色，百折不回的虔心，都表现得很周到。虽然他的作风尚未完全达到文艺复兴时代，但其艺术的步骤、方向，确已归到求新的道上来了。其外有 B.Daldo③ 作的《贞女图》和Lorenzo Monaco④ 作《钦敬儿童时代之耶稣图》，都很值得仔细鉴赏的。还有十来幅市阿多派⑤（Ecole De Gioto）宗教画也很值得注意。

第二室，这个陈列室的作品完全是 15 世纪遗迹。该室本身已宽敞，图画也非常之多。在这许多当中，我觉得万西⑥ 作的《圣耶兰》⑦（St.Jerome）和李俾⑧（Filippo Loppi）作的《马丽之加冕》，在这美丽的深林中，尤能鹤立鸡群。其艺术技能之超绝，使鉴赏者羡慕，研究者拜倒。读者诸君将来实地参观哇的光画室（梵蒂冈美术馆）的时候，希望不要忽略这两幅杰作。

---

① 马尔加里托内・达雷佐（1216—1290 年），意大利画家。
② 指遵循圣方济各教义和修行方式的修道会成员。
③ 本尼德托・达多（1576—1638 年），意大利画家，他的作品《贞女图》（La Vergine）现收藏于梵蒂冈美术馆。
④ 洛伦佐・莫纳科，亦作唐・洛伦佐（1370—1425 年），意大利画家，是最早的国际歌德风格（International Gothic Style）的佛罗伦萨画家之一。
⑤ 指学习乔托绘画风格的。
⑥ 列奥纳多・达・芬奇（1452—1519 年），意大利文艺复兴三杰之一。
⑦ 今译圣杰罗姆。
⑧ 菲利皮诺・利皮（1457—1504 年），意大利文艺复兴初期画家。

第三室（Ecole de Lombrie & des Marches[①]两派），义思[②]（A.Nizi）作的《贞女与耶稣幼年》和罗汉梭（Lorenzo）作的《贞女与圣单尼》[③]两幅最为可观，可惜有的地方因为年代的关系，原来的彩色渐渐地消灭，因之觉得有点悲暗。虽然古代的遗迹在考古家眼光中以为总得多带点旧的表现，比较来得真实，但在研究者的眼光中，则大谬误不然，因为研究者的视觉摸索不到真理的时候，终究不能领略对方艺术的深奥。在这三室里有艺术价值的古画十居八九，但在研究者眼光中最多不过十之五六罢了，但是我们希望研究者千万不要以目前的现象评定它们的艺术，因为我们不是生在它们刚刚画成的时代。

第四室（又名拉化儿陈列室[④]），这室的作品最为丰富，而且杰作也非常之多，如拉化儿（拉斐尔）作的《马丽之加冕》（1503年）。这是文艺复兴画家第一人得力于比利兴[⑤]（Perigin）和判帝利市阿[⑥]（Pintureehio）而作的构图。《马丽之加冕》旁近挂的一幅《神秘》，其成形和构图，比前者更觉进步。《三个道德及和令奴之夫人》[⑦]（1512）这幅画的构图来得非常谐和。画幅的下端描写议员光蒂[⑧]（Sigiom lndo Conti）脱险之状况。画幅的上端，贞女与耶稣童（同）时坐着浮云，环绕许多信徒。画幅左端还有三个大名鼎鼎的圣人介绍光蒂（孔蒂）于圣母马利。画幅的中部，为一脱俗非凡、带羽而飞的女天神。全幅的背景为一彩色华丽的天弓（象征太平）。此画取材之丰富，用色之高超强健，历代批评家公认为拉氏（拉斐尔）最得意之作。在这室内，还有一幅他最后之作《耶稣在打波山显圣容》。史载这幅画的上半端为拉氏（拉斐尔）亲笔之作，但下半幅为J.Romain[⑨]及F.Penni[⑩]所作，这是拉氏（拉斐尔）壮年短命的遗憾。

在第四室里值得我们留恋的还有Romain（罗马诺）和Penni（佩尼）作的《蒙的利斯之夫人》（Madonna di Montelnce）。

第五室，万毅斯派[⑪]（Ecole Venitienue，威尼斯），我参观此室以后，当时没有笔记，现在无从参考。

第六室（十七世纪遗作），此室绘画很多，似乎没有特色的杰作，记载从省。

---

① 翁布里亚（Ecole de Lombrie）是一个地名，位于意大利北部伦巴第大区（Lombardia）。马尔凯（Des Marches）也是一个地名，位于托斯卡纳大区（Tuscany）的卢卡省（Province of Lucca）。这里应指米兰和锡耶纳两派。

② 义思是法国艺术家，他的作品《贞女与耶稣幼年》（La Vierge et l'Enfant Jésus）是一幅描绘圣母玛利亚和婴儿耶稣的画作。这幅画作是意大利文艺复兴时期的重要作品之一，现收藏于梵蒂冈博物馆。

③ 此作一说由拉斐尔作。

④ 今译拉斐尔（1483—1520年）画室。

⑤ 今译佩鲁吉诺（约1446—1524年），意大利文艺复兴时期重要画家，拉斐尔年轻时期的老师。

⑥ 今译安东尼奥·平图里奇奥，意大利文艺复兴时期的画家，参与梵蒂冈宫尤利乌斯二世和亚历山大六世教皇寓所的修复工作。

⑦ 今译《福尔利尼奥的圣母像》。

⑧ 今译西吉斯蒙多·德·孔蒂（生于1432年，卒年不详），他是教皇朱利叶斯二世的侍从，他委托拉斐尔绘制了《福尔利尼奥的圣母像》这幅画作，该作品最初是在木板上绘制的，后来被转移到画布上。这幅画作于1511年完成。

⑨ 今译朱利奥·罗马诺，拉斐尔学生。

⑩ 今译佩尼。

⑪ 威尼斯画派。

第七室（外国绘画），此室绘画较少，值得鉴赏的有法国画家 D.Teniers[①] 作的《老人》一幅和布撒[②]（Ponssin）作的《圣德拉斯母之死》。

以上所载，多半系哇的光（梵蒂冈）各部分剩余的收藏，到十八世纪的时候始编成为有系统的陈列室。换言之，这七室的陈列物还是哇的光（梵蒂冈）的零品。

（二）哇的光（梵蒂冈）博物馆

这个博物馆怕是在世界上收藏古物最丰富的一个。因为它收藏品的历史年代，早于文艺复兴开端。陈列室之组织，从十八世纪而至今日，其中作品由教皇赠送罗马的，而各国政府的也有一大部分。哇的光（梵蒂冈）博物馆的组织，分为十余部。

图 2-10 罗马哇的光（梵蒂冈）博物馆之一部

现在我们在这十余部当中，择出四部谈谈。（一）格列蒙丁奴（Pio Clementino）博物馆；（二）埃及博物馆；（三）拉化儿室（拉斐尔画室）；（四）四斯丁教堂[③]（Chapelle Sistine）。

格列蒙丁奴博物馆（Pio Clementino）：博物馆（建筑家西蒙月蒂[④]作）完全收藏古代美术品，分十二室陈列。现在我们观察大门后石座广大的梯阶，梯阶尽端有三块平地古代嵌瓷，都是表现希腊神话史里的故事。由此再进，便是希腊十字厅，陈列的半多为雕刻，间有浮雕，除却少数肖像以外，都是表现历史故事的。如光斯当单[⑤]之女 Fule de Constantin[⑥]、

① 疑为戴维·特尼尔斯（David Temiers，1610—1690 年），比利时佛兰德巴洛克画家。

② 今译尼古拉斯·普桑（1594—1665 年），法国画家。

③ 今译西斯廷教堂。

④ 今译米开朗琪罗·西蒙内蒂（1724—1787 年），新古典主义建筑师。

⑤ 今译君士坦丁（272—337 年），又称君士坦丁一世，是罗马自公元前 27 年自封元首的屋大维后的第 42 代罗马皇帝。

⑥ 今译弗勒。

圣德连 [St.Helene，光斯当单（君士坦丁）之母（象征）]。这几件都是公元 200 年的遗品，而且这 30 多件作品都与当时光斯当单（君士坦丁）皇帝的历史很有关系。参观此室，不独仅仅得到赞美的兴趣，而且可以得到许多研究史学的参考 [现在土耳其的京都，即光斯当单（君士坦丁）之变名，耶教（基督教）公认为国家宗教，即从他起]。

圆形厅（Salle Ronde）：此厅建筑作风很受邦得安[①]（Pantheon）之影响。地面全部都是阿德利[②]（Otricoli）之嵌瓷（Osairue），表现霜多与希腊之战（神话史）等故事。厅的中央有一绝大圆盆，系一块青斑石刻成的。其成形之轻娆，曲线之高雅，和圆形厅恰好相对。陈列的雕刻，多半是希腊时代肖像，在这许多肖像当中，很明显地可以分出菲蒂亚[③]派壮美的艺术（余碧德[④]即希腊神话中上帝之主）。

弥撒厅 [Salle Muses[⑤]，弥撒（缪斯）为余碧德（宙斯）的女儿们，共有九位，各司一职，同时表现各种艺术，有联络之可能，如姊妹一样]：此厅陈列的雕刻，都是他们的历史，所以这个厅也就为弥撒（缪斯）厅，但是这 9 个石像都陈列于弥撒（缪斯）厅相连的八角厅内（Salle Octogone）。该厅有佳拉大理石柱 16 个，石像都陈列于两柱之中间。据美术史载，在这 9 个雕刻之中，有 7 个 [余碧德（宙斯）在内] 是在帝窝利[⑥]（Tivoli，罗马省埠）附近别墅发现的。然而素来考古家都公认它们是仿作，并非希腊雕刻家碧历西德[⑦]（Prexitele）的原作。有人怀疑他的原作是铜的，但是真的碧历西德（普雷克西特莱）无从看见。我们现在可以观察同一时代的仿作，也许可以自堪告慰了。因为希腊和罗马时代仿作技术的高强素为史所详载，假使当时鉴赏没有尊重仿作的兴趣，经过这许久的年代和这许多地震天灾以后，恐怕古代的艺术绝对没有这么丰富的遗留到现在以及将来。

动物厅（Salle des Animaux）：此厅珍藏多半关于装饰性的雕刻，尤其是希腊神话史里的故事为多，如 Hercule[⑧]之捉狮，Hercule（赫拉克勒斯）与野猪等。此厅地面陈列古代嵌瓷及浮雕很多。

雕刻室（Galerie des Statues）：此室陈列品非常复杂，而且也很丰富。上帝多雪列之像[⑨]（Eros De Centocelle，即希腊神话史里司管爱情的上帝），实是哇的光（梵蒂冈）古代遗作当中最有天才的一件美术品。作品的名称尚未考出，或者称为端呐多[⑩]（Thanatos，希腊神话中的死神）也没有一定。总之这个雕刻，考古史上确实证明它是雪飞梭多[⑪][即雕刻家碧

① 即罗马万神殿，位于意大利首都罗马圆形广场的北部，是古罗马建筑的代表作。
② 今译奥特里科利，意大利地名。
③ 今译菲狄亚斯，古希腊雕刻家、画家、建筑师。
④ 今译宙斯，古希腊神话中的众神之王。
⑤ 今译缪斯。
⑥ 今译蒂沃利，是位于罗马以东 30 多公里处的半山腰上的一个精致秀美的市镇。著名的哈德良别墅即在此。
⑦ 今译普雷克西特莱，古希腊雕塑家。
⑧ 即古希腊神话中的赫拉克勒斯，希腊神话中最著名的英雄之一。
⑨ 今译厄罗斯，希腊神话中之爱神。
⑩ 今译桑纳托斯，希腊神话中之死神。
⑪ 今译老索多图斯，古希腊雕塑家，相传为普雷克西特莱的父亲。

历西德（普雷克西特莱）的父亲]家里藏品之一。由此可以证明它是公元前400年的遗品。艺术技能之高强，简直与碧历西德（普雷克西特莱）时代的没有多大分别。及碧氏（普雷克西特莱）自己，也许很受它的影响。在这室里，碧氏（普雷克西特莱）的作品有《亚波隆之追四足蛇》[①]（Apollon Guettant un Lezard），其结构之轻巧，作风之爽快，除却他的《花神》（Venise）以外，怕是它最有艺术价值了。此外还有几件亚力山德兰（Art Alexandrln llle S.Ar.g-c）艺术遗迹值得记载的。如《亚丽安之甜睡》（Arlane Endor Mic），作家无名[希腊神话史载，亚丽安系命懦斯（Mino，地狱裁判官）的女儿，因为她的情人拉悲兰（Labyrlnthe）杀却问纳多（人兽首者）以后，她曾求索于天神去救他，事后反被他抛弃，她终于在奴沙岛从高崖跃海而自尽]。这个作品的表现充满着悲哀和困倦，她失恋的心绪，在睡眠时尚能尽量地流露，其艺术之深妙，堪称亚历山德兰文化之代表。

肖像室（Salle des Bustes）：此室共分三部，每部约有肖像30件，每部都有很精彩的作品，现在我们从A部谈起。

A部：这一部的遗迹多半系古希腊颓唐时代和罗马强盛时代的东西。如尼隆[②]（罗马王，以好杀著名）之首、亚历山德兰之人物，都是大方而精巧的杰作，还有一对罗马共和国时代的男女肖像，描写当时表情，深入微境。

B部：这一部的陈列品完全是罗马时代的遗作。所有肖像，多数为大雕刻残破后得来的部分，当中最有特色的是《哀求》，大概是耶稣以后（公元）5世纪的东西。还有一个战士肖像也表现得非常深刻。

C部：这部是哀怜义斯帝角[③]和罗马调和派的作风（Etyle He lenlstica Romaln）。当中有一个很值得研究的，是余碧德（宙斯）其雕刻作风，仿佛很像菲蒂亚（菲狄亚斯）作的余碧德（宙斯），假如没有时代的关系，恐怕容易误认为菲氏（菲狄亚斯）的遗作。

假面室（Cabinet des Masques）：此室作品较少，但是都很精美。有一部分由古代柱头上取来的小块，地面的四块阿德利亚娜（Adriona）嵌瓷都是表现希腊戏剧的脸谱，还有南浮[④]（Nymphe，见希腊神话史）之舞和花神（Venise）之浴，都是碧蒂义的著名的杰作（Doedalses de Bithynlellle S.Av.g.c.）。

老孔室[⑤]（Cabinet Du Laocoon）：此室命名，很有神话史的意义。本来老孔系亚波龙[⑥]（Arllon）的牧师，因为他泄露希腊对于特罗扬[⑦]（Troyens）施行的诡计，并劝其同族布设木马于市上，与之对垒后，被上帝发觉，怒命天蛇毒杀老孔（拉奥孔）及其二子。

① 今译《阿波罗捉蜥蜴》。
② 今译尼禄（公元54—68年），罗马帝国第5位皇帝。
③ 今译埃特鲁斯坎，即伊特鲁里亚（Etruria），古代意大利的一个地区。
④ 南浮意为“仙女”或“女神”。这个词源自希腊神话，指的是居住在森林、河流和泉水等自然环境中的女性神祇。她们通常与自然元素有关，如水、树木和动物。
⑤ 今译拉奥孔。
⑥ 今译阿波罗，古希腊神话中的太阳神。
⑦ 今译特洛伊，古希腊时期的一个城市。

这种空前地表现人类痛苦的伟大杰作，发现于蒂蒂[①]（Titus）之温泉室，当时立即由古罗马自然物学家碧冷[②]（Phine）的著述，证明它是罗德 [Rhcdes，哀怜匿（Hellenite）艺术发源地之一] 的雕刻家 Agesande[③]，Polydore[④]，Athenodore[⑤] 三人之作 [（公元前）50 年，同时证明它是哀怜匿艺术末叶的杰作，在文艺复兴时代，为米开朗治[⑥] 劝告，由雕刻家蒙多梭利[⑦]（Montorsoli）修改，把老孔和他的儿子的右手臂稍为下垂，使雕刻全局曲线谐和成一三角形]。此室陈列老罗马的细部浮雕不少，尤其由搭拉赏（Tratan）凯旋门[⑧] 拆来的为多。

其余还有六个规模较小的陈列室，如亚波龙（阿波罗）室、波西（波斯）室（Cbinet，De Persee），安的奴（奥德赛）（Abinet D.Antinous）等，因为观察的时间较少，不敢随便记载，只得从略。参观格列蒙丁奴博物馆，至此告一段落。

1927 年 5 月 5 号至 19 号之日记

---

① 即罗马皇帝提图斯。
② 即老普林尼，生活在公元 23—79 年，著有《自然史》（*Natural History*）。
③ 今译阿基桑德罗斯，古罗马雕塑家。
④ 今译坡里多罗斯，古罗马雕塑家。
⑤ 今译阿典诺多罗斯，古罗马雕塑家。
⑥ 今译米开朗琪罗。
⑦ 即米开朗琪罗的学生乔凡尼・安东尼奥・蒙托索利（1507—1563 年）。
⑧ 即提图斯凯旋门。

介绍西洋图案

［原刊于1928年8月12日《中央日报》副刊《中央画报》第8期。］

图案的命意，纯系装饰艺术之抽象。图案两字，来自日文，如果全用中文，恐怕要称为装饰艺术才能说明，为简便起见，所以偷用他人现成的名词。不过这个办法终究有点毛病，因为近来有人误认图案为建筑者，因之我们这次介绍西洋图案，不能不先把它的名词的命意解悉明白。

本来图案的范围最为广大，我们日常生活当中，差不多一举一动、一事一物，没有一种不借助于装饰者。大概图案的命意可分两方面讨论：（一）精神的图案：譬如我们日常举动，在社交的时候，总得较之在家不同，这个不同之点，必带多少装饰的性质，如欲谈话清爽，举动大方，不能不经过一番教育或锻炼，这种教育，我们简直可以称它为装饰教育。又如巴黎女人的行路，其装饰意义之丰富，尤其明显，她们一个时代有一个时代的作风，步骤之宽狭，姿势之紧缓，和全体的态度，大家都很认为值得注意而加之批评。这一点，我们不能不公认她们的装饰艺术之发达！（二）物质的图案：我们中国人，有时误认装饰为奢华，奢华便是灭家亡国的恶兆。其实大谬不然，我们应该知道图案能使平庸的质料变为可贵的物品，但是可贵的质料没有得到图案的陶冶，反乎俗不可耐，由此可以证明图案并非灭家亡国的大病。水晶的质料当然名贵，假如不经琢磨，不过是块透明的石头罢了！

西洋图案之发达，不独能使人得有快感，尤其对于文化和实业上的贡献，确实收到许多明显的效果。

西洋图案演进的原因，自然一方面，他们从没有存着茅居素食的观念，因之对于生命过程中的事物，都积极地要求完备和新颖。所以他们的作风之变化，实能令人骇倒，一年为小变，五年为大变，二十五年为大革新，这是欧洲图案界的口号。一方面他们得到科学之助，因之发现出很多新的原素，譬如他们时代的玻璃图案，其艺术技能之超凡，作风之新进，绝非我们梦想所及。

他们能在没有理性的图案上表现出充分的情绪，在没有秩序的作风上表现出个性。他们素来鄙视摹仿，所以他们能自豪地实现他们的口号。我们中国的图案，到如今，还是龙凤为本，仿古为高雅，假如今后我们仍旧不能打消这种观念，恐怕中国图案演进的时期，还是茫无边际呢？

西洋工艺艺术

［原刊于1928年9月23日《中央日报》副刊《中央画报》第14期。］

中国古代文明能受外人敬礼的原因，有一大部分，是应该归功于工艺艺术。譬如古代的瓷业，在质一方面，素来得到天然之助，天之骄子一般地坐了一千多年瓷业霸主的位子。这一点胜利，确乎值得我们自豪。然而，假使我们反过来说，我们不能不自愧万分。因为我们的今日远不及古人，不独不及，且有进三步退五步的嫌疑！好吧，现在我们回过头来看看古人的作品，然后看看西洋人的作品，最后把现在的也看一看，在这种比较观察之下，其结果当必非常明显。中国古代瓷器艺术之发展过程，由单纯而复杂，由复杂而颓唐。到了现在，专摹颓唐时代的作品，其演进之无效，是理所当然的。所以中国现在的工艺图案，早已跑到不可救药的路上了！现在我们都已知道这个不幸而且羞耻的成绩，那么，我们以后应该极力设法挽救。世界事物，不论哪一门类，都有兴旺与衰败的定理，不过衰败以后，能得相当人才或环境之影响，可以死灰复燃，作一文艺复兴。现在我们欲达到文艺复兴的目的，必先从根本上思索一下，我们自问在万无所有之中，能否特创一派新的艺术出来？按事理而言，当必可以的，不过非常困难，假使能够借助于历史或环境，势必极有希望。现在中国工艺艺术虽然跑上不可救药的道上，我们可以另觅一路，自傲地走一个舍旧道如敝履的典礼！然而，我们舍却这敝履以后，应该从哪一方面着手呢？我以为现在还有两条夹道可通（不敢言走）：第一条，应该绝对地除去摹仿的大毛病，不论在空间、时间、物质或精神各方面向着创作的方向狂驰，万一不能狂驰，至少也要达到龟行的速度。第二条，中国工艺技能固然没有进步，物质方面，也少发明，尤其是现代，我们以后也得特别留意于物质方面的创造。譬如中国的漆工，普通工匠只知老法，除开木器以外，似乎别的物质绝对不能与漆谐和，甚或加上少许迷信的气味，明明一件大可以而特可以公开的学识，反乎弄得神秘莫名，传统的观念居然传到今日。

本来漆的原素是一种光滑的黏质，除却保护及装饰木器以外，还可保护五金，及各种物质之用。锡片上面，很可以漆，也很可以画，而且还有许多物质我们不敢妄用而西人居然发现了的。我们东方的漆工传入西洋也不过20多年，但是他们在这20多年当中，其进步之速，简直超过中国五百年来的成绩。究其原因，不能不归功于他们公开的精神。

漆工在艺术界的地位，不为不大，因为不独富含装饰性而且非常实用，然而西洋的漆工本来不是西洋固有的，现在他们反乎比我们来得高明，其艺术本身，也和我们的完全脱了关系，他们有他们的民族个性之表现，他们有他们的时代作风之发挥。西洋的艺术家，已然能脱胎于东方艺术而独自产生一派，可见我们素来梦想不到的许多西洋艺术，我们也可以脱胎过来研究。因此，我觉得西洋工艺艺术尚有许多种类，我们未曾见过而大可介绍的有十余种。这次略微介绍一点皮工、手织、金工、漆器等。我们应该知道艺术不独能代表国家文化，即实业前途非有艺术的补助与陶冶不可，现在中国文化和实业之缺乏艺术，恐怕是到了极端了！

西湖，九月十九日

图 2-11 巴黎跳舞明星

蒂浪[1]（Jean Dunand）作，此画全用中国漆料，表现西洋艺术

① 今译让·杜南（1877—1942 年），法国雕塑家、漆艺家和室内设计师，是杰出的装饰艺术运动设计师。

壁绣（Tapisseries）

［原刊于1928年8月26日《中央日报》副刊《中央画报》第10期。］

西洋壁绣的历史，已有14世纪的历史（1400余年）了。它在艺术坛上，素来尊居要位。在15世纪以前，这种艺术多表现关于宗教性的历史，后来转向贵族方面的工作，到了现代，才稍有平民的气味。可是这种艺术技能，较其他来得复杂和困难。我们可以推想，一幅壁面大的绣花，一针一线的配色，艺术之有无价值，姑且不问，即时间上，每绣一画，至少也要花上三数年的功夫，而且每绣一画，必须数位艺家和艺匠的合作，才有完成的可能。

西洋壁绣和我们中国的刺绣很有不同之处。中国刺绣，通常用丝线绣在丝缎或布帛上面，对于绣的图案或历史构图，恐怕从古至今，尚未研究过一次。结果当然在物质方面不能耐久，在艺术方面无从创作，在精神方面空费时间。西洋的壁绣，除却时间以外，简直成个反比。他们的千年前，现在常可看见，他们历代的精神也从壁绣上表现其一大部分。至若刺绣的方法，当然来得特别高明。壁绣或可命名为织绣。它的方法，在用线的本身彩色组织绘画，或应用好几百色的羊毛，按着画样的彩色，随织随作其经纬线条，因此这种壁绣的厚薄，全由作家自便。

现代法兰西最著名的壁绣，算是角北林制造所了[①]（Manufacture de gobelin）！它的历史从路易十四起源而至今日，其素来作品之多，作品藏家之众，确是一桩大可记载而大可评价的艺林佳史。这次我们介绍几幅很有意义的壁绣，也无非是给历代西洋壁绣家们一个诚恳的敬礼。

---

① 今译戈白林挂毯制造厂，是法国巴黎一家历史悠久的皇家挂毯制造厂。

图 2-12　角北林（戈白林挂毯制造厂）壁画《春》

图 2-13　角北林（戈白林挂毯制造厂）壁画《夏》

图 2-14　角北林（戈白林挂毯制造厂）壁画《秋》

图 2-15　角北林（戈白林挂毯制造厂）壁画《冬》

图 2-16　国立艺术院研究院壁画（林风眠作）

图 2-17　国立艺术院研究院壁画（刘开渠作）

壁画

［原刊于1928年9月9日上海《中央日报》副刊《中央画报》第12期。］

在这碗小而深奥的西湖的微波上，菜色的柳树软脆脆地遮罩着无数艺术家在研究与创作，苦辣与甘香的烟雾中，似有似无地看见几十个清秀的脸孔正在握着画笔挥毫。他们的使命多么远大，将来东方之文艺复兴，当然以这几位隐士为标准，他们在正式功（工）作之外，还从事于细部的壁画，聊作消遣。

本来壁画有三种：（一）古代壁画：直接绘在石灰壁面，多见于埃及和罗马的坟墓中。（二）嵌瓷壁画：用一块一块的小瓷砖嵌镶于壁面，此种艺术多见于公元后之礼拜堂装饰，它的质地最为坚耐，彩色亦极丰富。至意大利文艺复兴时代，它的表现之完备，简直与油画相混，可谓登峰造极的时代了！（三）油绘壁画：这种壁画，有的直接用油绘上壁面，有的绘上布面，因为耐久的问题，近代以来，多绘在布面。总而言之，这三种壁画，都是建筑式的装饰艺术。

这次我们介绍几幅绘在国立艺术院研究室的壁画，都是当代大名鼎鼎的艺术家林风眠[①]、吴大羽[②]、雷圭元[③]等舒（抒）情之作，各作家个性之表现，作风之特出，艺术之高超，都能给鉴赏者许多深刻而含哲意的安慰！

---

① 林风眠（1900—1991年），广东梅县人，画家、美术教育家，时为国立艺术院院长。

② 吴大羽（1903—1988年），原名吴待，江苏宜兴人，画家、美术教育家，时为国立艺术院西画教授。

③ 雷圭元（1906—1988年），原名雷奎元，字悦轩，上海松江人，工艺美术家、工艺美术教育家，时为国立艺术院图案系助教。

图 2-18　血（林风眠）

图 2-19　舞（林风眠）

图 2-20　动（林风眠）

图 2-21　胜利（林风眠）

图 2-22　十字架（吴大羽）

图 2-23　宇宙（雷圭元）

玻璃之美

［原刊于1928年9月16日《中央日报》副刊《中央画报》第13期。］

代表中国实用艺术的物体，第一是瓷器，其次恐怕是漆器了。不过中国现代的瓷、漆两种艺术，不独不能代表现代精神，即仿作也不如前人，这种现象，我们唯有忍声吞气地自认为颓唐时代罢了！至若玻璃，由古至今，除却少数水晶雕刻以外，简直没有这种艺术！中国既然没有这种艺术，现在我们应该详细研究和介绍他邦数千年来的这个玻璃之美。

西洋玻璃艺术的起源，在埃及以前，似已有之。从埃及和芬义斯（Phenix）时代[①]起的玻璃，才慢慢地从事装饰，而且当初他们确有玻璃实业之建设。他们的作品，一直遗留到现在，巴黎露渥宫[②]和伦敦国家博物馆都有一部分很有价值的珍藏！到罗马时代，已有玻璃瓶与玻璃窗之装饰，其用色虽然不能运用自如若现代，但亦得有自然变化美之奥妙。欧洲中世纪的玻窗装饰，其制造方法及其表现能力，似乎与现代的玻窗装饰不相上下。关于玻窗装饰，现正征集材料，拟在最短时期内出一专号，故此期不谈。

自文艺复兴以来，玻璃事业因得科学之助，大放亮光，尤其是近代和现代的玻璃用器，其装饰作风之变迁，时代文化之表现，艺术技能之高妙，简直一日千里。现在欧洲一样发达这种艺术的国家有六七个，最先著名的，怕是捷克斯拉夫[③]（Tehecoslovaqve），因为捷国（捷克斯洛伐克）素来出产玻璃，故其装饰艺术较为先进，自15世纪而至19世纪末叶，都由它一个傲执牛耳。但是最近30年以来的欧洲玻璃艺术界反乎被后起数国超过，在1925年巴黎万国博览会里可以很明显地辨别出来。我们虽然不能因为看到法国无数之玻璃美术品陈列于该会而公认它为最优美，但丹麦、比利时、西班牙等国，也不失为姊妹之国。

这次我们非常荣幸，接到由巴黎寄来几幅杰作。这个难得的机会，一方面可以给我们大家在这画报的平面上作抽象的鉴赏，一方面，不禁令人心往神驰地回忆法兰西！因为她不独具有玻璃艺术之美，而且还有许多其他各种美术品很能令人迷醉而留恋的！

---

① 疑为斯芬克斯（Sphinx）时代。

② 今译卢浮宫。

③ 今译捷克斯洛伐克。

法国玻璃美术家值得我们大介绍而特介绍的有十来位，因为篇幅的关系，这次只得从简，仅仅介绍法国之拉力加[①]（Laliqve）和捷国（捷克斯洛伐克）之碧列奴西（Prenssit）。拉氏（莱俪）艺术极能表现光的体积，同时他的玻璃本质之构造与别家绝对不同，他能使玻璃变成一种似玉非玉、似翠非翠的彩色，他的图案材料，多用露体和花鸟类。现在世界各国著名之博物馆都珍藏有他的作品，尤其在美国，其作品代价非常高昂，由此可见一斑。捷国（捷克斯洛伐克）碧列奴西氏，也是一位当代难得的作家，他素来多作水晶之浮雕，其构图之新颖，手法之秀丽，堪称登峰造极。我们瞻仰这种艺术之后，至少也许可以引起我们希望中国将有一天出产玻璃美之可能？

图2-24　海妃，拉力加（莱俪）作

图2-25　人体之美（香水瓶），拉力加（莱俪）作

图2-26　座钟，拉力加（莱俪）作

图2-27　水晶圆盘浮雕，捷国（捷克斯洛伐克）碧列奴西作

图2-28　天堂（水晶圆盘浮雕），捷国（捷克斯洛伐克）碧列奴西作

图2-29　杯（水晶浮雕），碧列奴西作

① 今译莱俪（1860—1945年），法国玻璃艺术及珠宝设计师。

王子云先生的杰作

［原刊于1928年1月10日出版的《首都第一届美术展览会特刊》。］

首都展览会中的杰作，实不止王子云先生[①]一家，好在别家的作品各有他们的特色处，大家注意得既多，批评当然也不会少。王子云氏的作品没有特大的篇幅，作者又很自谦，特把自己的东西放在人所罕到的楼上，且在楼上的另一室，怕有许多注意不到的，实在王氏作品特色处也尽有，故特提出在此。

王氏作品，如《落叶》一幅，笔触雄壮，大有西斯勒[②]（Sisley）的作品（之风）。视此可以想见王氏豪爽的气概。偏（遍）视全场各作，磊落英明之态，找不到第二个人。

《残阳》一幅，表现太阳的光线，生动活泼，跃跃欲动。王氏个性之灵敏处，已能表现无余。至其对于空气的分析，远近冷热，备极分明，又可想见王氏努力之勤，火候之深。

法国浪漫派首领德拉夸[③]（Delacroi），大概诸位通记得吧？试以王子云前两幅以及《江干》《安乐的家庭》《水上的生活》的色彩，与德拉夸（德拉克罗瓦）相比，有什末（么）不同呢？

其实王子云的作品，单看色彩，还不足以尽窥王氏的工（功）力。在结构方面，线条的安插，形体的位置，也都极其稳当，使观者绝无不安定之感。

以水彩画论，王子云氏《红萝蔔》一幅最为杰出，如椽的大笔，放上去，既不生，又不硬，错综生动，恰到好处；背景的距离，红萝蔔的体积，温和圆润，非常坚实；整个儿看起来，那的确是一只干脆多汁的水萝蔔。不但可吃，且亦好玩。静物最要在表现物体之生命，王氏之红萝蔔，却正是此种有生命的红萝蔔。因此是长出来的红萝蔔，不是纸上的红萝蔔，

---

① 王子云（1897—1990年），原名青路，字子云，江苏省徐州人，画家，学者，著有《中国雕塑艺术史》《从长安到雅典——中外美术考古游记》等。时为南京第四中山大学民教馆艺术部主任。

② 阿尔弗莱德·西斯莱（1839—1899年），法国印象派画家，代表作有《莫雷的划船比赛》《圣马尔丁运河》《马尔港的洪水》等。

③ 欧仁·德拉克罗瓦（1798—1863年），法国浪漫主义美术的代表人物，代表作有《希奥岛的屠杀》《自由引导人民》《但丁之舟》等。

也不是用红绿颜色涂出来的红萝葡！这种用笔用色，的确是法国现代画家巴氏[①]（Bach）的得意之笔。

《安乐的家庭》是一幅难得的油画。他的取材，不取之于追念古圣先贤的所谓名盛（胜）古迹，而取之贫民的日常生活，这也是现代画家克罗多[②]（Claudot）的意境。他的用色取光，动人的黄光，动人的紫荫，活似最新之外光派的作风。

据说《落叶》《残阳》是王氏以前的作风；《江干》《安乐的家庭》《水上的生活》是最近的作风。在这个比较中，我们觉得王氏的进境是值得乐观的。希望子云先生多在如《安乐的家庭》一类的作品上努力，将来的成功，一定是不可限量的！

这是单对王子云先生一个人的作品说的话，不好再多赘了。

一月七日晚，南京

---

① 马塞尔·巴赫（1879—1950年），法国画家，作品有《麦田》《森林中的清理》等。林风眠多次在报章上介绍其作品。

② 安德烈·克罗多（1892—1982年），法国画家，受林风眠邀请来华任教，时为北京国立艺术专门学校西画教授，后任国立艺术院西画教授。

给音乐家李树化先生

［原刊于1928年7月22日《中央日报》副刊《中央画报》第5号。］

中国音乐之平淡，乐谱之单调，乐器之粗陋，是不必说的了。然而他们在当时创造出来的时候，确也有他的相当艺术价值。不过，后来的人不长进，仍旧尊古法制地瞎拉瞎唱，终于糟蹋了古代艺术的身价。

假如我们的听觉稍为从事锻炼，放开耳朵听听那数百年来波涛澎湃的欧洲音乐之演进，总得可以觉到我们自己的不成。什么谭叫天卖马、刘鸿声斩子之类，唱来唱去都是一个调子，而且近来学的人愈加不成套调了。

介绍西洋音乐为目前十分紧急的问题，因此，我们不能不希望李先生们负起介绍的责任，开开我们数千年来茅塞而且迟钝的听觉，好比在一个无边的沙漠上，慢慢地下起雨来！

我们介绍树化[①]先生，是希望他在这沉闷的空气里制造一种艺术化的新空气，去安慰我们的情感和心灵。希望树化先生不断地研究，不断地介绍，不断地创作，不断地宣传，丰富我们一无所有的艺术界。

刘既漂

---

① 李树化（1902—1991年），原名李树华，广东梅县人，我国第一代钢琴家、作曲家、音乐教育家，国立艺术院音乐系首任系主任、教授。

相互研究

［原刊于1928年9月10日《中央日报》副刊《艺术运动》第31号。署名刘既漂、孙福熙。］

田华先生：

过嘉应[①]时多蒙殷勤招呼，使我们的旅行更增极好印象，今接得来信又承谬奖，真是万不敢当。先生主张在《中央日报·艺术运动》上设“艺术问答”一栏，我们也极为向往，因为我们与先生一样，常有问题难以解决，希望有人给我们以高明的答案也。但我们也是提出问题者的话，你要我们回答，我们哪里有这样的本领？并不是客气的话，看我们的年龄就知道我们绝不是如何有经验的人。况且，我们的教育，在国内时几乎可以说毫无所得，尤其因为中国当时的教育全是注入的，沉死的，妨害我们的发展力不少。到了外国，教育是好的，但语言与风习的不同，使我们不能立即毫无阻碍得到学问，我们虽然加倍地用力，而只有五年、十年，我们敢说已经学得学艺了吗？外国学者，即使是在六七十岁时还孜孜研究，直至他的生命终结时为止，我们的五年、十年的工作与他们比较，可以算是学问了吗？我们担任一点教科，日夜战战兢兢，大部时间均为教科而研究，所能自己用功者已是微乎其微了。今以大问题加之我们身上，岂敢说能胜任？不过，我并不是因此反对你所说相互问答的主张，你的主张是很好的。所以，我们要的是相互研究，并不是说回答的必非万古皆准的真理不可。既然如此，我们除赞同先生的办法以外，还将先生的问题在此宣布，而略将我们个人的见解陆续发表，希望高明者见了就来加以纠正，这样的共同讨论，必能发挥尽致，使讨论者与阅读者均得极大益处，而先生所希望的中国艺术教育的普遍与进步必很快地成为事实无疑了。

附：

《艺术问题求答》

既漂、福熙[②]二先生：

久仰大名，而且时时奉读大作，正苦无缘面领大教，今得二位旅行之便，翩然到吾梅县

① 今广东梅州的古称。

② 即孙福熙。

来游，得认识二位，真是十分欣喜。弟幼爱书画，亦常涂鸦，只苦求教无门，平日虽略看中国关于艺术文字，但所有疑难太多，心中既无把握，进步自然甚缓。幸得二位良师不求自来，又如此和蔼可亲，虽相见不过数小时，而每有所请，必详细指导，使弟眼界一开，胸结顿释。特于昨日领教之后，即来作函奉谢。更有请者，弟推己度人，穷乡僻壤，必有如我之愚而好学者，求学非人人所可得，有年龄已过者，有经济不裕者，有家庭及环境所不许者，但人人有求学之自愿，譬如贵院西湖国立艺术院考试的人必数倍于学额，此种中不能入学之人，全仗社会间发表的文章书籍及展览会等吸收其艺术智识，这是先生等于教科劳瘁之余所尚须为社会效劳之理由也。所望于二位先生者，就是常常指教我们爱好美术而无门径的人，先生等能随时将各门艺术及各国艺术思想轮流介绍，方法甚善，惟鄙意尚可添设问答一门，专为我们初学者求教之地。我自己觉得时刻有疑问的，想必同情于我者，必甚多也。我读《中央日报·艺术运动》上诸先生大作，使我每次等待，有如饥渴。先生可以把答复在《艺术运动》上发表，则此后使我对于它更多一些感情了。这答复可于我发信后20天收到，时间虽然不短，而接得时如何快慰。弟甚以为先生等此种工作之于中国艺术运动，与办理艺术院一样有效，一样重要，盼望情切，想大度如先生者不至怪也。昨日匆促，未以此意奉告，回来想及，故特函达。

风眠[①]先生及艺术界诸先进均此。

罗田华上

---

① 即林风眠。

艺术问答之一
敬答本刊十月一日卜木先生的大作

[原刊于1928年10月15日《中央日报》副刊《艺术运动》第36号。]

卜先生，我应该尽心地感谢你，本来你的大作我预备前个礼拜奉答的，因为天气不好，害了一顿毛病，一直搁到今日，真是对不起。老实说，在下自回国以来，所有发表过的一点文章都没有得到过回音，卜先生，你算是第一个英雄，我现在虽然没有和你会过面，拜读大作以后，我决然相信你，我的知己。你的态度很好，充满着研究的趋向，我以为美术本身的表现是应该个性的，艺术与理论是应该社会性的。卜先生觉得我那篇《艺术是平民的呢，还是贵族的呢？》一文似乎有点过于"无限的含混"，不敢当。艺术的问题，多么伟大而无遥，我那篇无聊的谈话，哪里值得小题大做地闹起来呢？而且那篇东西简直算不得一篇文章，一共不过几百字，在这种狭小的篇幅当中，事实上当然不能详细解析这个无底的问题，现在卜先生因为看见我说的"艺术是人类的高超处"，于是乎硬要误认以为我的意思是"艺术是贵族的了"。不敢当！不敢当！现在要反过来请教卜老先生，试把各种问题列在下面：

（一）假如艺术是贵族的，何以亚菲利加[①]中部的黑人，在野蛮生活之中，没有衣裳装饰，又没有其他物质之设备，贵族与平民的观念想必没有一点影子，但是他们忍痛把自己的皮肉刻出许多消极式的浮雕，这种艺术，难道也是贵族的吗？

（二）清代以来北京皇宫里面的收藏，当时皇帝们抱着在量不在质的宗旨，尽力蒐集天下物品，不管是什么东西，总要样样齐备，满屋塞栋地珍藏起来，难道这种乱七八糟而且没有价值的艺术品，因为它们藏在皇宫，就是贵族的了吗？

（三）你的意思以为贵族的艺术一定和平民的很有区别，我敢说你老先生的胆子太大了。现在我随便举出一个证据给你看，听说有位广东人，三个月前他是个穷汉，三个月后一变而为富翁，而且富贵双全。他在这两个时代，生活几乎完全改变过来，然而他对艺术的观念一点没有改变，因为他的作品绝对分不开贫富两个时代作的东西去辨别东西本身的艺术价值。至若贵族们要把艺术当作消遣品，那是另一个问题。我们是否应该了解艺术家本身的产生，

① 非洲。

不是因为受到贵族的影响就变成贵族的，也不是受到平民的影响也就变成平民的？世界上自古到今，曾有几个艺术家是由贵族生出来的？

以上三个问题，不知卜先生以为如何？我的浅见以为这个问题只好排在时间上着想，或者可找出若干理解，敢请卜先生回过头去看看人类的历史，艺术不是从皇族家做够了奴隶跑到宗教家里的吗？不是由宗教家又跑到资本家家里的吗？不是由资本家家里又跑到现在的平民家里的吗？所以我终于觉得艺术的性质，不能因为某时代的影响，就总说它是什么艺术，反过来说目前的艺术，当必是平民艺术无疑了。艺术的质的假定，我相信它是暂时的。卜先生觉得我说的“艺术是人类之高超处”过于含混，那么，就作含混定论也没有什么不可。这种问题要是起劲解析起来，恐怕一本书的篇幅也说不完，而且古来关于这种美学的论调变化得和走马灯一样，各有各的主张与见解。老实说，谁也有理，谁也没有理。现在把它含混起来，倒是一件调和的工作，假如卜先生不愿和我合作，我恳请你不要生气，因为我希望在这条寻求归庙的大道，现在虽然尚未得到同伴，明朗的对山回音是很可敬听的了。除此以外，还有“环境与内心”这个无穷大的哲学问题，我实在没有本领和你辩论这个渺茫无际的理论，你说“艺术家是表现时代”，难道历史画家的作品幅幅都是时代画了？你说时代和环境没有分区，那你老先生更加想入天堂了。时代不是解说时间上的过去、现在与未来吗？环境只好作时代的附属品，在事实上，我们不能强说环境的某时代，省却人家讥骂“不通”，卜先生，还是说某时代的环境有理呢？艺术家的内心，是永远地比环境先进加几十倍。柠檬的问题，你也完全误解。我的原意是：有的天才艺术家，生性懒惰，虽然他的内心感觉比较环境先进，如果没有环境的压迫，反乎不能产生出他的先进的艺术。因为卜先生忘记了时间的关系，以为我说的环境压迫出来的柠檬汁便是时代的表现，其实完全错了。卜先生以为如何？你要拉起小学生的架子和我回答，那我尤其愿意拉起小学生的架子和你撒娇呢！卜先生，请你千万不要自己生气，我们带说带笑地谈论艺术，是人生快事，我对于你的私人，丝毫不敢侵犯，彼此都是站在研究的地位，千万不要分开小学生和大什么的区别，其实我们都是一样的。读本刊 10 月 8 日贺中天先生一文，他是接应你老先生的回音。因为我随便说了两句话，闹得锣鼓喧天，阻碍邻人睡不得好觉，我真的要对读者道一万个歉，不够还要多多叩头。贺先生的议论太神秘了，我简直答不出话来，而且他也没有给我答话的可能。卜先生，贺先生，请了，我希望我们三人将有会面的一天。

西湖，双十节

我们的眼福

［初刊于1936年6月3日《广州民国日报》艺风第三届画展特刊，后刊于1936年9月30日出版的《艺风》第4卷第5、第6期。］

读文章，吟诗词，和看图画有同样的感觉。好文章在手，朗诵半天不觉厌倦，似乎自己走入文章中，有声，有色，有动，有静，一套大我之慰油然而生。读诗也不能十分例外，不过读诗词到底和文章两样。因为诗词近乎音乐，犹如看一幅风景照片和一幅战事照片一样。战事片能给你一股文章之劲，因为它能表现动作与历史，读《吊古战场文》[①] 和看一幅战事片，大概不会相差很远。风景片虽然不能说绝对没有动，但由抽象上比较，似乎时间的段落来得分明，所以敢说看一幅好的风景片，如吟一首道地唐诗有同样之感。至若图画呢，我们可以很明显地分别出在文章诗词之外还有一种伟大的技能和艺术的灵魂。

鉴赏绘画，不论中西，当然以艺术为归宿，譬如一幅风景，假定形而下的表现很肖，甚而言之，简直画得和自然界分离不开，这种画家，就技术而言，我们虽然佩服，但回头一想，不如直接实地看山水，何必多此一举？绘画之所以存在，因为能把文章诗词一炉而冶之，我敢大胆说句话，内行的批评家另有一套心肠，画得像不算稀奇，在画得像之外，还有许多玩意儿。最先，不论看什么画，先看该画的气格，然后看风韵。有了以上两种原则，其次才鉴赏画面的布置、取景、用色和用笔等各种问题。

绘画的时代性虽然很重，到底没有现代人类衣服样式变换之快，衣服之长或短，在某时代是合乎鉴赏的，但过了那个时代，可不顺眼，怎么袖子太长，袖口太小，这不能说是以艺术为前题（提），可以说是时间上的习惯美。绘画呢，不论老派新派，甚或莫名其妙的古怪未来派，一经认为确有艺术价值时，不论它经过多少年代，它的美，仍旧是很有价值的，绝对不会像失了时髦性的衣裳一样，不论质料之如何金贵，穿上身，你也不敢出门散步。我现在把话说回来，鉴赏绘画虽然不是一种高妙的学识，但是没有鉴赏经验的同志们常常会把一件非常之美的杰作轻轻放过，而去细心玩赏一幅照片，一件像自然景物的东西，这可以说是白看。

---

① 《吊古战场文》是唐代李华（715—766年，字遐叔）“极思研榷”的力作，以凭吊古战场起兴，中心是主张实行王道，以仁德礼义服远人，达到天下一统。

这次艺风社第三次全国画展惠临我们南国，这不能不算是我们的眼福，这样伟大的集团名家作品，能远道运来，实在是件难能可贵的事实。这还不算稀奇，最难得的徐悲鸿和孙福熙两名家来此主持，我们不知如何来感谢他们的爱好兼发扬艺术的伟大精神。

关于该画展当中各名家的杰作，俟大家鉴赏后，我再来批评，但我得预先声明，我的批评终究是胡说，既非捧台，也非替老友吹牛，大家饱过眼福之后，可以知道艺术对于人生确有极大的发动原力。

观艺风画展后之感想

［原刊于1936年9月30日出版的《艺风》第4卷第5、第6期。］

这次艺风社第三届全国画展的成绩，在开幕的第一天，就有惊人之纪录。在此国难期中，国人之关心文化，及爱好新进艺术之热诚，简直出乎意料。艺风社展览之有如此成绩，固然出于孙福熙先生之努力，但中国新文化之进展确具长足猛进，无怪乎定购者之踊跃也！

我们过去的文化事业，不论哪一种，门户之见，与夫同行彼此之相诋，处处都表现不安之状。现在可两样了，即就绘画一门而论，以前中国画和西洋画势不两立，开展览会时很难得有并重举行的，这次则完全不分界限。即如国画方面，过去也有许多派别，这次则一堂大观，各尽所能，大公无私地各自发展天才。我敢说都向上创作，派别虽多，而各找新路，各树一帜。伟哉！中国前途之有望！

现在，最先我得注意一下老作家南京王琪[①]老先生的挥毫，实在是一支钢军。他的花鸟有3幅:《菊枭》《秋赏》《山禽一顾》，色彩之奇怪，用笔之轻松，颇有胆大若天，心细如毛之概！风景画之豪放，大有超过八大山人之气魄。风景共7幅，这7幅当中，我个人的意见，以为《溪桥听瀑》《七盘山势》《一峰独秀》为最成功之作。这3幅当中，尤以《溪桥听瀑》为最佳妙，骤然望去，平平大笔粗纸，好似用糟白咸鱼下农家之赤米饭，一种清香浓厚之风，慢慢咀嚼后，其味无穷。此画可以细玩三年而不倦。听瀑者在画中，而我们观画者亦好似在画中了。该画着笔之雄健，用色之浑厚，取景之奇巧，确为王老先生之杰作也。《七盘山势》那幅也是杰作之一，在这幅内，可以看见王老先生的浩然之气，用笔之勇敢，有如热血男儿杀敌之威风。山中大风，与山形之婉转，尽力表现纸面，我以为此幅之成功实不亚于《溪桥听瀑》。《一峰独秀》和《宁国道中》亦是难得之佳作，但王老先生之用色，在此两幅中，我不免有点怀疑，因为两幅中之建筑物都着一样的洋红色，在我个人的观感，觉得这种红色和淡墨色不甚调和。这是我个人对于色彩之感觉。但事实上，也许王先生确然看见过

① 王祺（1890—1937年），又名德植，字淮君，又号思翁，别署飘散，湖南衡阳人，中国民主革命先驱、政治家、教育家、书画家、地政学者。

这种色彩的建筑物而把它收进画幅的。《天地为庐》和《少静思兴》二幅，用笔非常古怪，但浩然之气，仍旧可观，间有一二败笔，但亦无关紧要的。

陈树人[①]先生，我可不称他为老先生。因为陈先生一点不会老，而且他的画，也非常之有朝气，我看见他的每一幅画，觉得壮年美之表现非常丰富。《北固山》那一幅之作，很能使观众惊讶！因为陈先生把以前习惯上用来画风景的着笔和彩色一概摈去不用，而另取一格式，这是很成功的革新之作。还有一幅《丹柏》，画得非常美丽，一只小鸟在一角丹柏叶中唱歌，其用笔之清秀高妙可贵，美不尽言。听说许多观众打听陈先生两幅画的定价，可惜陈先生的画是非卖品！

张书旂[②]先生作品，这次出品很不少。在南京，张先生的叫卖呼声最高。中国画家当中，他是打破纪录的独一者。因为他在南京开过一次画展，卖画之收入达大洋七千元，由此数目，可以想见张先生对于观众很有好感，确为一件无疑之铁证。张先生在该画展中一共有八幅，这八幅当中，可以说没有一幅不是杰作。在我个人的浅见看来，认为《棕榈小鸡》一幅实在是件登峰造极之作，三笔一只小鸡，生动非凡，棕叶之苍老，八大山人无能过之。布景之佳，亦极清绝。该画在开幕那一天就给邓剑泉先生定去，我觉得张先生的画，幅幅都由写生上得来。张先生一方面努力于自然之描写，而一方面则竭力在着色与用笔上创作新派作风。在技术上，天才上，我很佩服张先生，但我觉得张先生以后能在气格方面多用功夫，则张先生之前途，和中国画坛上将来之收获，将必极有可观。

汪亚尘[③]先生画金鱼，确乎一位前无古人的创作大家。徐悲鸿说，汪亚尘的金鱼，在中国算是第一支笔，这并非夸张说他好，事实摆在面前。他的金鱼，的的确确，是有极深大的造诣。以前一般画家之画金鱼，一笔一笔像绣花一样工作，而汪先生则三笔了之，而且他画的金鱼，没有一尾重复的。听说汪先生不单是位画金鱼的专家，而且是养金鱼专家，他的岳家中宝贵金鱼之多，除却北平中山公园之外，恐怕中国无有出其右者。假使汪先生专攻金鱼而不攻水草，也是一件憾事，可是汪先生的水草也画得非常之柔似，真是无独有偶的成功。听说汪先生现在仍旧非常努力于创作，作画时间之多，在画坛中，亦是难得的人物。汪先生除金鱼之外，有鲤鱼、松江鲈鱼等作品，这次汪先生有50幅作品参加，开幕的那天，就给观众们定去10余幅，可见我们南方鉴赏家之眼光，十分值得恭维的。本来文化事业都需要爱好者之热心提倡与鼓励，他买一幅画，不见得出品者就可以解决生活问题，但能给予一种同情的热诚，而种下为造成将来中国文艺复兴之因，有因必有果，这是我们的古训。

徐悲鸿[④]先生的画呢，中国哪个不知，这次参加的作品有三幅，一幅马，一幅鸡，三幅都是大的，开幕的那一天就给爱好者定去两幅，剩下一幅松，评论徐先生作品的文章，随处

---

① 陈树人（1884—1948年），广东番禺人，岭南画派创始画家之一，早年追随孙中山参加革命，后历任国民政府要职，著有诗集多部。

② 张书旂（1900—1957年），浙江浦江人，花鸟画家，曾任中央大学教授，晚年定居美国。

③ 汪亚尘（1894—1983年），浙江杭州人，早年留学日本东京美术学校，回国后曾任上海美专、新华艺专等校教授。

④ 徐悲鸿（1895—1953年），原名徐寿康，江苏宜兴人，早年留法，画家、美术教育家，曾任中央美术学院院长。

可以看见，今天恕我不赘述。

上海王一亭[1]老先生有一幅《鸦鸣图》，北平齐白石老先生有一幅《墨蝦[2]图》。王老先生在上海近20年执画坛之牛耳，齐老先生在北平执画坛之牛耳，有40年之久，两位都是中国画坛之老前辈。在创作方面而论，齐先生确乎有极大的贡献。

王老先生不独画好，他的墨宝尤为著名，王一亭先生一方面是位大画家，但是一方面亦为长江流域热心慈善事业及打理赈灾的有名人物。王老先生的艺术固然很能给国人之爱好，王老先生之人格道德，尤能使国人佩服的。我希望着展览会诸君，对于这两位国宝不可随便放过。

孙福熙先生的画，这次我也不评，因为孙君之名望，孙君之艺术，国人早已闻名，用不着我再来一套赘述。

现在我来谈谈新晋作家。广州方面的作家参加得很多，黄幻吾[3]、王少陵[4]、黄哀鸿[5]三先生是主要角色。黄先生的作品对于色彩之调和可以说是登峰造极，用笔之工整，在新流中确乎很少。但于构图方面，黄先生的风景画中，在我个人觉得，有几幅似乎可以分作数幅的，这是因为黄先生的画内容丰富的原因。用黄先生的艺术技能和着色之妙手，从事简单的创作，将来之功成，我敢说必有惊人的成绩的。王少陵先生的水彩画也非常之高贵，对于自然之表现，很能忠实，用笔老当而富诗意。黄哀鸿先生的作品，着色非常美妙，对动物之描写，几乎超过自然美之上。《狐》《春晓》《和风》三幅都很出色，可说是成功之作。但我希望黄先生今后对于用笔，不妨明显地与爱好艺术者相见。陈晓南[6]先生的作品有三幅，一幅《觅食图》，确有深思。《荷花》那一幅，我亦很佩服。还有一位香港杜其章[7]先生的出品，画竹的风格非常高雅。画虎老前辈胡藻斌[8]先生这次出品也非常踊跃，有20幅之多。此公近来作画大有老当益壮之风，其艺术之高妙，国人早已知道的了。关于油画方面，亦有很大的收获。现在我得郑重地声明任真汉[9]先生的《黎明顺》那一幅是5年以来中国洋画坛中少有的宝物，这幅油画要是在巴黎开一个展览的话，我敢相信法国政府会给他买下陈之国立博物馆的，这幅画，能表示中国民族在最苦的生活中过日子，而且有很大的哲理在。在你看大海中，一对年轻夫妻，天一光，就拼命努力向生之路行进，夫前妻后，一样地鼓桨，是音韵、

---

① 王一亭（1867—1938年），字一亭，号白龙山人、梅花馆主、海云楼主等，祖籍浙江吴兴，生于上海周浦，清末民国时期上海书画家、实业家、慈善家、社会活动家与宗教界名士。

② 蝦，现用简体“虾”，该文见刊时为繁体“蝦”。

③ 黄幻吾（1906—1985年），名罕，字幻吾，号罕僧，广东新会人，历任广州市博物馆委员、苏州美专教务长等。

④ 王少陵（1909—1989年），广东台山人，自幼爱好绘画，1938年赴美国加州美术专科学校学习，回国后曾任中央大学艺术系教授，晚年长居美国。

⑤ 黄哀鸿（1914—1937年），广东人，高剑父弟子，书画家，出版有《黄哀鸿画集》。

⑥ 陈晓南(1908—1993年),别名晓岚,曾用名桂荣,江苏溧阳人,1930—1934年在中央大学艺术系师从徐悲鸿学画,后任广州美术学院版画系教授。

⑦ 杜其章（1891—1942年），字焕文，别号小浣草堂主人，福建泉州人，书画家，曾任香港中华艺术协进会主席。

⑧ 胡藻斌（1897—1942年），名斌，字显声，号静观楼主，广东顺德人，民初岭南画家，长于画虎，出版有《藻斌画稿》等。

⑨ 任真汉（1907—1991年），原名瑞尧，笔名任逊，广东花都人，岭南书画家、美术评论家，晚年寓居香港。

气格、用色、构图，都很兴奋。我以为现在的中国，正需要这一种兴奋剂，这幅油画的浩然之气，和王祺老先生之观瀑图有同样之感。任先生的出品仅有一幅，观任先生的一幅画，我相信他的爱国热诚，比任何人都来得强，我希望以后能多看几幅任先生的作品。

这次艺风社画展之名作，委实很多，若要一幅一幅地去评论，简直可以写一本书，还有许多好画，我一个人实在写不尽写，要让爱好艺术的同志们去评论评论了。

卷三

杂谈

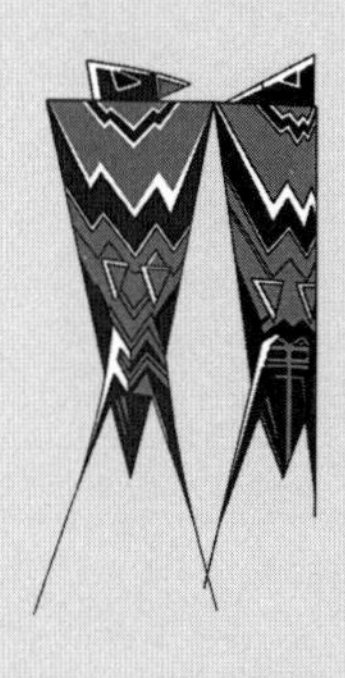

法国步露意爱镇中学校之教育

［原刊于1921年2月20日出版的《教育杂志》第13卷，第2期，署名『刘纪标』。］

系一个小的中学校，自一年级至六年级之教育。

College De Bruyeres[①] 此校在法国东部之窝时省[②] 步露意爱镇[③]。校中内容概含有公共生活之办法。其公共地方，可分九部：一卧室，二课室，三衣服室，四书籍室，五洗脸室，六行李室，七餐室，八时报杂志室，九运动室。

卧室规则除晚上九点归寝，至早晨六点半起身时，即行闭锁。学生不能出寝室一步。

授课室：授课室又分为9室：一地理历史室，二数学室，三化学室，四音乐室，五图画室，六手工室，七动植物室，八自习室，九拉丁、德文、法文室，每天每班最多授课时间不外6小时。但其自习时间则多过授课时间（另有上课时间表见后）。科学与数学、历史、德文、拉丁文、法文为最注重，其上课时间非常划一。时始则来，时终则去，教员学生均无先后者。若在自习室内，则各习各课，毫无声息，不比吾国学校自习室内之吟哦朗诵者。

衣服室：学生所有衣服俱存在此室，各有一木壁柜。有门可锁，衣服污秽者，亦由校内雇人洗涤，但件数多少则有限定，大约每礼拜每人可洗衣物六件，多则加钱，或存起作为第二个礼拜算。

书籍室：此室多在自习室近旁。各有一木壁架，上课自习以后，各归原位。间有书籍室与自习室合并者，因其方便取书故也。

洗脸室：各有一脸盆，一年四季多用自来水盥洗（冷的）。每天洗脸两次，起身后及寝前。洗脸室亦有与卧室合并者。

行李室：学生行李，绝无在公共卧室堆放者，因其不便洒扫，有碍卫生故也。但行李室内之行李，亦有规定堆放之处。此室由舍监或由监学管锁，取物亦有规定时刻。

餐室：每天三次，早餐7点半，午餐12点，晚餐7点。早餐费时极少，若我国之点心，

---

① 布鲁耶尔中学是当时刘既漂、林风眠、李金发等人留法补习法文的学校。

② 今译孚日省（Voges）。

③ 今译布鲁耶尔。

然午餐及晚餐，则非一小时不可。此亦习惯所致，无足取也。

时报杂志室：除上课、自习外，多在此室。法国报章大概可分两种，一种系儿童报及儿童杂志，一种系时报及杂志。法人习惯以看报及多信件来往者为荣誉，所以无论乡俗农夫，对于世界大势未尝不了然胸目。

运动室：法国学校全无枪式体操（法人 21 岁到 23 岁，无论何人都当义务兵 3 年，可以无须枪式体操）。运动时间多在早晨及晚上 4 时。室内设有 10 余种运动器具，如铁哑铃、铁圈、铁盘、铁棍架、跳马、跃高尺、跳远凳、秋千等器。

校内情形大概如此。其外尚有校医院、洗身房、邮件部、贩卖部等。吾国初等、高等、中学之教育，病在多授课而少自习也。盖人的记忆力非一听便可永远不忘，故自习系学问上必要之事。譬如第一时教师授课历史，下课后即换第二时之数学，则第一时之历史即置诸脑后矣，第二课完后又换第三课，长此一日之精神完全用于上课，如此虽有一二小时之自习，亦既神紊脑乱矣！一天功课归诸泡影，岂非枉费黄金时刻乎？不知国内教育诸公，以为如何？

授课时间表

时间 班级		一年级（甲、乙、丙、丁）	二年级（甲、乙、丙、丁）	三年级（甲、乙）	四年级（甲、乙）	五年级（甲、乙）	六年级（甲、乙）
星期一	8–9	德文	德文	法文		数学	法文
	9–10	数学	数学	德文		德文	数学
	10–11	图画	图画	地理		德文	德文
	11–12	图画	图画				
	2–3	历史	历史	会计		法文	德文
	3–4	法文	法文	德文		历史	
星期二	8–9	德文	德文	数学	物理	法文	数学
	9–10	数学	数学	法文		数学	德文
	10–11			地理		拉丁	
	11–12	拉丁	拉丁				
	2–3	法文	法文	历史	地理		
	3–4	物理	物理	德文		图画	
星期三	8–9	德文	德文	物理	数学	数学	
	9–10	数学	数学	法文		数学	德文
	10–11	拉丁	拉丁				拉丁
	11–12						
	2–3	拉丁	历史	数学	物理	拉丁	
	3–4	物理	拉丁	物理	数学	德文	历史

续表

时间 班级		一年级（甲、乙、丙、丁）	二年级（甲、乙、丙、丁）	三年级（甲、乙）	四年级（甲、乙）	五年级（甲、乙）	六年级（甲、乙）
星期四	休息日						
星期五	8–9	法文	法文	修身		历史	数学
	9–10	数学	数学	历史		数学	法文
	10–11	拉丁	拉丁				
	11–12						
	2–3	历史	历史	物理		德文	历史
	3–4	化学	化学	数学		法文	历史
星期六	8–9	德文	德文	法文		法文	数学
	9–10	法文	法文	德文		数学	法文
	10–11	拉丁	拉丁			图画	
	11–12						
	2–3	物理	物理	历史		德文	德文
	3–4	数学	数学	德文		历史	法文

旅行法国窝时省之 Saint-Dié 日记

［原刊于 1921 年 7 月 5 日出版的《学生杂志》第 8 卷 第 7 期，署名『刘纪标』。］

我们的补习学校，距离 Saint-Dié[①] 不外二十四基罗密达[②]，而且 Saint-Dié（圣迪埃）在窝时（孚日）省内，算得接近德国阿鲁萨斯（Halsace）[③] 最重要一个市镇，现在仍归法国了！前个礼拜，校长先生对我们叙述 Saint-Dié（圣迪埃）经过欧战的历史，所以我们游兴勃发，立即拿定主意去跑一趟，却也好看看欧战的遗迹，和广广自己的见识。同行的有林、李两君[④]。

11 月 7 号晚上 3 时半，由布鲁耶尔（Bruyeres）的车站出发。火车所驶过的两旁，头一件可爱的就是毡绒似的森林和农场。有时远远地由森林里面冲出一缕银白色的烟来，少不得将自己袋里的望远镜拿出来远眺，无奈火车驶得太快，那银块般的村落，倏忽间也就过去了。大约一小时内停过两次车，但是两三分钟后，旋即开行，以后渐渐地看见布满弹痕的树木和歪斜的墙壁了。同车的一位法国姑娘，她对我们说："你们可看见过欧战的遗迹吗？"我们都答没有，正是要来看看呀！她便顺口儿道："当 1914 年欧战初起的时候，Saint-Dié（圣迪埃）即被德兵占据，我同我的老母逃到别个地方去了！究竟他怎样开战，我也不知道。以后过了好几天，听说我国的义勇兵将 Saint-Dié（圣迪埃）夺回了，也不知道死了多少人。以后我们回去，才知道我们屋里受着一个炮弹，打得我妈房里的东西粉碎。最可怜的，就是我的邻家呀！因为他们没有逃，不独房子没有了，就连人也一同没了！那坟山里不知添了多少新十字架呢！但是……"说犹未了，不知不觉，车就到 Saint-Dié（圣迪埃）了，是 4 点 35 分，以后一同下车去了。

第一次看见 Saint-Dié（圣迪埃）的车站，恰像一个没脸的烂蛤蟆，我们未到的时候，和同伴推测，那里停战既已这么长久了，当然修整得很完备，及我们看见那个车站后，才知

---

① 今译圣迪埃。
② 公里。
③ 今译阿尔萨斯，法国东北部市镇，靠近法德边境。
④ 指林风眠与李金发。

道自己推错。到底理想不能符合事实呢！

我们出车站后继去购 Saint-Dié（圣迪埃）的详细地图一张。就按着地图的方向游去，走没两小时，太阳也就慢慢地落下去了。本来我们预备明天再去游的，偏偏天又黑了，所以找旅馆的心很急，那时不管三七二十一，见了一个旅馆，也就索性跑进去了。那夜倒很舒服，而且还去看了两小时影戏。

11 月 8 号早晨 7 点起身，吃过早餐，就急急地跑出去。适到桥边，恰好遇着两个美国的黑人和几个法人，一时黄白黑做堆，彼此相看，都笑了！

市里面闹热的街道稍微修整完备，但是弹子（子弹）的痕迹到处都有，略为僻静的地方，依然没有修整，简直和战时一般。现在我把 Saint-Dié（圣迪埃）的地图大略画出在上面，可分 9 种记号线。

那天恰是法国扫墓的节日，到了 10 点钟，一般居民全是满面悲容，大家手持鲜花，向坟山里去，并有些投机卖花的人，也都立在坟山门口。我们三个人也信步跟着大家进去，虽然人多挤拥，却也没些紊乱。里面别的都不奇异，只有坟山左边受着许多弹子（子弹），真是死了的人还要叫他受荼毒呢！

12 点，回到旅馆里，吃午餐，餐后依然出去逛，并买了好些战后的影片，现在寄上 4 张，请大家看看吧。

晚上 6 点乘车，仍回补习学校，一霎时也就到了。计每人用去 25 佛郎（法郎）60 生丁，游历的日期是 1920 年 10 月 9 日。

法国北部Auchel煤矿工场参观记

［原刊于1922年4月5日出版的《学生杂志》第9卷第4期，署名『纪标』。］

去年暑假时候，由友人介绍住在一个乡下义务教习家里。这教习家里，先有个他们的亲戚住着。他原来是中学生，也是逢着暑假闲空，到此游玩的。因此，我便和他认识，结为朋友。我们俩同住了几天，倒很亲热似的。他临别那一天，邀我一同到他家乡旅行。他说："或者我们村镇里，可以引起你旅行的兴趣。因为那里完全是出煤矿的地方，而且我的父亲可以介绍你去参观矿穴，因此，你可以顺便观察一般矿工的生活。"当下我听了很是高兴，就随口答应了他。

第二天起身，同行的人有五个，都是他的亲戚们。乘电车出发，经过三基罗密[①]远远的路，转乘小火车，计车行1小时后，再换电车，经15分钟后，才到了镇上，这时便步行了。经过的街道，空气很恶浊，路上也不见得清洁。一般小孩们似乎个个才由矿穴里爬出来的，因为他们面上涂着许多黑煤，简直他们当中没有一个脸儿干净的，而且还带些顽皮的恶相，想必他们的父母都是这样。他们看见我总是拼命狂呼："中国人！中国人！"有时他们邀了一群同伴，直声乱叫，真是莫名其妙。

那时，我们跑得很快，不一刻就到了那朋友家里。原来他的家就在义务学校当中。除开两个课堂外，都是他们的房、室、厅堂了。里面很宽大。当时那位中学生立刻介绍他的父母、姊妹。起初不免谈几句敷衍的客套话，不一刻，也就亲热起来，真所谓一见如故似的。吃过午餐后，那位中学生急忙忙地奔来走去，预备一切，因为他要恳求他的父母一同游玩，于是乎又多了好几个同伴。出发后一路谈谈说说，倒也很热闹。这时正值一般旷（矿）工吃罢午餐，所以看他们一阵一阵地向工厂方面而去。其中也有女工，但是很少。矿工的衣服是很特别的，因为矿穴中穿不得干净的东西。那时我们足足跑了半日，才来到工厂里。本来场主与那朋友的父亲相识，所以他先跑进去接洽。场主允准后，便派了一个小工头做引导人，所以更加方便。引导者对我们说："你们要工人的衣服吗？"引导者的意思，深怕弄秽我们

① 公里。

的衣服，所以有这一问。哪知朋友的母亲和两个妹妹都摇摇头，立在门外，不敢进来。于是我们6个人及引导者一同入便衣房，穿上工衣，一时彼此相顾而笑，因为大家都变了样儿，简直和矿工无二。以后，我们出来，惹着她们母女三人笑到身子直不起来。随后，我们6人跟随引导者，经过好几层大厅，然后渐入隧道，里面的电光和日光一般强。隧道约百尺，到处安置着许多转电机（发电机），完全用铁筑成。我们经过隧道时，似乎渐渐地低降，隧道当中的空气尚可勉强呼吸，隧道尽处，见有三间电梯房，各房都有一个驾机的人，在那儿忙碌升降矿工，每机可容12人，且极神速，简直和投石于井一般。我因一时没惯，竟吓了一跳。兼之这地方空气不足，好像坐在海船上乘风破浪时一样，胃中受振动，一时按捺不住，于是咸的，酸的，甜的，辣的，都由喉头里跑出来，险些要呕吐了。6个人当中，也有几个和我一样的。我们离开电梯后，即随引导人循煤矿的隧道鱼贯而行。里面的隧道非常曲折复杂。隧道上置有小铁轨道，用人力推送煤炭出口。引导者说："此处有电梯房4所，东西两所为升降工人用，其他两所专为升降煤炭用。我们现在所看的是第一层隧道，其下尚有隧道七层，但是和这儿一般。你们可以省劳些，现在去看升降煤炭机吧！"

我们向升降煤炭机跑去，一路逢着推送煤车的工人，都说："难道又新到了这许多同伙吗？"他们都是高声唱歌，狂呼乱叫地过去。一路安着许多强度的电灯，远远地听见电机升降很沉重的声音，间杂有工人的笑骂声。我跑到升降机门口的时候，见有六小车煤炭，停在房外的铁道上，6个矿工坐在小车的黑炭上等候。看他们按了好几次电铃，约二分钟后，由上面吊下升降机一辆，这机可分三层装煤，每层可装煤车两辆，制造简单，不比乘工人机那么考究，不外用四条铁柱筑成。每层铁板上有小铁轨，恰好与隧道的铁轨相接，第一层装满煤车后，由驾机人扳电机，将第二层铁轨降下，与隧道铁轨相接，推矿工人又将煤车送进，如此，将六小车煤炭载完，驾机人仍将发电机一按，即将六小车煤炭送上地面。那时，我对引导者说："你可以介绍我们去看矿工采矿的地方吗？"他答道："可以的。"于是我们又跟着他，转身折入一隧道，约二百尺，其中尚有许多小隧道。这时的空气更加恶浊了，同行的有几位受不住，想要出去，我想既到这儿，马上就可以看得见矿工的状态，所以不赞成。于是大家依然继续进行，一直跑到隧道尽处，一时尘灰塞鼻，灯光暗淡，见有许多工人没穿衣的，满身焦黑，和非洲黑人一般。隧道的四围都用粗大的铁柱撑住。凿炭的斧声是不绝的，轰轰然无异于雷鸣。每六七个工人当中，总有一个小工头监视，但是那位小工头仅仅立在旁边，毫无工作，他的职务倒也清闲，听说他的薪金比工人还要多。我们立在那儿约两分钟，也就抽身跑开，仍跟引导者行去，乘升降机出地面。同人在矿穴内约经35分钟，出地面后，空气为之一新。

朋友对我说："你要去看这儿运煤的机器吗？"我说："希望得很。"于是他又对引导者要求。本来那个引导者也乐得和我们周旋，因为他引导我们的时候，省得在矿穴里立个半死，所以我们有所要求，他都很乐意地答应。其时我们没有换衣，也就和他折回两隔铁门，经过全厂总发电室，再过一小门，跑到发电室后部，恰好在升降煤炭机房门口。那个机房也非常高大，所有煤炭继续升上四层楼，连接铁索，由空中运送到车站近旁，堆集若山。我们步上运送机房，该房有工人 12 个，专管缚煤车及发电使机升降。铁索约长半里许，煤车用电力运送。我们在那儿大约逛了一点半钟才出来。那朋友的母亲和妹妹已在门外候久了。我们一同出来，换上自己的衣服，向场主告别。一时余兴未尽，我们又跑到一个矿工家里去逛。本来他们都认得的。房屋非常粗简，而且污秽，但是饭厅里倒挂着好几幅绘画，壁炉上面也放着两个黑赤色的小花瓶，可是没有一朵花儿插在上面。此外，尚有几件粗陋的小孩玩品。桌凳倒抹得十分干净，在一个矿工家里能够做到如此，已算是难得的了。

我对那位中学生道："矿工的生活可是一概这样吗？"他说："啊！我的朋友！说起他们的生活，倒也奇怪得很，他们都没主脑似的。你要知，他们的工资是很多的，每天每人可以得到 40 佛郎（法郎）（合华币大约 4 元）。厂里面定例，两礼拜发给工资一次。他们拿到，马上买鸡，买酒，极意挥霍，毫无计算。一个礼拜后，所有的钱早已花尽，那么，他们面包都没得吃，饥得和乞丐一般。等到第二次工资发下的时候，依然大花特花，不计其后。这个恶习，你想不是很奇怪吗？"诸君看了这段谈话后，也可以推想一般矿工的生活了。

后来我又在那朋友家里住了两天，倒也很快活地过去，而且阅历许多目所未见的东西。这种机会，真是难得遇到的呢！

大题小做：异乡风味

［原刊于1928年10月5日出版的《贡献》第4卷 第4期。］

下雨时候的心理，确乎与天晴时候不同。这是主观的批评。南方人下雨时候的心理，又与北方人的不同。譬如你是北佬，跑到南蛮家里去旅行或过活，你当必非常吃惊看见他们在大雨之下散步。假如你是南蛮，好吧，你第一次看见下雪的时候，总觉得有点稀奇，一定赶快地写了一封信给你的父亲大报告而特报告下雪的盛况！这点现象，不能不归功于少见多怪的定理。我有一个朋友，是个留居法国的爱尔兰人，他是醉心于中国古代文化足足有20多年了，赞颂中国的诗也出了两本。有一个秋天的早上，他请我到他的花园里采花，因为看到一个粉蝶，他很诚恳地告诉了我一段梦话，他说昨晚做了一个过于幸福的梦，这次居然梦在西湖的花艇上作诗，天空忽然布满了五光十色的大蝴蝶，西湖的水，清淡如仙泉，在这富有诗才而充满哲学意义的天国，不禁令我牛饮那一尘不染的泉液！

可怜的诗人，我愿他一辈子不要来中国，假如他看见现在西湖的水，和听听湖边洗马桶的佳音，他必极力地忏悔。人生是应该在梦中找点虚渺的安慰，不然太可怜了！尤其是长住西湖的吃客！

大题小做：新式婚礼

［原刊于1928年10月5日出版的《贡献》第4卷第4期，署名「米佳」。］

最妙是一生不谈婚姻问题，尤其是在中国！思想旧的先生们，他们的脑子老罩着一种数千年来天经地义、风雨不灭的孔子道德观念。自由恋爱，当然是个社会的罪恶。文明结婚，也是不祥之兆！家里第几位小老婆和人发生恋爱，这种行为，不独败坏道德，且必引起他们满腔的悲伤！甚或挥泪追悼老道德之灭亡。

为好奇起见，现在我们看看思想新的先生们，不得了不得了！我们不敢赞颂他新得不得了，我们也不敢称许他自由得不得了，但是我们觉得他麻烦得不得了！有的人，因为社交不公开，虽然有股勇气去寻求，可惜没有机会给他实现；有的人会害羞的，只得让介绍人去拉牛配马地乱弄一翻，他将来的生活能否幸福，唯有静听命运的吩咐。这还不算一回事，我们有机会敬贺朋友或亲戚的婚礼时，当可发现一段绝妙趣史。文明结婚礼在今日社会里是一件大可以而特可以摆架子的事实，因为他们硬把历代关于婚礼上的礼节都蒐集起来演一幕滑稽大剧。读者也许看过一对青童各执一个百子千孙和状元及第的灯笼，引导着一位身穿大礼服和头戴大礼帽的新郎在神牌前战战栗栗地行其三跪九叩的新礼吧？是的！这还不算一回事，一般自命为新的先生们，还老着脸孔去干什么闹新房的勾当，强迫新娘报告两人的恋爱史，其实来宾太不自量了，他们夫妻两个初次见面，哪里有什么恋爱史可报告呢？

大题小做：由B而A

［原刊于1928年10月5日出版的《贡献》第4卷 第4期，署名「米佳」。］

我回国来快要一年了，当初不用说看不懂中国社会事物，而且也觉不到它的奇妙与虚玄。现在呢，虽然不敢说看得明白，似乎可以觉到一点，大概社会上自夸为文明的仁人君子，他们说起话来，必从B而A，而B是永久不等于A的！

我当初因为不了解这个君子式的高妙定理，也含酸嚼苦地吃了几次亏！这种现象，在他们看起来，当然是个很自然的道理，故意使人家吃亏和暗中破坏是一种最自豪而且差堪自慰的工作！今年春天，在我的苦命道上逢见一位施恩布德的先生，我不敢说那位先生是个大人，我也不敢说他是个小人，总而言之，他是一位善于由B而A的君子！

我是素来喜欢动的，闲着无事，反而令人愁闷过日，这位君子，他虽然没有了解到我这个坏脾气，他却很聪明地从B字上找出一个办法，骗着我为他拼命地工作了几件私人的公事！这个神圣不可侵犯的公事尚未告竣，竟不料我那位可爱的君子同时暗中尽力地破坏我！我得到这种消息以后，当时觉得非常高兴，邀了几位朋友钻进一个小酒馆里痛饮了三杯绍兴酒，我终于觉得那位君子的本领来得高强，我举着杯，庆祝他的胜利，并且我还留下一个宏愿，假如将来可能的时候，一定给他一个大而且金的BA博士招牌！

大题小做：一个巴黎的模特儿

［原刊于1928年10月15日出版的《贡献》第4卷 第5期。］

在中国旧社会心理上，听到模特儿三个字，表面上无论如何都要显出一种谈虎色变的态度来！他们内心如何，姑且不问，然而一种好奇与害怕的丑态，哪一个不是鬼头鬼脑地缩颈皱眉，似乎听见这三个字立刻就要减寿十年，二十年也没有一定。神圣不可侵犯的假面具，到底应该维持住那个金玉似的老道德，当然地，我们虽然不敢和他们做方方的反脸，却是美术与艺术两种学问，别有天地，纵使中国没有这种天地，西洋至少是有的了！

是的，西洋不独是有，而且非常发达。我们趁着中国尚未产生这种天地以前，借机谈谈邻舍的趣史与佳话。这样至少可以省却谈及我们自己的趣史，因为谈到我们自己时，恐怕罪当决首的奖章马上就要挂到你的头上，为着不负责任起见，只得借题发挥，现在坐着无事，作文消遣，也是一件雅事！

西洋模特儿的天地太大了，她们的过去、现在及未来的历史也算不胜算，因为她们的职业很能使她们发生许多情感的好梦，她们的生活也能令她们旋转于情海或物质的风波之上。她们的曲线与体积之美，在给爱人满足以外尚可尽量地帮助艺术家完成其层出不穷的杰作。她们有这种种好处，当然可以产生无穷的佳话与趣史。在这海般阔、地般大的佳话与趣史当中，我，何等谦逊地，选择一个巴黎无名的模特儿谈谈罢；老实说，这个无名的模特儿，我也曾认识她。大概她是最可怜而且最美丽的平民女孩之一个！平民不平民，我们可以不管，不过为艺术神圣起见，模特儿的曲线是最先应该大注意而特注意的一个条件，艺术家心目中的模特儿，恰似石膏室里的模型。模特儿心目中的艺术家，也恰似办事房里的书记和管理服务一般！这个无名的模特儿，我第一次在一位同学画室里逢见，事后我因为要作几幅构图，也叫她到我画室里工作了几次。第一天，我已觉得她来得有点特别，一双碧眼，老是挂住愁眉。欲哭不能的惨状，我在这次不独实际地看到，而且把她画下来了。为好奇起见，慢慢探问她的心事，第一天没有结果！第二天工作的时候，她的容貌，简直愁得像个亡家之狗，这次我预备给她安慰，说了两句好话，不得了！这位无名的小姐，忽然嗷嗷地哭起来了，终于放声大哭，弄得满室悲惨，当时我拼命地劝解，虽然自己抱着一腔好意，可惜无从推测她的心事，不能对症下药，只得抛开画板，呆呆地等着，这样一来，反而给她一个机会痛快地哭了一顿去！

西洋人的性格到底来得爽快，哭了以后，连忙把泪拭干，立即摆上模特儿的姿势坐下给你描写，两个眼儿是红红的。在这种酸妙的空气当中，我不禁地继续探问，其实自己太无聊了！

呵！实在对不起，先生，我千不该万不该哭的，尤其在先生的画室里。她说了。

那亦没有什么关系，我生平最喜欢和人分愁，而且也很喜欢洞悉人家的心事，从中与人帮忙与安慰，是件快事，如果你愿意说，不妨尽量地说，况且你也是一位明达爽快不过的少女！

关系倒没有什么关系，不过说来也太平常了，恐怕没有什么意思，徒然搅扰先生的清听，还是让自己一人受苦罢！她说了。

不！你应该知道，你说了以后，你的心也就宽了。说不说，固然由你。听不听，也是由我。不过世间不易找到一位真实说的人，也不易逢到一个诚心听的朋友，我觉得你说了倒是一件光明正大的举动。

先生说的话何等感动我，先生既然要听，我也不是不愿意说的，而且说起来也非常简单，顶多不过几句话就可以把我的过去历史全盘告诉你知道。

我静听你的悲史。

不！我没有悲史，不过是一段错误的路程罢了。我在十六岁的那年，不知情感为何物，因为一时肉体的冲动，和一位铁匠结婚，结婚不到两年，我总觉悟到走错了路，因为我到底是个感情用事的人。然而他呢？恰好相反，因此这个小家庭在无形中生出许多龃龉，由龃龉而相骂。粗暴的他，居然打了我几次（说至此又流起泪来了）。大概人类在悲愁的时候，偏偏情感的能力极端地丰富，我在无意中逢到一位艺术家，不知什么缘故，好似他是我的救主。这次我真正和他发生情感与精神的恋爱，大概他也是一位同病相怜的病者，因此两人的爱情更加密切了。但是一方面我极力地设法离婚，他也极力地帮忙，不奈我们两人都是穷鬼，离婚需要一笔大款，坚忍的志向，使我受磨折，因为要储一笔离婚的款子的缘故出来做了一年光景的模特儿！昨天我得到一个难以消化的消息，我的爱人决意离开我到外省去，留下我一人在巴黎，没得勇气过活，所以也就哭了！

这一段话，能使我联想到一切痛苦。两年以后，因为巴黎空气不清的关系，我搬家到城外。有一个冬天的早上，接到一位老太太的投片，当时莫名其妙。谈话以后，才知她是那位模特儿的母亲，愁容满面地穿着一身孝衣（西人习惯，孩儿们夭亡，父母穿孝三月）。因为她没有女孩的像，特来要我那张两年前画的构图，我才知道那个可怜的模特儿有点不妙了！母亲说：可怜的女孩，为着爱情不能解决的缘故，在三天前跳塞纳河死了！我至今还记得，母亲哭的神态和女孩一个样儿！一个无名的模特儿，他以爱情为归宿，死得倒也痛快！

昨天在旧书中发现出七年前的日记，觉得这段故事值得重提，中国人素来误认模特儿是伤风败俗的恶物，其实大谬不然！

大题小做：佳话

［原刊于1928年10月15日出版的《贡献》第4卷 第5期。］

写文章不是我的职业，尤其不是在下生平理想中的一个归宿。“不要客气，写吧。”一位知友在说，是的，现在或者可以暂时说没有办法，聊作消遣罢。不过因为消遣的问题，我也曾害过一场大病，几乎送了性命，现在我才知道什么都有资格当做消遣品，唯有文章一门是千万来不得的，这次我在病中，知友也就替我找到一个消遣的办法。这个办法，却也来得巧妙与平凡，一点不奇怪地得到许多趣史和佳话，还有无穷尽的诗意……

何苦来，已然不会作诗，谈诗是件笑话，还是留着送还唐朝的诗人们谈去罢。然而，现在的趣史，才得可以略谈一下吗？不！趣史千万谈不得，恐怕惹人误会，得失友谊，倒是佳话可以谈谈，比较不着边际。

有胡子的少爷说，假如米佳这次娶个绍兴小尼姑回去，那的确是个佳话，全体赞同，我近年来不知道怎么一回事自己也不会害羞了，于是乎硬要大家伴我去望尼姑，大家当然合作，也许他们比我来得更加起劲？听说庵里有两位怪可怜的少年尼姑，总要听到这句话，事实有没有谱是件闲事，少年的尼姑，比之平常的尼姑，自然来得特别文雅，因为她们会念经，会敲钟，穿的衣裳也来得古雅，头目也干净，涂脂抹粉的恶习惯是没有的了！还有其他种种好性格，到过广州的同志们，总得知道其中佳话，所以我们船头转过来！不到十分光景，我们各自心欢，先选一位穿长袍的少爷下去敲门，冷静静的环境，难为她们出世人住得安心，纵使可以安心，也难定神，这都是客观的推想，没有价值的婆心，在未进门以前，我们最妙不要自作多情。门敲了两下，没有应声，再敲一下，又等候了半天，才听见里面有点动静，原来管庵的老尼姑正从床上下来，慢慢地打开山门，笑容满面地请进，我们七八个好汉有如西伯利亚的饿狼，抱着满腔好奇的热望，东瞭西望地乱跑，把老尼姑吓个半死。其实是我们年轻人太不自量了，想起来大家都是可怜！穿长袍的少爷开口问管家：“那两位年轻师傅什么地方去了呀？”“她们刚刚到恩主家拜佛去哩！”大失所望，我们哪里肯信，似乎听说庵里有什么壁门、秘密卧室等故事，因之以为她们藏着不见客。人多勇气大，随地观察，结果呢！没有找到东西，大家面面相觑预备走了，老尼姑烧好茶点，很谦逊地挽留我们喝口茶去，她还要我们去望望两位年轻师父的寝室，这样一来，恐怕不敢当也要当一次了，尤其是老管家来请！不要嘈！不要嘈！尼姑们的寝室是神圣不可侵犯的！很黑暗的房间，老尼姑轻捷地进去开窗，可爱的两张床，多么清洁。帐门也没有挂起，我们以为她避在帐里，很不敢当地揭开探望，没有一个影子！真个倒霉！然而，没有看到他们的容颜，味儿总是闻得着了，同伴们正在批评她的睡衣格式太时髦了，袖口来得太大了，而且用的歪斜的曲线，你一句、他一句地说个不了！无论如何，这次虽然没有圆满结果，除却我以外，或者大家不至十分失望。穿长袍的少爷，把身体一滚，睡在神圣不可侵犯的床上，足足有三分多钟之久，幸福极了！

然后我们相约到邻村去看戏，一连看了三个状元的曲本，高妙！高妙！绍兴乡下人当然思想不新，向学的风味倒还浓厚！

可怜的米佳，中秋后一日绍兴旅次。

大题小做：骆驼尿！

［原刊于1928年10月15日出版的《贡献》第4卷第5期。］

人类落魄的时候，情感特别发达，这个经验，大概谁都会有的！我还记得文老[1]去年在西伯利亚火车上肚痛之余，发表过关于这一类的议论。事也稀奇，我们从海外回来，一连过了半年的江湖生活！我们的文老是一位发明家，但是他并不是像那学士博士式的发明者，他这种发明，却也来得奇巧。我们一路回来，不知道他发明了多少新式名词。骆驼尿，当然也是文老发明之一种，这个名词的来源，似乎有点曲折，因为一个人住惯了文明社会的生活，忽然跑到一块惨无所有的荒土上，当然是怪不舒服的，于是乎他大发其滑稽式的哲学论调：以为文明社会里的事物，一切都像葡萄酒或泉水任人痛饮。我们目前可以看见的，唯有骆驼，是个救命的恩公。口渴时，它的尿虽然有些驼味，因为生之欲所驱使，你不能不饮它，甚或还要怨恨可怜骆驼不会拉尿，到了肚饿的时候，你的恩公，当然是杀来充饥的了！当时觉得这种名词没有具体的背景，也就渐渐地忘记了。

去年我们在南京过了一个冬天，才觉到文老确有先见之明，因为南京恰似一个沙漠。在这百无聊赖的时候，秦淮河一带的茶馆，颇有多少演唱什么双簧、扬州调的女人们，本来算不得演唱，然而她们有时也摆摆手势，在这可怜的空气中，也就算了！而且除此之外，南京没有第二种东西可以给我们消遣了！这许多可怜的女人们（艺术家）在不幸之中，现在居然挂上了骆驼的招牌，因为我们将每天晚上去听的歌音，比意骆驼尿。所以我们每晚未去以前简单叫一声：喂！我们喝骆驼尿去啊。

一代不如一代，去年在南京虽然可怜，骆驼尿总得每晚喝一盅。今年没有运气跑到西湖，不独驼尿没得喝，连骆驼的影子也看不见一个！

然而，现在和我一样感想的人，没有几位了！到底福老[2]和朴老[3]两位直到现在还是忠实同志，其余都喝葡萄酒和清泉去了！

---

① 指林文铮。
② 指孙福熙。
③ 指李朴园。

最近巴黎排演的一出悲剧

［原刊于1928年11月16日出版的《亚波罗》第4期。］

一年来，欧洲大陆的空气似乎日新月异，世家冤仇的德法邦交，也出人意料之外地要亲爱起来了。去年我们回国的时候，法国社会舆论也全体一致鼓吹。影戏的新闻片，也便主要介绍点关于德法友善的事实。自欧战告终那年算起，不过9年观（光）景。俗语说得好，大炮声音的波浪还没有达到尽端，壮士的血也没有洗净，现在居然要谈起骨肉式的情话来！他们的恋爱问题究竟是否真确，姑且不问，不过表面望过去，像煞起劲得很。虚伪是政治家唯一的本能，现在他们虚伪不虚伪，我们唯有静候他们的结婚请帖和离婚消息吧。然而一年来，在他们的政治谈情运动的空气之中，令人非常惊骇地看见他们的艺术家居然写出许多关于这一类的作品来了，好似肥壮的母鸡生蛋，一个一个地生下来，从容自在，一点不费功夫，这种奇怪而平凡的现象，在我们，当然没有什么关系。不过，假如我们稍微留意到西方艺术家的工作，我们不能不自愧起来，因为现在中国的政治风波万倍于西方，自己反乎没有一点表现。他们能在无风之中起浪，我们适得其反，读者觉得难过不难过呢？

今天我们接到由巴黎寄来的一本《小插图周刊》（Petite Illustration），介绍西荷都[①]（Ciraudoux）最近作的《蟋呼力》（Siegfried）一出悲剧，我的好奇心驱使我读它，一本神出鬼没的怪情史，竟在两小时内一气贯穿地看完，痛快极了！读后觉得留着自己一人痛快，未免过于自利，现在我虽然在百忙之中，决意抽出几个钟头，预备给大家一个抽象的痛快。但是我这抽象的介绍与批评，恐怕多多地对不起西荷都（让・季洛杜）的艺术了。现在我把全剧的大意简略写下。

《蟋呼力》（齐格弗里德）共分为四幕，第一次开演于巴黎之乡铣利洗戏院[②]，时在今年五月初三，一时雷响巴黎，极得批评界之羡赞。本来作者在《蟋呼力》（齐格弗里德）未排演以

---

① 让・季洛杜（1882—1944年），法国小说家、剧作家、评论家。“蟋呼力”今多译为“齐格弗里德”，本是德国民间史诗《尼贝龙根之歌》中的英雄人物。

② 今译香榭丽舍剧院，剧院由建筑师亨利・范・德・维尔德（Henry Van de Velde）设计，奥古斯特・佩雷（Auguste Perret）建造，是法国第一批完全由钢筋混凝土建造的建筑之一。

前，尚居于无名艺术家之冷宫！可怜的艺术家，有价值的艺术家，终有一天，会被人们认识的！

第一幕　布景

一个新式而华丽的应接室，正厚罩着白雪在哥打（Gotha）市面的最高处。远远的钟楼，失在淡灰的天边。应接室的右面，有一座螺旋式的大理石楼梯连接于无尽的壁面。

第一段：表演军机处长蟋呼力（齐格弗里德）家势的高贵，军事要人候列满堂，仆人与密格（即管家）正在忙着引客。蟋呼力（齐格弗里德）的情人爱华（Eva）出来招待，一一辞去来宾，最后她接收私客一位，是她的堂兄弟。

第二段：爱华与堂兄弟雪鲁登（Selten）谈话，本来雪鲁登预备拜访蟋呼力（齐格弗里德）的，因为爱华的阻止，没有见到，于是他漫谈了许多关于反对蟋氏（齐格弗里德）的政治，他在无意中表现出武力打倒蟋氏（齐格弗里德）的政策及其计划。

第三段：管家密格和雪鲁登谈话，雪氏预先通知密格将有两位由法兰西特来拜望处长的远客，而且这两位当中有一位是加拿大的女教员，他们到的时候，请你马上通知我，以便欢迎。雪氏出。

第四段：密格独自一人招待蟋呼力（齐格弗里德）处长的亲戚们，他们都是乡下人，一个一个带了许多乡下的礼物，恭恭敬敬说他们的天真话，在他们的口吻中，各人表现出各人的职业与性格。唔唔满室地乱叫，至此，两位法兰西的远客到来，密格把处长的亲戚们引导入左室，开门迎接，然后带笑引退。

第五段：法国女客善月未芙（Genevieve）开始向法国同伴罗宾奴（Robineau）询问，大意是这次善姑娘的旅行，完全被动，而且由巴黎出发，受了一夜风寒，尚以为火车到了意大利了，做梦一般地讯问男客，而且战栗不止，男客要她在哥打假装加拿大的女教员，系受伯爵雪鲁登的电请而来的，于是善姑娘更加莫名底细，摸不着头脑，在无意中谈起过去的恋爱，她的情人协国（Jacques）自欧战中失踪以后，到现在没有消息，谈至此，善女士精神疲困，偷眼看见左室一个沙发，独自一人休息去了，留下男宾等候雪鲁登。

第六段：罗、雪两位在欧战前法国海滨认识的朋友，经过大战以后第一次会面，两方面都极力夸张地表现其亲热态度，顺便谈到战时对敌的滑稽悲况，结果呢，两人都说因为念着故人，几次冲锋，都把枪向天空放。由寒暄而谈至政治。雪鲁登问："你听见过生死同人的趣史吗？你知道我们的蟋呼力（齐格弗里德）吗？"罗宾奴答："哪里不知道，他的大名，布满全欧，他预备把德意志组织成为一个新模范国的宏愿和发挥他的精确性灵。他的人格，多么伟大啊！"

雪鲁登又问："贺列斯蒂（Forestier），你可认识吗？"罗宾奴答："那我更加知道了，他不是一个法兰西的文学家吗？他就是善姑娘的失踪爱人呢！我刚刚和她谈及他的悲史，我一生总得知道他的作品最有价值，他能表现我们的文字之深奥和感觉灵敏的法兰西民族精神之秘密，而且他的作品都有充分的理由……”雪鲁登说：“这两人的事业，原来就是一个人！”在这几句问答当中，读者马上可以猜出善姑娘的神秘旅行的真像（相），和雪鲁登伯爵电请他们两位速来的原因。而且在这一段谈话之中，由罗氏口中说出许多哲学意义的理论，譬如“一位当时多么可爱的文学家，现在一变而为被人仇恨的政治家”都很有深刻的意义。因为雪氏深知蟋呼力（齐格弗里德）的过去，所以才设法把他的死去的过去的情人请得过来揭破蟋氏（齐格弗里德）之原籍，公布于德意志民族而消灭其政治能力，这是雪氏打倒蟋氏（齐格弗里德）的一个方法。

第七段：他们两个人谈话时，惊醒了右边小室沙发上暂时憩睡的善月未芙姑娘，她出来了，台上添加一位主角角色，他们两位，心中各自明白，但是恐怕善姑娘骤然得着这个意外的消息以后，发生什么恶疾，所以他们两人的说话都非常慎重，他们终于得到圆满的效果，这一点，确是作者艺术高超的成绩。蟋呼力（齐格弗里德）快要出来了，远远可以听到他的声音，可怜的善月未芙姑娘拼命地叫她死去的情人的小名——协国，可惜蟋氏（齐格弗里德）死去重生以后，把过去的历史完全地忘记了。她在叫他，他一点也没有知觉。在善女士心里，一腔热情，正在压不住奔流，然而对方反莫名其妙，此中景况，可谓痛苦达于极点了！蟋呼力（齐格弗里德）终于出来了。雪鲁登退。

第八段：一时他们三个人面面相觑着，各存一心，蟋呼力（齐格弗里德）当然摆起处长的价值（架子）来接见他们，蟋氏（齐格弗里德）素来喜欢接见外国教育人物，尤其是新兴国家，这次他以为加拿大的教员来到，当必很有年纪，预备请她当私人的法文教员。忽然看见一位这样美丽的女士，一时恐怕不能实现他的计划，似乎有点失望，开口称她夫人，善小姐很不高兴地回答他：“不！我是一位小姐。”在这个时候，蟋氏（齐格弗里德）非常注目善女士，但是终于不能回忆到他的过去，他很亲热地问了善姑娘许多关于加拿大的教育近况，和风俗与交通。如是谈了一大篇，不过都是所答非所问，因为善姑娘不管他问的是什么问题，她总把他们两人过去的情史回答一次。可惜她说得快，蟋氏（齐格弗里德）听不完全，也就算了。蟋呼力（齐格弗里德）的新情人爱华来叫，蟋氏（齐格弗里德）急促向善女士面请，要她从明天起教他法文，他行了一个德国军礼，去了。新情人还在点头微笑道不是。闭幕。

第二幕　布景

蟋呼力（齐格弗里德）的办公室，全室布置都是一块一块的新作风。壁面非常光滑。窗外的雪正在下得起劲。邻家的钢琴声也似有似无地送来。

第一段：幕布挂起的时候，芳时罗将军（Le Général de Fontgeloy）穿着黑白色的礼服立在左旁，似乎等候通知进见处长的样子。办公室的尽端，爱华出现，把芳将军引导至过道后，才开门接纳她的情敌善月未芙女士和罗宾奴先生。爱华女士退。这一段完全表演他们两人等候处长时候的谈话，善姑娘在处长的办公室发现了许多触景生情的事物，罗宾奴则大发其考古论说。

第二段：蟋呼力（齐格弗里德）进，罗宾奴退。处长开口尊称夫人问安，把善女士惊退数步。“不，姑娘。”善女士说。蟋氏（齐格弗里德）拼命地询究她的真名确姓，因为他当时相信她是加拿大来的远客，但一种下意识的知觉使他发生数层难以言语形容的情感，现在似乎到了半信半疑的地步，所以他的问话多属于事实上的难题，善女士当然不能确实回答。最初含糊敷衍，后来他询问得急迫，善姑娘不得不说破她原来是位法国女士。由这一句话起，蟋氏（齐格弗里德）的问辞来得更加切近了，他觉得她既然系法人，为什么要遮掩真理。至此，有两句回答很值得翻译的。蟋呼力（齐格弗里德）问：“我到底不应该问你是谁，然而我既然如此问你的姓、名、字，似乎我的要求，能达到这个目的，就算到了满足的地步。我吗？假如万一我有一天能找着我的真名，我将永久再不向人询问。是的，我是一位……再没有第二样难的事物可以说了！冬天吧？下雪！但是，善月未芙姑娘，我是……”善姑娘答：“我将必非常残忍地向你抗言，但是我的意见总得与你的没有多大关系，我以为，所有一切人类，都被可怕的虚伪头衔所欺骗，名吧？姓吧？号吧？甚至于一切官衔爵位的尊称，都不过等于货物标记和没有价值而异于过去的黑影罢了！人类多么微细，我觉得人生欢少愁多，尤其对于阵亡的无名将士，我相信人类尽是一般着想！”他们终于谈到切身问题，他也慢慢地述出重生以来的历史，因此对他自己的过去觉得无限神秘，他虽然没有想到她是生前的情人，但他已天真地向她谈情，一点也不害羞，似乎很应该的，不过善女士心中，明知他在黑暗中，却能自己拿起一腔可敬的勇气，在谈话当中，转了许多弯子，不露痕迹地表现其过去。可惜蟋氏（齐格弗里德）根本忘记了过去，任纵她百般解说，一时也不能融化这重生以后的光荣。在这一段表演中，当然善姑娘的责任最大，蟋氏（齐格弗里德）为着自己黑暗的过去，半信半疑地静听，听得入味，把身子挨近善小姐，原来善姑娘正在落花流水似的追述她的爱情史，蟋氏（齐格弗里德）听过以后，很恳切地询问她的情人的姓名与面貌，她快要把那层介乎两人中间的黑幕揭破，不幸蟋氏（齐格弗里德）的新情人爱华来了！他去了。

第三段：在这一段，爱华虽然没有出台，但全部事实与风波从她生起，因为现在她已发觉善姑娘是她的情敌，德意志的政治强盗，现在她教刚刚等候在过道的芳时罗将军摆布善姑娘下逐客令。原来芳将军的祖宗也是法人，因为他的祖父系耶稣（基督教）教徒，有一天，路易十四饬令他们一家限 8 天内离国，于是他们在德过了三代军人生活。他与善女士谈话中，说现在转入德籍的法人非常之多。欧战的时候，有 14 个将军，31 个副将，300 个军官，这都是绅士式的上等职业，至若士兵数目呢，不必说了。芳将军很傲气地报告这些过去，自己觉得非常得意，反被善女士带笑带嘲地骂了一顿，顺便她也说了一点法兰西的美处。谈犹未了，他们听见窗外的大炮声，芳将军忙着打电话，得知是革命军开始攻击哥打，大约是雪鲁登伯爵的工作吧？

第四段：因为革命军的前进，芳将军简直忘记了善小姐，步兵将军哇利琢夫（Waldorf）和炮兵将军李登时（Ledinger）赶到，忙作一堆地报告军事行动，大家才知道确是雪鲁登伯爵的主动，三人互相讨论对付方法。蟋处长（齐格弗里德）传见三位将军，留下善女士一人坐在办事处打闷，然而芳将军不时还在门外经过，似有监视她的态度。

第五段：善女士呆坐了半天，忽然看见蟋呼力（齐格弗里德）处长穿着旅行的衣裳轻轻地走进办公室，似乎忘记了什么东西的样子，不开口便像是说我好像掉了一个计划没有解决，和人们忘记了雨伞回来取的一样。他以为大势去了，逃走是唯一的上策，善女士笑他忘记了三把雨伞，因此很威胁了他，他把她的两手紧紧地握住，正正地对着问她："我们可以再见吗？"在第二段末善小姐差不多要说破真相，这次蟋氏（齐格弗里德）回来的光景一变，一时无从继续说起第二段未曾说完的话，此次问答，只得借影着词，弄得蟋氏（齐格弗里德）神紊意倒，摸不着头脑，这一段借风吹火的法兰西式谈情，轻巧玲珑，深刻地表出法国民族的本性。窗外的炮声渐渐地膨大，芳将军的门外徘徊也更加频繁了，善女士再三催他逃，带笑地说："你的爽快时候到了！走吧。"闭幕。

第三幕　布景

蟋处长应接室，在革命时期内作军事总机关，因之多半家具变换，处长寓所之右边一部暂改作政治犯监狱，应接室的右门紧紧地关住，一个巡捕与巡官正在谈话。

第一段：两个兵官谈了一段关于军人生活的应尽义务，无非表现德人之奴隶服从性格。

第二段：爱华与蟋呼力（齐格弗里德）进，谈了一段扑灭革命军，擒着雪鲁登以后的贺词与安慰，爱华力劝蟋氏（齐格弗里德）进去休息，因他好几晚没得睡眠了。蟋氏（齐格弗里德）却等候将军们到来解决雪鲁登的问题，也就不去休息了，而且表现有点不甚高兴爱华的样子。

第三段：他们两人正在谈话，卫兵报告哇利琢夫和李登时两将军到来，请进。处长命卫兵引导雪鲁登谈话，将军们以为是再开军事审判，满面凶恶的残忍态度，尽露于口吻。雪鲁登出来了，蟋氏（齐格弗里德）拉起战胜者的脸孔，亲面宣言驱逐战败的革命首领出国，而且派人附送他到巴黎。雪氏极欲揭破蟋氏（齐格弗里德）生前历史，因为有将军们在，不便公开，所以要求蟋氏（齐格弗里德）许他两人私谈。不行！于是雪氏发了一肚借影的牢骚，终于被卫兵拉他出去，到巴黎去了。这里将军们问蟋氏（齐格弗里德）喜欢哪一曲音乐引导战胜兵进城，蟋氏（齐格弗里德）很简单地回答："德国国歌！"将军们退。

第四段：现在只有爱华与蟋呼力（齐格弗里德）两人，蟋氏（齐格弗里德）把身体挨近爱华，目不转睛地看她。我以为这一小段谈话颇关重要，试把它翻译如下：

蟋：我现在是否一个德意志人，爱华？

爱：你说什么？德意志人？

蟋：我现在是否一个德意志人，爱华？

爱：我可以在我的最深的灵魂处回答你，是的，蟋呼力（齐格弗里德），你是个伟大的德意志人！

蟋：很多文字是不能形容事物的，你告诉那位死人，伟大的死人，他是否是一个德人（此时外边的战胜军乐和市民欢呼的喧声送来）？

爱：外面的欢声回答你了。

蟋：现在轮着你了，你以前救我的时候，我是一个德人吗？

爱：你以前用德文向我要水。

蟋：所有一切兵士在冲锋以前总得学过敌国水的说法，然而，我当时的口音，你总得可以分辨？我当时的勇气如何？我是否向人求救？

爱：你是个勇者［此时蟋氏（齐格弗里德）骤步出门］。你到那（哪）里去？

蟋：（回身向爱华说）我再用我的姓名去报答人民，恐怕是最后一次了！

爱：当你没有记忆力的时候，简直不省人事，所以你也就没有过去的可言了！是的，你有理，我今天可以对你说，你的胜利，论定了你的未来，你将永远地荣生于这种幸福的空气之中，在当时，你好似一个负伤的禽兽，连话都不会说，或者你当时不是一个德人？

蟋：那我是谁呢？

爱：不独我不知道，就当时的医生也不知道。

蟋：你可以发誓吗？

爱：我可以（卫兵进来报告善月未芙姑娘请见）。

蟋：你出去（爱华慢慢地跑开）。

第五段：蟋氏（齐格弗里德）看见她，好似婴儿找着母乳，滔滔地诉苦，忏悔七年来的虚伪工作及无谓的胜利。他现在要怨恨自己当时没有勇气，不应该向人讨水的，他又怨恨爱华害他，以为七年来的过去，全成罪恶。如是发挥一大篇牢骚，反给善女士一个绝妙的机会，把爱华久居蟋氏（齐格弗里德）心中的地位一笔删尽。

第六段：卫官进来，请处长签字，蟋氏（齐格弗里德）没有过目就签了，卫官要求他看看，因为是枪毙外国留民在德过革命生活的政治犯。蟋氏（齐格弗里德）听到这个说明，马上要取消自己的签字，可惜太晚，在未签字之前，犯人早已枪决。因此更使蟋氏（齐格弗里德）难过，以为死的都是他的同类。善女士接过名单一看，很爽快地说，没有我们的同类，这一句话起，蟋氏（齐格弗里德）才明白他也是个法人，至此，善女士始得把一切真相说明，不独他是法人，而且他是她的未婚夫，情人。话犹未了，爱华忽然进来。

第七段：两个情敌，舌争蟋氏（齐格弗里德）。这一段光景，紧张得千钧一发。爱华呢，当然拼命地设法挽留蟋氏（齐格弗里德），因之说了许多过去的情话，和她个人为蟋氏（齐格弗里德）的牺牲，德意志对于他的恩典。善姑娘反乎一句不说，坐着静候命运之安排。至若蟋氏（齐格弗里德），则表现得不甚注意爱华的说话，说得多了，他硬要她出去，而且很坚决地说永别了！爱华多么恨善月未芙，但终于不肯离开蟋氏（齐格弗里德），足足雄辩了半天，结果归于失败（窗外的呼声与军乐仍然不断地送来）。闭幕。

第四幕　布景

在一个德法交界的车站上，一面是德国办事室，清洁可爱；一面是法国办事室，恶浊不堪。半明不黑的火油灯火之下，一个法国关税员看报，而对面则电光气炉，显出国家的物质文明。

第一段：善月未芙先到，与法国车站看报者闲谈。

第二段：芳时罗和哇利琢夫将军赶到，跑来跑去，讨论许多挽留蟋氏（齐格弗里德）的方法（善女士退）。

第三段：蟋氏（齐格弗里德）穿着平民旅行的衣裳到来，两将军迎接，拼命地挽留，蟋氏（齐格弗里德）绝对不肯答应，决意归还原籍。他们扫兴而去，决意在德宣布蟋氏（齐格弗里德）在旅中遇险失踪，以瞒民众。

第四段：蟋呼力（齐格弗里德）和法国车站人员闲谈。

第五段：这一段完全表演两个死灰复燃的情人何等快活与幸福，此段谈话颇长，现在把最后几句录下：

善：我有一字对你说的。

蟋：不，过了德境再说吧。

善：不，我一定要在德境内说的，你记得吗？我自重见你以后，还没有叫过你的德国名字呢？

蟋：我的德国名字？

善：我发誓永远不说这个名字。

蟋：那你错了，这是一个多么好听的名字啊！

善：那么，请尔（你）接近我。

蟋：到！

善：你听见没有，我的协国？

蟋：你的协国在听。

善：蟋呼力（齐格弗里德）！蟋呼力（齐格弗里德）！

蟋：为什么唤蟋呼力（齐格弗里德）呢？

善：蟋呼力（齐格弗里德），因为我爱你！

——闭幕。完。

作者西荷都（让·季洛杜）确是目前最新颖的一个文学家，我们应该了解这新颖的意义，是由两方面组织而成的，即系西荷都（让·季洛杜）的个性与其不凡的观察。他能删去一切过去作者的陈习，而且他的作风之来源，我们无从摸索，他有他的脾气，虽然巴黎有一部分人不满意他，然而他的大名反更加伟大起来了！剧本的装法也完全没有戏剧的味道，很自然地表现。《蟋呼力》（齐格弗里德）一出，不能不公认它为法兰西现代戏剧进化之主要作品了！

本来剧内的历史，欧战时确有这种事实。西荷都（让·季洛杜）研究这个问题，为时10多年了，对于法德民族和平之贡献，确实不浅。在幕终最后，善女士说一句“蟋呼力（齐格弗里德），因为我爱你”，善女士本人明知它是个德国姓名，她还是一样地呼他，而且格外亲热似的，这一点，我们很明显地可觉到西荷都（让·季洛杜）对于人道和平之热望，达于极点了！而其艺术技能之高妙，也很值世界人类的羡慕。

9月26日，文艺通讯社

在寒风中迎接王女士

[原刊于1928年12月8日《国立艺术院周刊》第14期。另，1928年12月20日《朝花》第3期《远迎雕刻家》报道云：『杭州国立艺术院教授孙福熙，刘既漂，请假二星期，在上海黄浦江边，寒风凛冽中，欢迎女雕刻家王静远女士。并为大宴新闻记者。』]

风眠、文铮、大羽、树化诸兄，全院诸同事、诸同学：

气温骤降，不禁肃然起敬。昨天下午，我们二人与伏园兄等朋友数人同至黄浦江边，在寒风凛冽中，雪浓沙法国邮船远远地驶近来，欢迎的爆竹响声中，我们就见到船上挥手招呼我们的王静远[①]女士。几年不见，我们自惭在人世间毫无探觅，而王女士潜心工作多年，此次竟屈允本院的聘请，翩然归来，给我们又无聊又饥渴地期待学术的民族以充分的艺术的训练。我们将有困疲懈怠之势，而王女士仍如我们同学时之奋勇而和蔼，在此寒冷的空气与热烈的欢迎景象中，我们也拉起眉毛又热烈地希望这空洞的人生与辽远的事业了。

王女士小住数天，即当由我们陪伴来西湖。

离杭三天，如隔一年，不胜想念之至。如此寒冷，未知湖上景况如何？祝诸兄诸同学均好。

刘既漂　孙福熙同上，十二月五日

① 王静远（1884—1970年），辽宁海城人，中国第一位现代女雕塑家，1919年赴法留学，1928年归国在国立艺术院担任雕塑教授，3年后调任北平国立艺术专科学校雕塑教授。

刘既漂为全美展启事

［原刊于1929年4月22日《申报》第3版、4月25日 第8版、4月28日 第20版。］

既漂今春曾应南京市政府之征，特绘成国民政府建筑图样十二幅，兹值全美展在沪开幕，并得南京市政府特许，将该图送会展览（因限于会章，只迭送五幅），既漂为求公开研究起见，极愿海内外专家予以严正的批评。如蒙赐教，敬请函寄下列地址为盼：上海哈同路民厚南里六三二号、杭州平海路四十六号。

一个巴黎艺术界的小小趣史

［原刊于1928年12月15日上海出版的《春潮》第1卷第2期。］

离开巴黎愈久，愈觉得巴黎之可爱。卢森堡公园的鸽子，想必仍旧娇养地过其美满的年头，黑领带的艺术家们，一面画画，一面拿着冷面包往口里送。姑娘们吧？不用说了！巴黎的空气能使人一辈子不会生厌的。假如你困倦了，那么，大可以而特可以休息的地方多极了。假如你心里忧闷，那么，堂皇优美的戏院、音乐院等，不用一点劳力可以到处找到。不论什么地方，只要你自己不过于消极，就那塞纳河的两旁，也尽够你作悠扬的散步。再不然鉴赏艺术去，露渥博物馆[①]、小皇宫、卢森堡博物馆，实在太多了，简直看不胜看，巴黎真是一个人类的大漩涡，不独艺术，即富丽，贫贱，痛苦，罪孽，也都充类至尽，甚至于因享乐而奢华，由奢华而自杀。在这种可爱而可怕的漩涡中，真深刻地印过我薄弱的脑海。当时也和他们一样地随波追浪，卖送光阴，光阴去了，仍旧回到故乡，觉得现在不独卖送光阴，简直糟蹋光阴了。因为当时卖去的光阴还有点代价，现在的呢，适得其反，委实太可怜了！因之觉得过去的生活的确值得回忆，最好可以倒回去再过这种有生意的生活，现在我权且尝这画饼充饥的滋味，预备在我的酸弱的脑海中寻求遗影。

有一个春天的晚上，同学们吃过晚餐后相约出来散步，不意在马路上又逢着七八位，于是一同漫游。当中有两人提议预备在街上做把戏，相约大家事后假作过客丢钱，说定了就举出两位一高一矮素来喜欢而且惯于做把戏的妙手，在一块过往人多的马路上排演一幕催眠趣剧。体格高的是催眠者，矮的是被催者。最先同学们故意围着喝彩，一霎时增上许多过客，一样地跟着喝彩，信以为真。他们演的趣剧，也确实有点特别，颇含有滑稽的意义，现在我稍为记述几句在下：

高个儿：（向观众说明原因）我是瑞典大学神鬼学教授兼催眠科主任，这次贵国大总统请我来此演讲兼献技，实在有点自豪。这位便是由印度来的被催眠专家，能说世界一切言语，可惜他是哑子（催眠者动手，做出一种摸索的姿势，被催者表现一种莫名其妙的神情）。

---

① 即卢浮宫。

矮个儿：（跟着高者视线动作，怪状百出，极令路人笑不可仰，因之观众益多）我现在到了美国了。

高：那很好，请你去访美国大总统。

矮：因为我生得太矮，他不见！

高：那也很好，请你去拜访桌别麟[①]。

矮：他正和他的太太打架，我不敢去！

高：那更好了，请你赶快回法国来，你的爱人正等候着你。

矮：我不回来，我的爱人早就爱上你了。

高：不要客气（观众大笑）。

不觉路上人满，车不通行，巡警出来干涉；可惜巡警一看，连他自己也不说话跟着大家捧腹。最后高个儿撒个大谎，说是这种精神工作最是吃力，请求大家在物质方面帮助帮助。这话一出，同学赶快丢铜板，一起手，大家随着乱丢，这次成绩很好，总共有 30 多个佛郎（法郎）。之后同学们偷偷地跑进咖啡馆，竟把这一笔大款买酒喝完了！

① 今译卓别林。

碰钉子的生活

[原刊于1933年2月1日出版的《读书杂志》第3卷第1期。]

"浮生若梦""生活如做戏"，这两句话可以代表人生的过程。

碰惯了钉子的戏角，不把钉子当作一回事才算是明星。中国社会有的是钉子，一切中国有名的戏子都得穿上质厚不破的橡皮衣，不管圆钉、长钉、大钉、螺旋钉、铜钉、钢钉，一体同仁对付，自己本身来不及碰这许多钉子的时候，那得设法使钉子碰钉子，至若利用钢的碰铜的，或铅的碰镍的，那得看戏子的能耐了。

大戏台上四周上下满是钉子，戏子们在钉子林中钻，假如你的脑壳正碰着尖锐的大钉，可有性命之危，这都是戏法，也就是人生。我这小角色也在台上表演，开首是硬碰，后来软碰，现在极力设法不碰，这三个时期在五年内无形中变化（也许腐化）。将来如何，现在连我都不能预定，只得到那时再看。

我没有长处，但我知道许多我的短处，譬如爱面子情愿自己吃苦，打抱不平。

我在求学时期很过了几年青春快活日子，现在可不成了！

现在觉得自己抬着自己跑，虽然视线不远，目前的陷阱，似乎勉强可以辨别，不致狂然误坠罢！

我现在不像以前老是希望原定计划之实现，经验告诉我，还是做日和尚敲日钟！

猎谈

[原刊于1933年2月1日出版的《艺风》第1卷第2期。]

我不爱做文章，而爱谈话。不拘主观、客观、空间、时间、良心、道德、心理、人性等。有关于打猎的我们都不妨畅谈，范围广，材料自然丰富。我希望读者看过猎谈之后，引出很有兴趣的猎谈，不论事实或理论，喜欢打猎的朋友们，没有不爱听这一类故事的。

无疑地，打猎是一种残忍的恶习惯。人类本应慈善为怀，好生为德，但是，弱肉强食是生物学的定例，我们实在无法逃出自然界。我们不杀野兔，还有许多会杀野兔的东西！

祖宗给我们遗下许多杀的元素，深藏于我们每一个人的血管之末端，这不能不认它是一件宝贵的遗产。北方寒带民族不打猎，没有皮穿肉吃。不穿皮，冻死，不吃肉，饿死。这叫作逼不得已。你看二三岁的小孩拿到小鸟，他会爱它，终于残忍地把它弄死，这种动作，非常自然。假如二三岁的小孩有能力去打猎，我敢相信他会希望杀尽天下飞禽走兽以为快！因为这是自然的表现。小孩到底是小孩，我们还有一个成年人的好杀铁证。欧战后的退伍兵，在战地干了五年的屠杀生涯之后，回到家乡，每人自备猎枪一支，继续他们的屠杀生涯。不到两年，欧洲的禽兽，几乎杀绝。后来没有东西可猎，一般有钱猎夫，情愿花很大的代价到北非洲去打一个小兔或野鹿之属。一般没钱猎夫，只得把自己的帽子用力丢在空中射击，聊以过瘾。这难道不是好杀性的铁证吗？

然而，打猎虽是杀生，假如这种杀生可以替代战争，这未尝不是人类的进步。还有一大部分人因为现在工作之不利健康，不能不设法求运动。打猎是野外运动最适宜的办法，一方面可以健身，一方面还有山珍下饭，这是一件多么痛快的豪举啊！

我个人虽然喜欢这种野蛮运动，到底时间短而经验少，绝对谈不出那武松杀妻一样的动听，唯有谦恭地把我几年来的打猎鳞爪和大家谈谈罢。

（一）野猪

这东西有点凶，因为我几乎被它伤害，所以我开始就谈它。以前在内地的时候用土枪，不知吃过多少亏。到法国之后购得新式猎枪一支，胆大妄为，到处找猎伴，好容易等到寒假，乘远车，入深林，好像自己功夫高明，非得一试身手不能自表英雄一样。那时候不管什么东西，看得见就给它一枪，打个痛快，对不对，有无危险，毫不在意。事有凑巧，初出门的小徒弟就逢见恶主顾，黑亮亮一个长嘴将军正在吃草，我那时候脑子真昏，枪上装的是野鸡子弹，对准野猪后股就放枪。好厉害，呼的一声，风一般地向我面前冲来，事情不妙，小将军离我只有七八步了。那时候除非生出两个羽膀子望（往）上飞，没有办法，只得瞄准它那长而尖，尖而黑的脸孔再赐最后一枪！天幸我这命不该绝，给它一个满脸花后，妙的是两个眼睛同时受伤失明。东西虽小而魄力大，一棵三寸直径的小树被它冲倒，好在它没了眼乱窜。这时候，我这呆子居然会躲在树后匆匆装上两颗大号子弹，实实在在加上两枪，这才不动了。好危险呀！那时候没有第二个人可以给我帮忙，假如给野猪弄死，有谁知道呢？20岁的青年，真是天不怕地不怕，然而我的腿却软了三小时跑不动路！

之后在乡下人家里借来一辆马车，把野猪载回旅馆，整个小镇人家都来观光，把我这年轻的中国少年当作老猎夫看待。好事者把猪抬去过磅，小姐们用很尖锐的欢声报告二百七十五磅半！

猪肉店的老板和我接洽可否出让，我反一口咬定带回巴黎分赠朋友，以作纪念。

自那次以来，我立下决心一生一世不再枪伤野猪。至若野兔、獐子、小狐狸，任你去打，因为这一类东西完全没有反抗能力，可以随便屠杀，正像现在的日本人屠杀中国人一样。但是逢见凶的兽类，我劝打猎的朋友们尽可自重一点，好在打不打由得你，你不打它，它不害你，不像日本人的无故侵袭他人！

（二）獐

獐子很像小鹿缺少两只角和身上的白点。这东西生得怪可爱的，看见人逃走如飞。獐命很脆，打飞鸟的子弹可以把它打倒，别的我不敢说，打獐倒是我的拿手。獐子眼睛看不远，你站着不动，它会望（往）你面前跑过，这时候给它一枪，准可着手。獐子在南京附近很多，紫金山尤多，三五成群地出来。

獐肉比羊肉好，平常一口小獐总有30来斤，大獐四五十斤，雄的有两个明牙，老獐牙长二寸许。按我个人的经验，打獐最适宜用三A号子弹，这种子弹力量较猛，一枪即死，免得它伤而不死活受罪。

（三）野鸡

我最没有本领打野鸡，放十枪能中的不过二三个。我简直不配谈这一类的东西，为什么打不着，其中道理很难解，我这十年来的经验不算短了，偏又逢见它就没得办法，这一点我得请教猎友们。

（四）野兔

猎兔最好用猎狗，野兔命很脆，一枪准死。有时不用枪，狗会把它活捉得来。我以前很少猎兔，这两年住南京较有机会，但亦不多得。本来猎兔最有兴趣，兔皮兔肉都不错，我今年成绩不佳，得来的兔皮仅够做件马褂。有的专家一年可以打几百个，我这小巫当不敢和大巫相比。

以上四则，没有什么了不得的妙处。我们的目的，不是在乎打着可怜的小动物，而是请小动物引着我们多跑几里路，健健我们榨脑汁的坐着不动的智识生活，所以我觉得每次打猎回来，有无猎品都一样快活，因为跑路以后胃口开，可以多吃一点食料，不是猎品也觉好滋味。

廿（二十）一年，十二月，卅（三十）日，南京

如果欢喜游猎旅行的话

［原刊于1947年正月1日出版的《旅行杂志》第21卷第1期。］

喜欢旅行游猎的朋友们，我可以供给你们若干比较确实的参考材料。这是我最近旅行得来的经验。假定你有一匹好猎犬，那你的游猎范围很可以缩小，因为在上海近郊，如虹桥，梅陇镇，闵行一带乡间棉田与芦草边，很有肥壮的山鸡可猎，没有猎犬的朋友们请勿徒劳。但这一带地段，人口稠密，如非老手，请勿随便开枪，万万不可因为自己一时之快乐而引起无限之烦恼。

如果你欢喜稍为壮举一下的话，我可以介绍你到西子湖上去打野鸡。去年冬季是不成的，今年戒严令已取消，可以早晚雇游艇去打，早上为宜，艇价每天八千元，晚上则在里西湖或南湖为宜，白天则坐艇到各处游览，这是既猎且游的上算办法。西湖旅馆费及膳费似乎比上海便宜，今年的野鸭真多，肥美极了！好在由上海到杭州的交通相当便利，我认为目前最理想的去处是西湖，而且不用带猎犬。

还有无锡鼋头渚，也是很理想的去处。由沪到无锡四小时火车，由车站乘锡宜公路长途车至梅园约20分钟，所费一千二百元。当然你可以顺便进梅园游览品茗或吃点心。由梅园坐人力车至小箕山，所费一千元，再有（由）小箕山摆渡至鼋头渚。鼋头渚的风景极美，大家早就知道，用不着赘述。鼋头之上有太湖别墅在焉，是无锡闻（文）人王心如[①]老先生所办，当然打猎的朋友到此膳宿可无问题。下水可叫茶房雇船去打野鸭，而上山则可携犬打山鸡或獐子，猎品非常丰富。如果猎伴多的话，包你有意外的收获。无锡生活似乎比西湖稍贵一点。

还有南京，也是猎友们的好去处。玄武湖可以打野鸭、水鸡，而玄武湖之东及中山陵园之后面，有的是野鸡、野兔、獐子等猎品。

在抗战之前，我们有时到苏州光福去打獐，或由嘉兴乘艇到乍浦一带海边打天鹅，前者就说治安有问题不敢去，而后者听说最近有某猎友之枪被弟兄们借去用用，从此谁都不敢再

---

① 王心如（1877—1953年），名镜明，江苏省无锡市锡山人，原民革中央主席、红学家王昆仑（1902—1985年）之父。

想天鹅肉矣!

还有一个离上海很近的川沙，在抗战前也是猎天鹅的好地方，到而今听说仍有若干小股土匪盘踞，真使我们望洋兴叹!

胜利后一切的一切希望很快地恢复，尤其是这种深入民间的旅行，如无治安保障的地方，还是少去为是。

至若大规模地打围，如山猪、鹿、虎等之猎取，在这几年当中，恐怕行不得。

一封求职信

［译自1961年8月20日的一封求职信，题目为编者所拟。］

第63号信箱

R.D.#3，杰克逊，新泽西州

1961年8月20日

先生们：

我非常有兴趣在贵公司获得一个建筑设计职位，负责当代东方和欧洲现代艺术风格的建筑设计和室内装饰。

我曾在法国巴黎国立美术学院学习五年，师从庞特雷莫利教授①。在此期间，我周游世界，学习不同的风格和技巧。

在法国的经历是，我担任教授的助理建筑师，负责设计和建造巴黎的地铁②。1927年回国后，我被聘为杭州国立美术学校建筑系教授③。1933年，我被调到南京中央大学，再次担任室内装饰系主任④，为期三年。在从事教学工作的同时，我还在北平、上海和广州开设了三家私人事务所。大约从1935年开始，我被广东省政府任命为总建筑师，为期五年，当时我负责地下防御工程的建设。1949年，我受蒋介石先生派遣，前往美国学习美国的粮仓和水利工程建设技术。

---

① 伊曼纽尔·庞特雷莫利（Émile Pontremoli，1865—1956年）是法国尼斯人，曾在巴黎美术学院接受培训，并于1890年获得罗马大奖。他于1922年成为学院院士，1932年至1937年接替画家保罗－阿尔伯特·贝斯纳尔（Paul-Albert Besnard）担任美术学院院长，1919年至1932年在波拿巴街担任首席教师。

② 此处的教授并不指庞特雷莫利，而是另一位法国建筑师：夏尔·普鲁梅（Charles Plumet，1861—1928年）。他设计了巴黎地铁3号线（现为3号线之二）的佩勒波特站、圣法尔若站和利拉斯门站。普鲁梅被任命为1925年装饰艺术展的总建筑师，他在展览中强烈反对勒·柯布西耶的干预。

③ 刘既漂1928年被聘为国立艺术院图案系主任。

④ 1932年起，刘既漂被聘为中央大学建筑工程系客聘教授，教授内部装饰课程。

朝鲜战争结束后，我和家人决定在美国定居。起初，由于语言不通，我无法找到工作，与建筑界失去了联系，12 年后的 1961 年，我有幸为新泽西州彭索肯的阿尔伯特和托马斯建筑师事务所工作。

非常感谢您的时间和考虑。

此致

敬礼

卷四

附录

刘既漂先生艺评及访谈

美术建筑：介绍刘既漂先生

刘开渠

［初刊于1928年6月11日《中央日报》副刊《艺术运动》第18号，亦刊于1928年7月25日出版的《贡献》第3卷第6期《刘既漂建筑专号》。］

一

北京宫殿式的建筑作风，我们承认它是很伟大，很庄严，而且十分华丽的，但是中国由古及今，从南到北，所有的宫殿、庙宇都一律地采用那个作风，模仿那种式样，而不知另外求一点新意味，代代相同，所以也就觉得死板、平庸，没有什么可观了。

民间建筑，在早受了宫廷中的限制，除了因南北气候不同，微有稳重与轻俏的不同外，其余更是家家一样，户户雷同了。

亭、桥等的形式似乎比其他各种建筑有变化，但这也只是就比较上而言，实际它们的变化是很微的，在大体上仍是一样的，仍是在一种作风内兜圈子，没有新生命的。

近年以来，建筑方面同其他事物方面一样，一般人似乎都很讨厌旧作风了。一般人不采用旧作风，但却没有创造适于自家用的新式样，而又纯然整个地抄袭了西洋的方法。我们看稍微交通便利的市镇，总有不少的洋式房屋建造在那儿。我们不一定要绝对地反对采取外来作风，但是这样的摹仿，如早（照）摹仿旧作风一般地办下去，总也是一样的不对，没有道理的。摹仿自家的古式不可，摹仿人家的式样亦是不对，况且中国所采取的西洋建筑式样都是最下等的、丑陋不堪的形式，它们的伟大处，是一点没有学来。

最近那种上中式下西式的建筑似乎要盛行起来。这种中西配合的新式样，还不能算一种作风，因为它没有表现出它独有的生命，而还是有点张冠李戴，合不拢的样子。但是这种变化，不管成功与否，总比一例的抄袭高明多多了。

二

中国建筑之所以这样没有变化，没有时代精神，以前的原因暂且不说，现在的确是因为没有建筑人才的原（缘）故。

建筑人才缺乏是不错的，但是近年以来，并不是一个建筑家没有，为何中国建筑还是这样下去呢？我们知道这一面与国家社会的经济情形有关系，然而最主要的原因，还不是在此，是因为没有美术建筑家的原（缘）故。

建筑可分为普通建筑与美术建筑。普通建筑家，大概都是在既成的时代作风之下，设计图样，规划一切，办理社会上的建筑事宜，因此他们的工作近于工程师方面，说句不好听的旧话，他们是泥水匠头。美术建筑家不同，他们由艺术的立脚去创造新作风，他们要用那些线条（建筑可说是完全以线条为主）制造新形体，产生新的生命，包含时代精神。他们完全把建筑归到美术方面，不为实用的原（缘）故，而伤害了作风。总之他们是创造的、表现的。因此美术建筑家的作风，能代表时代，能给一般的建筑家开时代的新路，为一代的建筑风尚所趋。

中国此刻是需要一种新建筑作风，它不抄袭古旧的，也不摹仿西洋的，是要能代表这个时代，适于现时的民性的。这种新作风的创造，不是一般的建筑家或工程师所可能，唯有美术建筑家才成，才能制造出这种伟大的作风。虽然不见得每个美术建筑家都有此大力，但是这事总是归之于他们一方面的，不是普通建筑家所可问津。

刘既漂先生专制（治）美术建筑，在欧洲潜学十年，遍游欧洲各地，研究古代建筑，综览现代作风，对于建筑学理与历史都有彻底的研究。其作风鲜明秀丽有如南欧的天气、中国江南的晴空，其磊磊落落，伟大的表现又有北方的崇高精神。这种作风是沟通中西建筑的精英而成的，实足代表中国这一代的文化精神、时代思潮的。

三

建筑而冠以美术二字于其上，是表明它与所谓普通建筑不同，而是与绘画、雕刻……一样为艺术之一种，这在上边已说过了一点。既漂先生本是研究绘画的，热心于绘画的，绘画是艺术，为何他不继续研究绘画，而跳到建筑，还走到同是艺术之一的美术建筑上去呢？我们要明白这一点，不能不向他的思想上研究、分析。

艺术的目的，吾人之所以不惜一切而去致力艺术，就在它能完满人类的生活，安慰人类的现实苦恼，不得解放的精神、心灵。我们看自古及今，多少作家，去牺牲了一时的物质生活，去努力艺术，藉以满足他精神上、内心里所需的生活，求得心灵的解放。既漂在早研究绘画，后来归于建筑，完全是因为他的思想变迁，而内心所要求不同的原（缘）故。

在 1918 年至 1922 年的 4 年中，他觉得人生的意义不单是求活，而情感须有永久的安慰，心灵须有广大的解放，才得算是一个真正美满的生活。他心里需要这种安慰、解放，于是有色、有线、较易有表现的绘画，为他所热烈地执着了。绘画虽与其他艺术一样能安慰人，但究因是静的、平面的，所给予人的慰藉不过段落的罢了。既漂生活上所需要的是永久的安慰，现在在绘画上所得到的，只是段落的，未免对于绘画有点失望，因之他的精神，这时实陷于苦闷的状态中。他这时出游德比，观览瑞士、荷兰……寻求精神的归宿，但是这种狂奔，犹如苦雨凄风之夜中行路，终于找不到一条平安大道，所以这几年中，他的生活是很苦闷的，很惨淡的。

苦闷、惨淡、奔波使得他十分疲倦。由困倦、无趣味的生活里，使得他对于一切的认识加了深刻，渐渐地望见了自己的新生活、新道路。

四

既漂在这种彷徨不知所措的生活里，在这觉得绘画所给予人的安慰过于段落、微薄中，祈求新出路而不得中，适于 1923 年遇到了许多当时有名的建筑大家、图案大家，于是他的新生活开始了。他觉得建筑与图案比绘画来得复杂有力，足以能应他内心的需求，乃决然舍去绘画而致力于建筑了。

由此我们可以看出既漂之所以由绘画走到建筑，完全因了内心的需要而变的，完全是把建筑当成一种艺术在工作的。不是一般的建筑师只在应人家的需要而活动，因为他把建筑完全当成一件艺术在工作，所以他能创造新作风、新形式了。

建筑上直接应用科学的地方很多，因此这时的既漂精神安定，对于一切都能持之以客观的态度了。那种前期的浪漫生活，十分情感的生活是不大有了。一天一天地只是努力建筑上的研究，精神完全归宿到建筑上去了。

既漂致力于初步建筑以后，进而作更广大的研究。在这时候，探讨学理，研究历史，以明各代建筑作风之不同，于是思想乃为之深刻丰富，而将完成自己的新作风了。

五

1925 年至 1928 年，既漂初以曲线万能，费了不少的时间，专努力于曲线的研究，对于以曲线胜的哥的（哥特）、希腊、埃及、印度……的作风十分崇拜，甚至于所作建筑图多取材于它们之中。但是曲线的表现偏于华丽，未尽伟大庄严之极致，而且与现代的精神似背道而驰。在此时，既漂旅行于鲜明、秀丽之意大利，对于色彩上受了不少的益处。归国后，舍去曲线，纯以直线作图，配以鲜明、秀丽的色彩，于庄严、伟大中，蕴蓄着优美，而完成他中西调和，能表现现代东方精神的作风。

六

既漂以画家的根底，出发于建筑，从学理与历史的研究上，沟通东西建筑，创造了他的新作风，这是中国现在所急需的人才，这是能担当创造一代建筑新式样的人才，这哪是一般建筑师所可及的呢！

（1）国家图书馆。这是中国作风与俾桑单[①]（Byzantin）作风相调和而成。我们看那些平行线与垂直线，十分地表现出它是个学术的宝藏，人类思想的总汇，它留了人类的过去，它又能开阔人类的未来。图书馆建筑是很难的，单单能藏图书不是它的重责，什么房子不能藏图书呢？最要紧的是它要有伟大的思想表现，要人一望而觉到它是一个最广大的学术之所，人类到达理想之桥梁。既漂这幅图书馆建筑图，很充分地表现了这意味，殊为伟大之作。

（2）议院（大会场）。以埃及、北京天坛的形式相混合而成，极能表现出一个民族的浩浩荡荡的伟大气象。比那种上中下西，合不拢的建筑高强到真是一个天上、一个地下了。

（3）美术图书馆。结构整密，着色华丽而又不失雄壮的气概。屋檐一反燕尾式之旧风，而弯垂如花瓣，俨然一朵明媚的玫瑰花。图书馆建筑不易，这种特别的美术图书馆建筑尤其难，它不单要有一般图书馆的意味，同时还要表出人类思想精英的美术精神。既漂此幅，对此可称恰到好处。其明爽、丰富的色彩，又得力于意大利的巴未亚[②]（Pavia）。

（4）醉月亭。中国的亭子建筑比较有变化，不十分坏，但太偏巧小玲珑。既漂的“醉月亭”以中国的飞檐屋顶配之以西洋的柱头，在秀丽、优美中，示其伟大之生命，一矫向来小巧之风，真是新作风中之杰作。

（5）烈士祠。以横线倍长于垂直线完成全部形体，以垂直线所界成之四大方柱分立正面，其庄严、宏伟诚不让于希腊的“巴登农”[③]。正大、悲壮，表现了为人类牺牲的，热烈、奔放的烈士情感。

既漂同时兼长装饰图案。我们看他的每幅建筑图，其用色、装饰无不恰到好处，这绝不是单致力于建筑的人所可办得到的。

他的图案与建筑一样，也是沟通了中西而成的，如天花板的图案，综合北京皇宫与意大利宫殿之式样而构成；玻璃窗图案，则脱胎于哥的（哥特）式教堂之花窗，而却是取材于中国舞台上之脸谱与其他事物。既漂的图案多用直线，热烈的色彩，与现代的立方体派之精髓，颇相吻合。

七

中国在这无建筑、无图案的时候，社会、民情颓丧的时候，十分需要这种精神上的力量来激扬、启发。我们希望刘既漂先生本其既成之学，努力在国内作一种广大的新运动，更希望国内的一切明达，大家相携一致努力于这种新运动。庶几中国不至永久颓丧，一切将无所有之国！

---

① 今译拜占庭。
② 今译帕维亚，是意大利伦巴第的一个大区。
③ 今译帕提农。

什么是美术建筑？质刘开渠先生

姚赓夔①

［原刊于1928年6月13日上海《民国日报》副刊《觉悟》讨论版。］

十一日《中央日报》“艺术运动”栏读到刘开渠先生的一篇《美术建筑》，我十分诧异，对于刘先生所谓的“美术建筑”者也——尤其是刘先生的把建筑分作“普通建筑”与“美术建筑”两类。

刘先生不知曾否读过西洋建筑史？在建筑史上，可以读到建筑的类别，只有时代的区分，而所谓“美术”，只是建筑学上一个工作，凡属建筑，无不需求合于美术。刘先生要用美术与否来区别建筑学，不知他根据的什么？而且，“美术”和“普通”这两个名词，似乎不能对立，倘刘先生认“普通”这个名词便是“不美术的”，那是根本上已不能成立。

虽然，中国还没有成功的建筑史可考查，而刘先生所论的南北民间建筑之不同，以为是死板、平庸，没有新生命；事实上虽然如此，而在建筑学上，这不是绝对不合建筑原理的，而在建筑史上呢，不论在中国外国，苟非伟大的建筑物，大概都成为刘先生所说的“死板、平庸，没有新生命”的了！

我们研究建筑学者要知道：各国的建筑，各有一种趋向，而研究西洋建筑史者，尤其有各种相异而实同的趋向。譬如新建筑所盛倡的“直线式”（这个名词译得不忠实，但，也想不出一个忠实的译名，Seccession Style②），它的式样虽尽自不同，而可以归纳在一点，大致总不错的。那么刘先生对于这种一致的趋向，是不是将认它为“死板、平庸，没有新生命”呢？

至于刘先生所说的“近年以来，建筑方面，一般人似乎都很讨厌旧作风”。这不知根据的什么？刘先生知道不知道，西洋的建筑界近方努力于复古的趋势，即以“屋柱”③（Order）

---

① 姚赓夔（1905—1974年），名赓奎，别署苏凤，江苏苏州人，1926年毕业于苏州工业专门学校建筑科，早年是苏州文学社团星社的创始社员之一，曾主编《辛报》《世界晨报》《东南日报》副刊等。主要作品有《心冢》等。

② 今译分离派。是19世纪末20世纪初在奥地利维也纳出现的一种现代建筑流派，主张简洁而集中的装饰，使用大面积的直线装饰和光墙面。

③ 今译“柱式”。

而论，现又恢复了“简柱”[1]（Doric Order）的青睐，而对于繁复而美术色彩很浓厚的“第二种柱”及“第三种柱”反不欢喜呢（注：第二、第三种柱，都是希腊建筑史上专用的名称）。那么，刘先生要不要说这是普通建筑，而强不列入于美术建筑呢？

刘先生说："普通建筑家，大都是在既成的时代作风之下……他们的工作近于工程师方面，说句不好听的话，他们是泥水匠头。"这一节，我更不明白刘先生用意之所在，大概刘先生要捧他“心目中的美术建筑家”刘既漂先生，于是不得不私意推倒建筑界以前伟大的成绩，须知既成的作风绝不是随便可以得到的，它也是经过了不知多少度的改进，才得有今日建筑界上所公认的几种式样，若一定说“创造可贵”而不许站在“既成的作风之下”，那当然是最伟大的工作，但不知刘先生有没有这种力量？否则，刘先生便是“言大而夸”了！

刘先生的错误最大之点，便是把美术建筑作为一种建筑学上专有的名词。他说“绘画、雕刻……一样为艺术的一种”，而不知建筑学上，本来也包含“绘画、雕刻等”，然绝不能因建筑学上有“绘画、雕刻等”而强分以为美术建筑。须知，美术的范围很大的，区别也很多。刘先生将何以限制之？是不是刘既漂先生的美术便可以代表美术建筑呢？

我虽然不认识刘开渠和刘既漂先生，但在《中央日报》文中，可以看出两位刘先生或者是画家吧！但是建筑的“美术”在建筑学上只是一部分的工作，若是美术家而要做建筑家，这是不可能的！因为在事实上：建筑家不懂美术，尚可造成一个难看些的建筑，若是美术家而不懂建筑者，是决计不能把他的理想，来造成一所他理想中的建筑。

刘开渠先生虽然十分颂称着刘既漂先生的建筑成功，但在他文中，也可以看出刘先生实在是一个摹仿者。譬如刘先生说："既漂旅行于鲜明秀丽之意大利……归国后，舍去曲线，并以直线作图！"这正是我上面所说的“直线式”的建筑哟！哪里是刘先生自己的作风？

末了，我要声明，我对于建筑学只有四年的研究，而且也是十分肤浅的，但刘先生的论述不能不使我怀疑，所以就作了此文，以质疑求益。倘刘开渠先生的《美术建筑》一文是专为捧刘既漂先生而作的，那就是我的多事哩！

---

① 指多立克柱式。

水面上的圆痕向着无穷扩大——介绍建筑师刘既漂先生

孙福熙

［原刊于 1928 年 7 月 25 日出版的《贡献》第 3 卷 第 6 期《刘既漂建筑专号》。］

许多人，对于我的文章常常是介绍人的颇不以为然，所以我近来已特别谨慎了，然而，无论谨慎到什么程度，介绍刘既漂先生的文字是非做不可的。

似乎，在中国，骂人是最高贵的行为，说他人的长处是失自己的身份，失文字的尊严，比助人为恶更是可耻。倒是暗中谄媚者无罪，以文字赞扬人者便是人格的自卑。介绍者只说其优点，介绍者本来不必兼负他的缺点的责任，至于将来的变化，也是介绍者所不必管。在这两点上，赞扬人是比骂人有效了。所以，赞扬优点，就在警惕缺点；赞扬现在，就在督促将来。我的介绍有重大的意义。中国少有介绍人的习惯，或者将以这专号为奇突，但这很平常，无非想大众知道这人用功的途径，并鼓励他更进而已。

既漂，我们面前有着一个大森林，有密树遮荫，有奇花放香，舒适，而且安逸。这就是你还没有深入的中国社会！是的，你憎恶这中国社会，你不肯屈从，所以站在这社会面前苦恼；然而，只要你肯走进去，倘若不再忆念过去，你是可以很快活的，多少人不是历来安住着而且成对地吸引进去吗？可是我相信你不能被这社会所吸引。

我之所以特别要介绍你者，因为从你的回国，格外使我有已经渐被这大森林吸引的觉悟。这觉悟，我特别要介绍给森林内外的朋友们。

初回国来，我最致力于坍留学生的台，因为，凭良心说，在外国求学，未必得到很多的东西，而大半养成了荒唐与奢华的习惯，回国来正用此做铺排场面掩饰浅薄的灯彩。为了这缘故，我特别要打破社会对于留学生的迷信。现在，满场看来，我不见有什么受过外国教育的人物，有的，留着某国某学校尊衔的还都是中国社会老森林中嫡派土著，我也是其中的一个，于是我反要来颂赞留学生了！

到国外去留学，可以得到智识与技能，这只是外表的收获，可是，还有最大最有用的收获，为留学外国的主要目的者，就是人生的态度。这是活的、动的、无形的，非文凭所能表现，非考试所能测验的。可惜这种收获非所有留学生都能寻见，寻见了未必能带来，带来了未必能保持。这人生态度之消失远在智识技能之消失与流利地说外国语的习惯之消失以前！

既漂，你对我说你站在这社会前苦恼，你的苦恼是应该的了。

你还记得，冬天的早晨，你到嘤嘤书屋[①]来，室外是凛冽的大风，伏园[②]兄与我请你也围在烧着木炭的炉边坐下。民厚里的房子已是陈旧得很。门窗都有点不平，虽然关着，还是吹进冷风，如果后门有人进出，立刻灌入一阵大力，把前门向外推开，闹得满屋的纸片飞扬，满屋的人们惊乱，这种房屋里面接待着一位以造屋为终身事业的建筑家。可是我们都不理会这些，热烈地谈论现在与将来。就是这时候，我请求你在《贡献》杂志上出一个你的建筑专号。此后你寄你的建筑图来，交我各位批评你的文字，这样应该就可出版了。可是，这是中国社会了，插图的版尽是没有做好，而且，我屡次说要写的一篇介绍你的文字，也是迁延没有写，一直到了 6 个月以后的现在。你对于我，对于这老弱僵尸的社会能不烦闷万分？

你却是活跃奋勇，不像我、不像这中国社会一样。人家要我画封面，可怜我顽硬的脑，干枯的笔，画一辈子也画不出的。托了你，晚上交你，第二天早上画好拿来了，一幅是葛有华君[③]的《疯少年》，一幅是徐霞村君[④]翻译罗谛（洛蒂）的《菊子夫人》，都是如此美丽动人，完全超出他人与你自己以前所有的方法以外。

多能自必造成多劳，你对于公务的勤奋已尽够你的忙碌了，而相识与未识的人还要如我似的以私事来烦劳你，而你仍不辞劳苦。你有快乐与兴奋给你滋补，不绝地产生成绩。中国社会里多的是计划，两人以上的相聚，就议论风生，谈的范围广得很，上下古今，公私党国，无所不备，穷极其美，尽你的勤奋也不能用建筑图画出他们设计的万一。然而这议论底下生着一个热烈的火炉，使这滔滔不绝的来源蒸发得不留一点痕迹。没有预备热烈的火焰，哪里敢发热烈的议论呢！你呢，你一声不响地工作着。我听你说，“画得头痛了，去打一打网球好了！”头痛了不是可以休息可以睡眠的吗？而你却是打网球，这仍然是动的，仍然是工作，而打球以后你还是继续作画。这样的精神有你的成绩可以证明。艺术院房屋的改造全是你的规划。别墅与祠庙完全不适用于艺术院，要你改造，实在是

图 4-1　改造后之国立艺术院

---

① 1927 年冬，孙伏园、孙福熙兄弟创办于上海，嘤嘤书屋出版有《亚波罗》《亚丹娜》《贡献》《艺风》等文艺杂志、书籍。

② 孙伏园（1894—1966 年），浙江绍兴人，孙福熙之兄，现代散文作家、著名副刊编辑。

③ 葛有华，亦名又华，安徽绩溪人，诗人、作家，文学研究会会员。《疯少年》全名《疯少年及其他》，是上海人间书店 1929 年 2 月出版的葛又华文学作品集。

④ 徐霞村（1907—1986 年），原名徐元度，曾用笔名方原，祖籍湖北阳新，生于上海，作家、翻译家。《菊子夫人》是徐霞村翻译的法国作家皮埃尔·洛蒂（Pierre Loti）所著的小说，1929 年 3 月由上海商务印书馆出版。

对你不敬，但这比新建更是费劲，更加劳你的心神。

我们只知道舒适与安逸的中国大森林的土著，应该追究你这活泼勇敢精神的来历。你出国以前不也是悲哀与惨白的吗？你想到外国去求学，从广东故乡辽远地跑到上海，预备出发，但你不能出去，你说："在上海过了三年无意义的生活，非常怀疑生命之虚伪，甚至一事一物一言一动，似乎都无意义，应该消灭的。"这种思想虽未必各个安逸的中国人都有，但确非现在的你所有的。你终于出国了，在法国社会里你觉察人群的酬酢滋味，又渐渐得到个人生活的经验，虽然还是相信人生不是真实或永久的，却觉得有点意味，这是你改变中国思想的开端。

到了 1921 年，在柏林，你的思想大变了。在这欧洲的都城中，富有庄严伟大，富有坚强高傲，这普鲁士民族性质所表现的艺术，为你所屡屡称道不忘的，是雄伟建筑中壮丽的戏剧与深沉的音乐。你与风眠、文铮相互琢磨，在这高亢的空气中锻炼你的伟大。

半年以后，你又回法国来了。用了新得的气魄，研究美学，在巴黎大学听讲，在图书馆、博物馆看书画，兼德法两种精神之长。这是你最滋养的时期。

就在这时候，你得到一条新途径，你努力于建筑了。你相信建筑比其余艺术都能发挥你的思想，而且要在中国少人研究的这种学问上做博大的功夫。这三年中，你的进步是很显著的，但并不满意。1925 年巴黎万国博览会你所作中国部分的设置（计），得多少批评家的赞美，得法国政府的重奖，你却因愈加深入而愈觉飘渺。正是这时节，国内寄来噩耗，母亲死了。自觉没有寄托的艺术家是何等的悲戚呢！

图 4-2　巴黎万国博览会中国部之大门

唯有自足最能限制进展，活跃奋勇的你岂愁没有寄托。你最怕是不成问题，每遇问题，你就利用你的活跃奋勇去追踪。1926 年，觉察建筑之需要感情胜于理智，而且如你所说的"数年来的理性生活确实有点枯寂，于是仍旧把打入冷宫的情感放了出来，而有南欧海边的漫游与意大利名城的探访"。你以前理性的庄严的建筑作风，在此添了不少南国香艳的情调，可是好比鱼头出水，水面上的圆圈向着无穷扩大，创作欲增大了，而世界仍然是如此广漠，这就是你每每引以自勉的。

我们友朋都爱你的热心工作，都爱你的活泼快乐，你的思想敏捷巧妙，使我们屡屡称你为诗人。那天，我们在文铮的"白云间"[①]会谈，就在那里吃便饭，只有你约了没有到，大家都问起。门外的黑暗中，你粗大的竹杖"得、得"击地发声，大家知道是你来了，接着就是

① 当时林文铮在杭州葛岭的寓所名。

一声钟响，宛然画出你用手杖打钟的喜悦，不等你进门，大家嚷着“诗人来了”！你又害肠病，只能吃素，所以吃了饭在黑暗中再赶来的。

你在座的时节自然满是和乐与轻妙的“诗句”，可是我永远觉得，你喜悦的面貌上，眉间微微地画出一点褶皱，疑问着人生的究竟。

读者诸君，刘既漂先生不是乐观主义者，他悲苦地寻求人生，现在他已有一个终身事业的预备。有一个晚上，我与他都走得疲倦了，在湖边坐下。时候已将半夜，不见有什么人影了。谈讲过去将来之中，我问到他的最远计划，他说：“我没有对人说过，因为要被人疑心是空话。我每到一处，必参观孤儿院，我想将来在中国建立一所。德国的是专靠种植收获以供小孩消费的，意大利则亦募款。关于建筑设备我都加以研究，将来先作一本书。”我同情于无辜而受苦的中国小孩，听了这计划，为人类、为我自己的生命安慰。

不过，既漂，这时代远着呢！眼前的大森林要吞没我们，不肯被吞呢，却无法解避这苦闷。我是用软力抗争的，万事都认为没有什么，或者认为也有道理，这样不打起自己的旗帜，有时也模糊地经过难关了。然而大毛病就在不自觉地软化。你当然不值得如此讨巧，你是不知一切习俗之类的，然而因此要吞没你的力量也愈加强大。多少人是这样地被吃，只留博士学士的皮而已！既漂，我介绍你，是警惕你，督促你，给人知道，就是为你树敌，不知你将如何操持！

既漂，要艰苦！到了你围在成群的孤儿中时，你再从微笑的老颜上滴下你现在苦闷所含蓄的眼泪不迟！

1928 年 6 月 20 日

别言

孙福熙

［原刊于1929年4月出版的《旅行杂志》第3卷 第4期《刘既漂建筑专号》。］

既漂，你是胜利的了。

我们，你的朋友，都怕你被中国社会所吞没。最为你担忧的为康农、宝贤与我三人。不是在《贡献》旬刊你的建筑专号上，以及日常相见时，我再三以这意思劝勉你吗？

现在，我完全相信，这是我们的过虑。你与中国社会激战，必定可以得到胜利，即使战斗失败而被逐，你也是胜利的。我们所怕的是你将被社会包容，然而你却不能迷惑，能与一切魔力抗衡。社会要收买你，绝不肯与你开战的。人们之处处与你决裂，可以证明他们的计穷。战争，要以战争来克服你，这是绝对不可能的。因你的一切尽够你的战力。

你只怕没有题目，只怕没有宽旷的基地。每有题目，每有基地，你就不稍犹豫地建筑你的新艺术。人们常相互地以不要享乐自勉。你呢，用不着这种勉励，每餐只嚼着涂黄油的硬面包，整天地工作，从大早一直到深夜一两点钟，在你觉得这才是享乐。有人来攻击你了，你就报以学术的刀。有人来诱惑你了，你就报以学术的一堵墙壁。

战着，既漂！等到太辛苦时，可到外国去休息。你是永远胜利的，因为你绝不被中国社会所吞没！我敢这样地预说，这一定不只是瞎捧！

有人不信，请看你一年来的成绩，请看满布西湖上的你的建筑！

我将别你赴欧了，你的前程给我十分的安慰。《旅行杂志》正为你编好一本建筑专号，特请以这盛感附在卷末。

福熙写于金华旅中江上

刘既漂的艺术

林文铮

［摘录自林文铮《中国艺术之一瞥》（薛佳音译），现标题为编者所拟。林文铮法文原载于 *EXPOSITION INTERNATIONALE DES ARTS DECORATIFS ET INDUSTRLELS MODERNES A PARIS*（1925），中文译文载于杨桦林编《林文铮美术文集》，中国美术学院出版社2023年11月版。］

刘既漂先生出身世家，是我们最杰出的画家之一。他痴迷于大自然的美，尤其喜爱造型艺术，他能够以惊人的技艺和精妙的灵活性在他的画布上画出无限优美的形状。他的杰作《皇宫舞者》是以迷人的优雅和惊人的坚毅创作而成的一幅大画。他笔下的舞者身着宽大、透亮而飘逸的旗袍，伴随着玉笛声，欢乐地跳着中国舞曲；高傲的孔雀静静地看着她们旋转……这是对往昔的精彩重现。

艺术家保持了其内心的宁静和生活的喜悦。面对这些壮丽的记忆，人们会感受到一种掺杂了一丝甜蜜的怀旧之情的钦慕。刘先生拥有如今罕见的心灵，面对真实而平庸的生活充满抵抗力，就像池塘中保持洁白无瑕的白睡莲。这就是为什么他的画拥有莲花般的洁白，而他的装饰精美的花瓶是真正的小型杰作。他与古人是多么不同啊！从他的制作方法、造型方式、用色和风格看，他本质上是现代的。刘先生无疑是一位伟大的装饰艺术家，一位拥有旺盛才情的令人钦佩的色彩师，一位有原创性的前途无量的艺术家。我们期望他成为未来的东方拉斐尔。此外，他也擅长欧洲风格的绘画，他的油画在去年 6 月于斯特拉斯堡举办的“中国古代与现代艺术展览会”上大获成功。

首都美术展览会中之六家：刘既漂

林文铮

［摘录自1928年1月10日出版的《首都第一界美术展览会特刊》中林文铮之《首都美术展览会中之六家》。现标题为编者所拟。］

吾国研究美术建筑者寥寥无几，只此一点便可看出中国建筑的颓唐！至于各地的美术展览会中之建筑图案尤为凤毛麟角！这次首都展览会竟得新自欧洲回来的美术建筑家刘既漂氏送来二十余幅大作，可以为中国美展开一新纪元！

刘氏的建筑图着色异常鲜明夺目，一望而知其得力于意大利之风味！并且同时可以知道他是建筑家兼画家。他的作风绝不泥守西洋之古法，亦不模仿吾国之“张冠李戴”式的新建筑！他的作品处处表现出刚果磊落的个性。

他那幅“大公司”的构图非常轩昂壮丽，宛如北京之前门。“图书馆”确是中西合璧之杰作，令人一望而久想巍峨之天坛！“烈士祠”之形式极其宏壮，颇有希腊“巴登农”（帕提农）壮美之风。“议院之游廊”脱胎于天坛而参与西洋中古式的宫殿，极能表现伟大民族的气象，可以说是议院建筑之杰作！“自由戏院”之色彩极为鲜艳，锋角嵯峨颇有歌帝（哥特）式高峻之风而同时线条异常朴素，不失其现代建筑之精神。“醉月亭”是花园中之建筑，以中国之屋顶配西洋之柱头，大小高低极其整齐匀称，令人一望而神驰！还有一幅“美术图书馆正面图”，结构整密，着色华丽而不失其雄壮的气概，屋檐一反燕尾式之古风而弯垂如花瓣，俨然一朵明媚的玫瑰花！“别墅”之构图非常雅致，绝不似上海庸俗的别墅，可以说刘氏小品中之杰作。

刘氏的天花板是综合清故宫与意大利宫殿上之式样而成，确有新颖过人之处，玻璃花窗是脱胎于哥帝（哥特）式教堂之花窗，但取材于中国之脸谱，线条色彩非常狂烈，颇有现代立体派之作风，这件妙品是吾国艺术中所罕有的！

刘氏以画家的底子而集建筑的大成宜乎他能兼长于装饰图案。他的作风处处都在表现沟通中西艺术的精神，同时处处都表现他磊磊落落的大方的个性。吾国美术建筑界得刘氏之新作风当如何大放光芒呵！东亚未来之新雅典应当有待于东亚之新“菲帝亚”（菲狄亚斯）！

所望于刘先生

林文铮

［原刊于 1928 年 7 月 25 日出版的《贡献》第 3 卷 第 6 期《刘既漂建筑专号》。］

大家都知道，我们的祖先是游牧民族，五千年前，由帕米尔高原沿天山黄河东下而盘踞中原。那时的酋长，正如犹太《圣经》中所描写的贾恩[①]（Caln）统领其雄健如熊的子弟，横行山林旷野之间，日则与外族猛兽搏斗，暮则枕戈仰卧于皮幕之中，聚谈日来之猎品战绩。嗣后因为地利的关系，逐由游猎渐变为耕植的民族，由侵掠而变为保守。物质生活既然增进，精神生活亦随之而发达。向之羊皮帐幕遂渐次变为固定的居室，数千年遗传来的燕尾式的建筑，还是脱胎于初民的皮幕。

据一般学者的见解，艺术之中最能表现民族精神的莫过于建筑，因为建筑是艺术之府库，一切艺术如雕刻、图画、工艺美术等，都荟萃于其怀中，甚且不能脱离它而独存。同时凡是一种建筑品绝非一人之精力所能独创，斐帝亚（菲狄亚斯）之建筑巴登农（帕提农），亦全藉助于无数石匠和雕刻家之合作。总而言之，凡是一种建筑之图样，虽可出之于某作家之手（其实图样之形成已赖恃前人之作风矣），但其复杂的内容，尤其是关于装饰方面，如壁画、雕刻、图案及各种陈设等都要藉助于无数劳心劳力者之共同努力，建筑既然是多数人的作品，所以他最能代表民族的精神。我们现在看见七千年前埃及的建筑，就感觉到斯民族之坚强伟大的精神，看见波斯、巴比伦之余迹，就冥想到当时之繁华兴盛，看见希腊雅典之巴登农（帕提农），就回想到荷马之史诗，哀希儿[②]之悲剧，莎和[③]之抒情诗，苏格拉底、柏拉图之哲理，相里克列士[④]之明政，看见罗马之建筑，就感觉到斯民英勇精悍残忍好斗之精神，同时具有沉毅理智的头脑，看见君士坦丁的宫殿，就回想东罗马帝国之骄奢淫佚（逸），看见哥帝（哥特）式的教堂，就想到中世纪法德两民族宗教观念之崇高，看见亚（阿）拉伯之寺院，如沙漠中之蜃楼，就感觉到回教徒之英挺飘逸、文质彬彬的精神，看见印度的建

---

① 今译该隐，在《圣经》旧约全书中，是亚当和夏娃的长子，他出于忌妒而谋杀了他的弟弟亚伯并作为逃犯而被判罪。

② 今译埃斯库罗斯，古希腊剧作家，被后世尊称为“悲剧之父”。

③ 今译莎福，古希腊最杰出的女抒情诗人，生活在公元前 612 年左右，出生在莱斯博斯岛。

④ 今译伯里克利，是古罗马执政官。

筑，如崇山峻岭，如赤带之植物，欣欣向荣，就感到印度民族狂热的精神和对于宇宙人生深刻的了解，凡此种种，都足证艺术中之建筑是民族性之最完备的表现。

纯粹的中国建筑当以燕尾式为代表，因为它是直接脱胎于初民的帐幕，在美观方面尚不失其相当的价值，那两条曲线很能表现和平喜悦，宛如笑容之两颊。这种作风衬之以南方秀丽柔软的峰峦，确是极其谐和。

现在中国艺术界最冷落的莫过于建筑，恰好和欧洲艺术界成个反比例。巴黎美专的建筑系人数占全校三分之二。中国至今尚无建筑班之设。西湖国立艺术院对于这一门科目尚在筹备中，可见中国建筑界之沉寂了。吾友刘既漂先生精研中西建筑多年，极有心得，且尤致力于创作，最近所制图样，极其新颖，不落古今中外之陈式，诚吾国建筑界之特出人才也。现在军事时期已告终止，建设时期到了，关于建筑方面，不特首都需要新颖壮美的建筑品，以表现中国新兴之盛概，就是全国各省各地都需要新建筑以唤醒数千年来酣睡着的老大民族。关于这一层，我们敢用十二分的热忱希望刘先生加倍地努力！上面草草说了几句关于建筑的废话，还望刘先生斧正为感！

初识刘既漂先生

康农①

［原刊于1928年7月25日出版的《贡献》第3卷 第6期《刘既漂建筑专号》。］

这第三次的来访杭州，才明白觉察出这里是酒的故国：这里原来有一种以现烫热酒给客品尝为主业的营业。春苔也会大杯满斟地喝起酒来了。他酡颜谈笑，兴致淋漓，说明了酒国居民的快乐与高傲。

时间已过8时了，我们带着微醉从老朱恒升走出来，春苔提议说“我们便路同访刘既漂先生去”。转过两个弯，一忽儿平海路四十六号住宅红门前面便立着叩访的来客。

传达人引导我们到一间小巧的厅堂里，当中悬着低级光度的电灯。朦胧看去，四周填满了朴素与悄静。

楼梯上听出急促的拖鞋的响声，立刻主人便走到我们对面。从手掌的交握里，我仿佛接触了主人颜面上溢出的清秀与喜悦与生之蓬勃的奔流。口音一听去便可以辨别出是南国语言转变的语音，这似乎更能增添我的羡慕与了解：你们有幸早同外来的新的一切接触，你们有幸不完全浸润在古老沉滞的空气里，你们南国的人，从母亲的襁褓里便已和同乳汁吸取了活泼进取的美德，组成你们的营养分了！更何况你，刘既漂先生，你又早年就沉浸在光耀人类史册的巴黎。

主人轻快的脚步引着我们上楼，低低的门楣下面唤起我法兰西的回忆：我眼前仿佛铺陈着似里昂或似是巴黎的美术展览会场里“室内陈设”部的一角。桌椅的形式同构造都极其新颖简单，却安排在绝大的谐和里。方方的，一切形体的转角处都是直角相交。贴壁摆着的方座的靠背是那么低矮的，座褥偏又安放得那么高；桌子低低的，竟没有安脚，当中用锥体的下半支持住，桌沿的四周两面像整块木板似的抽屉一直宽到几乎着地，另两面却又空出高高的间隔，刘先生的茶具不提防便从间隔里取了出来。我胡乱想着这些都是给予我们惊奇的。

淡青的板壁同白垩的砖墙上，稀疏地张挂着几幅小画同塑像的照片，这些都用土黄色的

① 即夏康农（1903—1970年），曾用名夏亢农、夏检，湖北鄂城人，1921年留学法国里昂，生物学家、教育家、翻译家，翻译有《茶花女》等，曾任北京大学生物系教授。

夏布衬托着。板壁同小柱交接的角落里还藏着小小的玩意，一具瓷质的剧场脸谱的缩型。

我们的帽子放下后，主人引我们进西侧的一间书室。这里面又是一番气象了：灯光比较亮多了，映在白的墙壁上，满屋间都是鲜明。环钉在四壁上面的是刘既漂先生用文字以外的工具表现的将来社会的一部，而这都是待刘先生的努力促使实现的，这里有将来华美的公共娱乐厅堂，宏大的公共图书馆，秀媚的公共园地，一切都为将来的公共打算。刘先生研究得精透了的，所有巴黎庄严的Louvre故宫①，壮丽的Versailles行辕②，以及Tuileries花园③，Fontainebleau行宫④等，还有我们北京的颐和园，三海及一切的宫殿。这许多从前的建筑师只为承欢一二人的奢侈欲设计的，如今是一齐还给公众了。我们时代的艺术家即使生活上少能同广大的社会接触，他们的心血终是向着公众输送的。

刘先生还引我们更上第二层楼，呵呵，这里是我们的艺术家的工厂了！广阔的案上铺着一幅正在动工建筑的图形，横斜摆着长的、短的、半圆的规尺同各种仪器。案侧左右一卷一卷地拢着正待兴工的建筑。这里壁上张挂着的不像下面书室里的华丽，却正是构成这些华丽建筑物的骨骼解剖，是由这种精密的测算，细致的绘工，复杂的设计，我们才能见到华丽宏壮的建筑的。

刘既漂先生更从搜罗丰富的书架上取出古今中外的各种建筑图式给我们欣赏，并一一为我们说明。别久了的 Paris monumental⑤ 又在眼前飘逸地闪耀一遍！还有神往多年的罗马、弗罗伦斯⑥ 等城市的宏大建筑，刘先生也都一一按图介绍。翻阅的各书中尤令我惊喜的是一部 34 卷的李明仲《营造法式》。这是一部搜采极富、讲解极详、图印极精的谈中国建筑的专书。惊喜的理由很简单，只为这类累铢积寸一点一滴地搜采材料的著作，在别的国家是每一门学问，都是由这种功夫建造起来的，而我们的前辈学者却并不着重。记得从前在春苔文字里也曾读过这一部大著的介绍，如今竟由专门家展开来给我讲说，自然更添几重的高兴。

我唠叨了这一阵，无疑地丝毫谈不上介绍刘先生的艺术同学问，那是另有刘先生自己同其他专家的介绍，而我还没有望见门墙的。我之贸然把笔谈刘既漂先生者，只记录我初识他时的印象。久矣夫中国生活之使我渐趋麻痹！怵惕不安之感，只间或一来袭击。这次在偶得的闲适旅程中，不意遇着甫从法国归来，而起居生活都活泼地保留着法国的喜悦蓬勃的性格的刘先生，卒然间麻木的灵魂像受了兴奋的一击。连我自己算在内，我见过不少的国外回来的前留学生了，他们都辗转在无法调和，无力创造的支离破碎的生活里。见了刘先生不改留学时的精神放手生活下去，不禁生我无限的欣羡。

那么，刘先生的生活应是极其发扬畅适的了。不幸地，他和我们原来也感到相似的

---

① 即卢浮宫。
② 即凡尔赛宫。
③ 即杜伊勒里宫花园。
④ 即枫丹白露宫。
⑤ 即巴黎纪念碑。
⑥ 今译佛罗伦萨。

悲哀！

他为我们讲解了他居室的布置，同几幅重要建筑的设计以后，我们的闲谈便引到中国生活的感想上面去了。他苦于这个国度里的生活几乎都是假戏，而做戏的技巧偏还花样繁多。谈到这方面，刘先生像禁不住阴郁的重压似的，用法语说出下面的话来：

——Jaisouvent des idees noires en Chine（在中国我常有灰暗的想头）。

这真使我有点吃惊了：看去那么生力弥漫的青年艺术家竟吐露出这种意见！

我们的谈锋于是转到法兰西，尤其是巴黎的生活了，我们羡慕那里的人生之享乐，生活便是人生第一义。作工吃饭，恣情游乐，“享乐了现在，也并不怀疑于更美满的将来”。如Fouillée[①]在《法兰西民族之心理》一书里所自道的。

这两种生活的对比，又使我们联想起易卜生的话来。也是一个在巴黎学美术的青年艺术家Oswald[②]回到了阴沉的故国挪威后，受不住牧师的教训，回忆起巴黎的生活，就悲向母亲诉苦，说出这样意思的话：

——在那里，在那里，人们只是生活着，我们这里呢，一天到晚只听见说“责任”。

确实地，我们这国度里一样也到处都遇见“责任”的神碑。这责任的口号，最初由老年人向青年人提出，有时还拟出责任的条文来。青年人是自从初见天日起便听到这神圣的训示的，一直不懂得怀疑，也不敢反抗。等到他们开始真能意识着（到）责任的重要，研求责任的条文，便想从活的社会里追寻生活的模范时，老年人们偏又模糊起来，像是疲乏了，像是熬煞不住，支支吾吾地对答，或竟是沉寂地隐藏起来。这样他们指示给青年人一件新的教条，其名叫做“世故”。青年人条文还没有弄清楚，方向也没有摸准，老大地扑了一个空，这才着起慌来了。再捞寻背后的过去看，觉察出已经失去了宝贵的东西。他们于是赶紧树起金绣着“责任”两个大字的旗帜来，迎风招展，鼓舞着“世故”的翅膀，心里却仍罪愆地自谴着，便这么在由享乐化身的放纵的天空里翱翔，于是乎我们的社会显着总是绕着圈子旋转。

每当愧恨自己能力的薄弱时，我同时也深味到老大民族[③]里的青年的悲哀！

话说得太远了——然而这是认识刘既漂先生给予我的启示。

1928年6月4日

---

① 阿尔弗雷德·富耶（1838—1912年），法国哲学家、心理学家和社会学家。

② 今译奥斯瓦德，是挪威剧作家亨利克·易卜生（1828—1906年）的戏剧《群鬼》（Ghosts）中的重要角色之一。他是海伦·阿尔文（Helene Alving）和船长阿尔文（Captain Alving）的儿子，继承了父亲的遗产。在剧中，奥斯瓦德是一个年轻的男子，他的生活充满了秘密和谎言。

③ 指中华民族。

首都第一届美术展览会上刘既漂先生的建筑制图

李朴园[1]

【摘录自1928年1月10日出版的《首都第一届美术展览会特刊》中李朴园之《首都美展漫评》。现标题为编者所拟。】

关于刘既漂先生的建筑制图，本来不敢有多少话说，因此种制图，在实物未能建筑以前，是很难得说话的。若在画面上看，在下以为，作神庙式的那个庭堂，内部的装饰庄严富丽，可谓合中西建筑装饰而有之。

专以建筑装饰成篇的几幅画，如荷燕式之一幅，也很有意思。看他全幅的线条，完全以直线组成，是科学同艺术调和之一例。此种在绘画如立体派之用影，后印象派之用色，都是二十世纪之特色，建筑也大受其影响。既如风行一时的法国雕刻家钵钵君[2]的作品，也都是这样的意味。如曹操式的玻璃图案，画面上色彩的谐和，最不易得。

① 李朴园（1901—1956年），又名李文堂，河北曲周人，艺术史家、戏剧家，时任国立艺术院出版课主任。

② 即弗朗西斯·蓬蓬（Francios Pompon，1855—1933年），法国雕刻家，善于雕刻动物。

美化社会的重担由你去担负

李朴园

［原刊于 1928 年 7 月 25 日出版的《贡献》第 3 卷 第 6 期《刘既漂建筑专号》。］

一

最近遇到王月芝先生[①]，不晓为了什么，忽然谈到“美化社会”一个时式（势）的题目上来。

——“美化社会”，这句话我不了解。既说是美，当然离不开艺术，既是艺术，为什么又要“化社会”呢？

——王先生觉得艺术同社会是截然分离的吗？

——这是什么话？艺术怎么会离开社会？社会是人组织成的，艺术是人为的，人如果能离开社会，艺术如果是天然的，艺术同社会或者会分开！

——王先生是怎么讲的呢？

——这全在创造艺术的艺术家身上。我以为，艺术家是人间感觉最锐敏，想象最丰富，表现力最强盛，眼光最锋利的人。艺术家所感到的社会，绝非普通人所感到的社会。艺术家所想象的人生，绝非多数人所能想到的人生，艺术家所看到的境界，怕平常人梦都梦不到一点儿。艺术家果真够得上一个真的艺术家，他所表现的东西，绝不是常人所能以爱恶或迎拒左右的，他必是他自己的写真，必是他自己的忠仆。如此，真正艺术家所表现的这种真的艺术品，也必是离世骇俗的奇特非常的思想、感情、境界。以这种东西去见人，人怎么能容受？以这种东西去公诸社会，社会又安能鉴赏？人看到了，不惊骇便排斥，还怎能拿去化他们？

像王先生这样的说法，给一般遗老遗少们听了，怕很觉得合味吧？

且慢，王先生所见的艺术家的态度，并不是故意用了“远怀古人”的意念去做这惊世骇俗的高蹈生活的！王先生所见的艺术家的态度，如像孙中山之在满清时代，是有真知灼见，

---

① 即王悦之（1894—1937 年），原名刘锦堂，号月芝，生于我国台湾省台中市，油画家、美术教育家，时任国立艺术院日文讲师。

先天下之忧而忧的态度，是思想的革命家的态度！与其说他是追求形而上的，不可思议的美的，极其渺茫的遗迹，不如说他是大我之真实的追求者。他是入世的，不是出世的，徒以入世过深，所以反致为世人所不了解，绝非想象往古或疾世痛俗者之所能望其项背！

便依王先生所说，艺术家诚然是见常人所不能见，想常人所不及想，言常人所不能言，道常人所不敢道的，而经艺术家思之见之道之后，也未见得个个惊世，个个骇俗。且如王先生所见，有王先生所见之一类的艺术家，而艺术家不尽如是，则其所创造之艺术品，亦不尽惊如是之俗，骇如是之世，是不是？容或有些人，他的眼便是全人类的眼，他的心便是全人类的心，于是他在（的）喜怒，也同样是全人类的喜怒，他的哀乐，便是全人类的哀乐，于是他所表现的思想感情，也便是全人类的思想感情。像这样的艺术家，怕不见得不是艺术家吧？但这类艺术家的作品，未见得为当时的人类所容受吧。

此地，我们不想把这种问题作怎样深切的讨论，我们所要研究的，是以纯粹的艺术，究竟能不能美化社会的问题。

不管像王先生所说的那类艺术家也好，或像专能见人所共见的这类的艺术家也好，我们以为，如果必要以纯粹的艺术，如诗歌、音乐、戏剧、跳舞、绘画、雕刻、建筑及小说等类，来把社会美化了，大抵还是不可能。因为真正能了解诗的意境，能辨别音的刚柔，能透入画的趣致的，到底没有多少人，尤其在此刻的中国，能记流水账的人已是少数，平常家信还要请别人看，怎能便讲到这些呢？再如，中国这样的经济状况，普遍教育费都出不起的比比皆是，没有一两间好茅房住的也多得有，怎能便讲到读文学的书，住有建筑意味的房子？

在事实上，好像我们此刻之所谓艺术云云，到底是极有限制的。像诗歌，像雕塑，像建筑，像跳舞，像小说，在现在，不是找不到更通俗的作品，或说找不到能了解这些东西的人众，便是制作所需经济者太多，一时不易办到。即或能办其一二，至多不过在通都大邑，而中国之交通如此，工商业如彼，所谓通都大邑偏如是其寥寥！余如绘画之类，戏剧之类，能够用胸无点墨者之目光看得懂，而反观中国之绘画同戏剧界，能出通都大邑的时期，还远得很呢！

以此而言“美化社会”，或“社会的艺术化”，岂非痴人说梦！

二

蔡孑民[①]先生是中国提倡“美化社会”的第一人，记得他曾有一篇《美育实施方案》，不但讲到了社会为什么需要美化，并且直接把怎样去美化社会的方案都写得清清楚楚，足为谈美化社会者的最好的参考品。

---

① 即蔡元培。

他仿佛写道，在公共场所，应当有很好的公共运动场，以为大家工余之暇，锻炼体育的所在，因为他把体育看成美育之第一要著。

是的，中国人的身体真是太弱了。虽不必说人人都是病夫，到底完全没有病的人怕终究没有几个。因为身体不好，死亡率是一天比一天高，生产率是一天比一天低，做事无恒心，学问不进步，哪一件不是吃了不讲体育的亏？便在身体的美丑上着眼，过去的裹小脚，现在的束乳头不讲，只看我们之所谓健全的新青年者，有几个不弓肩，有几个不弯腰的？

他仿佛写到，在公共场所应当有很美丽的公园，以为大家工余之暇，游戏散步的所在，因为他觉得整日地工作太苦，必须有消遣游玩以调剂之。

这也是理所当然，人根本不是架无知的机器，为了生存才工作，不是为了工作才生存的。如果一天天埋头在工作上边，成日累月地不能享一享人生的乐趣，岂非太不人道？公园，是多好的一个游散场！空气是新鲜的，颜色是丰富的，游人是活泼生趣的！如果在相当的工作以后，能到公园去散散步，无论身体或心情，都能收到康健的效果，公园是不可少的。

他仿佛又写到，妇人如果有孕，便应到公共建筑的□□（忘记了名字）去，那里该有很好的气候，很好的用具，很完备的设备，因为他相信古人之所谓胎教的。

这层更要紧，孕妇的心理，当然能直接影响于孕中的胎儿，孕妇的衣食住行之所触，眼耳鼻舌身之所接，意志感情之所依，如果都能完美无缺，在孕的胎儿自会吸收其完美无缺的遗传，出胎以后，自必优良。

想到孕妇，便想婴儿，他仿佛又写到，孕妇于临盆后，便应入公共医院，而将其婴儿送入公共育婴堂，他很用心地为育婴堂想了些很好的设备，好像在此中还附设了幼稚园。

这是思虑得多么周详！中国人唯一的短处是不会养小孩，不管自己的经济力如何，只管在那里拼命地生，生，生！生来生去，小孩子生了一大群，结果大多数是失了调养，一个个面黄肌瘦起来！你想想这有多么危险！小孩子还不同一棵小白菜一样吗？他们最要紧的是小时候的灌溉，如果小时候水分不充分，不要说根本长不起来，即使长得起，也是棵癞白菜，总归不会鲜美的！中国人的身体不强，后来的没有正当运动是其一，小时候不得正当营养，也是原因之大者！

再其次，大概是讲到了美丽的坟山，这是顾到“追远”同经济、卫生之数方面者。

纵观蔡先生之所论列，件件是事实所必需的，而且通通是从大处着眼，令人不敢不佩服其思想之周致，与夫言论之扼要。但仍不可不注意，此种建设，非握有绝大权力，以及绝大经济实力者不能办。蔡先生近来不可谓没有握到大权，且国民政府近年来总算注意到社会的建设方面，但试观关于此项美育的实施，除公共体育及公园而外，其余如关于孕妇之孕育问题，何尝有半点儿办到了？且无论所谓坟山！

以蔡先生之品望，发为如此周致之方案，更以蔡先生执政治之高权，亲为社会排难解纷，而其结果，仅至如此，则知此之所谓美化社会的方案，恐仍有不尽合适之处！

三

在第一节我们可以看到，中国眼前的状况，要以纯艺术去美化它，是不可能的。

在第二节我们可以看到，中国眼前的状况，要以大规模的美的设施去美化它，也是不可能的。

第一，因为中国的民众还没有普遍的美的常识。便是有真美当前，而苦无领受之雅量，如像真正的纯艺术的创作，反不如别样东西之易于吸收。过去关于美的制作，如高雅的书法，铿锵的诗词，超然的国画，在趣味上、技巧上，虽不能说没有独到之处，到底离一般普通人众太远了，成了少数人之有专门此项知识者之宝箓，大多数普通人是视为无关痛痒的，欲救此弊，尚须有一种极易普遍的美术品，以培养其美的感受性。

第二，因为中国的经济力实在太落后了，还不能有大规模的美的设施。过去的工程，如巍峨的皇宫、富丽的御园，都是为一人一家所专有，单顾到一人一家的利益，多数人是只有受其害，不能收其利的。眼前内忧外患，交相频仍，社会事业，多难顾到。欲救此弊，一方面固应用种种方法，促成工商业之进步，以培植社会的经济力；一方面仍应先从小处入手，使所费不多，而美的福音仍可继续传播于人间。

这里，我们提到实用艺术，便是所谓图案了。

图案有几种命名，在这些命名上，我们可以找出它的特性。

装饰艺术是它。装饰是色美、形美的总名，是要直从人的眼睛送一些愉快给人心的。近世纪的艺术，渐渐重在装饰的美，也就是图案渐渐变成造型艺术的中心的表征。

实用艺术是它。图案的原意，是要考案用品的质料形状，以计划美的图形的。所以它的主要性质，是侧重于为能够使用的物品，作出美的形象的。

工艺艺术是它。所谓用品，当然是由人工制造出来的物品，即所谓工艺品。在工艺品上，用艺术的方法做出美的形象，故名之为工艺艺术。

因为图案是实用艺术，是藉实用物品以传达其美的情绪者。是以只要是要用东西的人，便不期然地接收了艺术的宣传，使用物品的人，在衣衣、食食、住住、行行的各方各处都接触到美，这种普遍的宣传，可能性是极大的。所以，图案可以说是艺术与民众的一道鹊桥。

因为图案是装饰艺术，是单以纯美为条件的，所以用不到如何深奥的思索，一接到眼睛，便感到美好，图案接触得多，美的常识自可一天天启发起来，也是艺术到人间去的一个开路先锋，这先锋是不可少的。

因为图案是工艺艺术，是能佐工艺之发展，以提高工艺品的生产率，及社会的需要率的，必如此，然后工商业方可有长足的进步，所以图案同时也是提高社会的经济的必要工具。

要提高社会的生产率，以与列强之资本主义者竞争，俾社会的经济得日益增高吗？请来提倡工艺艺术！假如我们的制造品不但不为世人所喜，连本国人都不觉得合用的时候，要参加世界工战商战是不成的！

要提倡美化社会，使社会民众得从衣食住行的各种用品之美的色形中，消除他们的苦闷，涵养他们的德性吗？请来提倡实用艺术！假如我们的艺术不能从这些小的、人人必需的各种用品中，把它的美的意义输入人心，徒唱提高艺术地位是不成的！

要提倡艺术运动，使艺术的真假很确切地为一般人所了解，而把艺术的地位磐石一样稳生在人人的心里吗？请来提倡装饰艺术！

四

中国之需要图案不是口头的，不是理论的，不是高调，是事实上的需要，很急切的需要！

你看大家的服装！近年来服色的变化，服式的革新，一天比一天不同，一周比一周不同，一季，一年，都有着很可观的变化。在这种蜕化上，我们可以看出大家对于服装美的要求。然而事实上，为工商业中心的上海，尚有一两家专门研究此种艺术的商店，在其他各处，虽大家在那里强烈地要求着，供给此种要求的简直可说没有！于是，一般人的服装，便只有上海或离上海很近的地方还多少看得过，其他便只有丑陋，可怜！他们在购置质料上所消耗的金钱，很不下于上海一带的人们的支出，而所得的结果却又不过如此！

就一把茶壶看吧！中国的瓷料近年以来怎么样呢？不说外国人，只看中国人所用的茶具，有几多不是用日货或其他洋货代替了的？即或勉强肯用本国货，谈起来总是不满意！我们晓得，这种不用或不满意，不是为了中国的材料不好，却是因为凡是中国人自己造出来的茶具，看起来总觉得不舒服、不美丽！是的，你看那种形式，一个圆筒形，又一个圆筒形，还一个圆筒形；一个扁圆形，两个扁圆形，种种仍不脱扁圆形！你看那种花纹，大的太师少保，小的太师少保，红的太师少保，蓝的、黑的，还是太师少保！近年虽知略加变易，变易得既不好，又不好得一律，千个一律，万个一律！

再看一张桌子！像昔日一样，那种红紫的色调，好是未尝不好，不过要千百年不肯改一改调儿的时候，如同吃饭，总是觉得腻腻的！像昔日一样那种龙样、卷叶样的雕饰，也照样是好过一时的，但一直这样好下去，一点儿不求新奇，也无怪人们看了不舒服吧？便是桌面的形式，方的或圆的，长方的或椭圆的，也总须有个不断的改进才好啊，老是传袭下去，到底要被人厌弃的！

像是织布的布纹！团龙舞凤的时代过去了，五福捧寿的时代过去了，致密的正方连续、圆形连续都过去了，闪光的花缎亦已不时髦，但新的、合理的、有趣的花纹，我们还没有看到。像是染织的颜色，近来比较好一点的，多半是外货的模拟品，真正自己用心研究出来的染法，不晓大家看到过没有？

近年来一种可喜的现象，便是书皮图案之日有进益！上海一带的书肆中，最近的出版物都有了比较像样的书面装饰画，但此种装饰，不是抄袭外人已成的作品，便是请一两位艺术学校的教师于课余偶制的！我们希望我们的艺术界不要把这样的精神放弃，要急起直追把这种东西正当地工作下去！

你看中国的商店、烟草公司吧，分派四处的宣传队，张挂四处的广告画，盒内盒外的小图画，处处可以见到营业者经营宣传同广告的苦心，于此，我们的装饰艺术界，如果能早为之所，把宣传者的衣服同用具弄得美观些，把他们的招牌广告弄得使人注意些，把盒外花纹、盒内画片弄得在色彩学上、装饰美上站住些，该有多么不负营业者的苦心，该有多么好的散布美的福音的机会呢！但是，我们试留意看一看！充斥城乡的那种活动的广告，衣着的颜色，招牌的花样，画片的取材，没有一样不是恶劣、陈腐同丑陋的！

一般比较明白的爱国志士，提到中国的贫弱来，便是那样愁眉泪眼，问其所以，多半会说出“中国的工商业不发达有什么办法呢！”是的，中国的工商业诚然值得振腕叹息，而要使中国工商业发达，绝不是一哭了之所能济事的，中国工艺艺术一天不提倡，中国工艺技术一天不改善，中国工商业到底也只是徒呼负负而已，别有何种办法？

一般比较明白人心病源，而思用艺术变化其精神，振作其意志的先生们，闭口是艺术，开口是美育，到头来仍不过如此！要知道，图案的美的传播是事半功倍的，是从无量数小的地方把人们包围了，使之潜移默化于美而不自知的！这种方便，这种力量，是别种艺术运动所不及的！

五

社会上对于图案尽管是这样强烈地急切地要求着，而培养图案艺术家的地方却异常之少！

在国内的小学校，排在他们课程表里的工艺一项，钟点为最少，且在这些微的容量中又包括了不少别样的东西。一般小学校的教师自始并不知图案为何物，教起来又是那样的含混。这样一来，在学校方面早不把工艺看成怎样重要的功课，教法如何，成绩如何，自然已是忽略的了。教师既以此项功课不为人所重视，教起来当然会十二分地不在意，同样在学生的家长，所重者为子弟之能识字记名，且视此种功课为有碍正业，于是，学生在小学校时代已新立下了一个不重视工艺的成见了！

在国内的中等学校，近年来虽间有在师范学校加设艺术科者，而艺术课却多侧重于音乐同普通的图画，工艺图案多半仅具形式，不问内容。加以为艺术科教员者，已不为同业同学所尊重。教工艺图案者，其地位又在普通绘画教员之下，宜乎其仍不能尽量发展，且在普通中学甚至因不甚重视艺术而无之，仍以手工当工艺，图画兼图案，亦不过使功课表上看起来完备一些而已，原无所谓怎么了不得的希望也！则在中等学校中，为社会上如此需要的图案，仍不能使学者有相当的学习，遑论其他！

等而上之，像各省的大学区，新近尚有设立艺术系或工学院者，但在图案方面，至今还没有看到他们有何项成绩！

这样还可以说，这些学校都不是专为研究各项艺术的教育机关，我们对之自不必有如何进一步的希望，我们唯一的希望，自然要属诸艺术学校。

别处我们不大知道，且可置诸不论，大约在工商业不大发达的地方，他们还不曾看到工艺艺术如何为社会所需要，对于此项艺术的学习，当更不上紧，这或者是可以推测得到的。即如北京、上海等处而论，算是国内顶为工商业所荟萃的都市了，办艺术教育，肯学习艺术的人们，总不能说没有留意到工艺艺术的重要与幼稚吧，但是，这些地方的工艺艺术，教学两方的情形如何呢？

在北京，国立的艺术学校有一个，私立的有两个以上。私立的艺术学校多半是简直连图案这一系都不设。国立艺术学校图案系是有了，经费是有了，设备是有了，教授是有了，而平均起来，总以图案系的人数为最少，每在招考的时候，写下来总是洋画系、国画系，甚至戏剧系的学生都比图案系的学生多！

在上海，私立的艺术学校为最多，如今竟已到了六七个，但在这些学校中间，多半不设图案系，便有，听说学生总没有多少！

便是这次西湖国立艺术院在上海招生，总计报考图案系的学生也不过三四个人！

这该是多么岂有此理的怪事！

听说在其中另有一种大道理，便是学图案的人们将来找不到出路！喂喂，同胞们听着！图案不是所谓实用艺术吗？为什么学作实用艺术的人们反而找不到用武之地呢？图案不是所谓工艺艺术吗？为什么社会上如此急切地需要着工艺品，工艺界又如此上紧地需要着美的广告与宣传，而来学作美的广告、美的宣传以及美的工艺品的人们，反而为一般人所弃绝呢？

这种，我们却要归罪于两方面。一方面是中国的工艺界太没有认识真的工艺艺术的眼睛，或是太为部落思想所支配，不能摆脱无意味的门阀之见，而直问他处搜寻真的人才；一方面亦由于过去的工艺艺术界自己不能认清自己的职务，徒好高雅之虚荣，不肯把自己的艺术打进实际的工作中去！

六

现在，在杭州西湖新近成立的国立艺术院，我们知道，它是国民政府之下国立的唯一艺术教育机关，根据该院院长林风眠先生的言论，我们又知道，它是领导全国艺术运动走向中国的文艺复兴之路，以实现“美化社会”——“社会的艺术化”为目标的！

在国立艺术院的分系中，我们看到，与中（国）画、西画以及雕塑并列，增设了专门研究图案的图案系。此地，我们以十二分的热诚，希望林风眠先生所手创的这国立艺术院真实地执行它唯一的、最高的、艺术的教育机关的使命，照着林风眠先生自己的主张，担负着领导全国艺术运动，完成中国的文艺复兴的工作，以美化我们这可怜的社会。我们尤其热诚地希望着，望国立艺术院在领导全国艺术运动的时候，不要忘记了图案——这样为人与艺术之鹊桥的艺术，这样为能使人在有意无意中接受美的洗礼的艺术。

主持国立艺术院图案系的教授，是去年才从法国回国的刘既漂先生。这位刘先生，他，是一位极富热情的学者，对于社会的种种方面，他都能用很锐利的眼光一直看穿过去，看到它的恶的方面，和善的方面。他在法国住了 8 年，在这 8 年中，他学过了西洋的绘画，学过了装饰图案，又学过了美术建筑。在这 8 年中，他游历了意大利，瞻仰了希腊古国的三大艺术荟萃的古城，他游过德意志，饱尝日耳曼民族勇于求知的民风，他游过瑞士，涵泳在瑞士的天然美境中。为了这诸种关系，养成他那温和的相貌、健全的意志与优美的气质！

这种特性表现在他的作品中，形成了一种兼摄中西之美的特质的艺术。

在建筑构图上，用线的纯朴，造型的巍峨，着色的凌厉，是中国建筑界从来不曾一见的作风。在图案构图上，色的调和，线的变化，都是表现他人之所未表现，应用他人所未应用的东西！

刘先生回国未久，他对于中国社会中的各种情形都已看得清楚，他曾针对中国工艺界固有的病源，作出了种种致力改良的实施计划。他晓得，中国眼下工艺界的这种恶劣的情形，要从什么地方下手批评；他晓得，中国眼下这种工艺界的保守情形，要用怎样的方法，才可以使他们惕然猛醒；他晓得，过去工艺艺术教学是怎样的拙劣，要怎样才可以着手改革；他晓得，中国的工艺品，都受了哪些毛病，要怎样才可以补救他们的偏弊！

以如此天才的刘先生来主持国立艺术院的图案系，这是国立艺术（院）的光荣，是全国艺术界的光荣，是工艺艺术的光荣，是中国社会前途的光荣！

我们希望刘先生能以如此特出的天才，赞助着林先生，先从国立艺术院的图案系做起，使工艺艺术在全国艺术运动当中，能保持其价（传）播美的洗礼，默化人的情意，提高中国工艺制作效率的能力，增加艺术运动的力量，使艺术的光明，普照在中国民族的头上，更进而普照在全人类的头上，使中国民族，从封建的、民族的、宗法的思想中，摆脱出来，同先进国的人众共同享受人生的乐趣，共同担负人类的工作！

刘先生，于此，这“美化社会”的重担，将要由你去担负了！

观建筑展

金启静

[原刊于1929年6月27日《申报》第19版。]

沪滨一埠，可谓建筑博物院。自茅茨土阶、希腊神殿、我国翚飞，直至近代北欧风之直线建筑，无不备具。然皆假手于人，无自作独创之新，建筑图案之展更无论。建筑图案之有展览，当以日前刘既漂先生之个展为始矣。既漂先生之作，志在参合中西。取于西洋式样者有直线建筑，取于中式者有仿北平天坛式，取于图案者有我国之卍字纹，表现派浮雕，颇富意匠，可谓我国建筑界一新观瞻。

读者亦知西洋之直线建筑乎？此式美于欧洲公园之瑞士、丹麦。其外形或为简单之矩形，缩之而如小儿之积木。或叠如蜂房，光坦直率，无复杂装饰之美，美不若仿于动植物边相（轮廓）之曲线，乃相于矿物之结晶，而于线条错综上求兴趣。是在我国或不见图案之历史价值，在西洋则脱于基督之典型，脱于动植之模仿，脱于截取古典之愚拙，脱于不彻底之强思冥索，乃纯依于线形美之原理，均衡变化之方法，如古篆，如汉魏。一线之力，一直之安，万物之美，天地之大道寓焉。

既漂先生所作参得其半，其未能满于观众之望者，乃于线条之距离比例往往平行堆砌，少宽狭相间之节奏。于色彩又易取翠绿赭黄对比，少傍于直线建作之单纯色耳。

读者亦知北平天坛之古建筑乎？此式仿于印度之希伐神[①]大庙。希伐神（湿婆神）大庙则依于释迦牟尼之葬所。其式之特征为圆顶如叠碗之覆，庄严伟大，可比于埃及之金字塔。结构既正，工作斯难，通国无复作，乃佛教建筑之硕果仅存者。既漂先生仿之于其窗格更参亚剌伯[②]之几何图案，以为中央会堂，可壮国际之观瞻也。

当欧战以后，“建（筑）美（术）”亦起轩然之大波。由经济之困乏，不得不求之切合实用。益于机械生活，人之精神当居于复杂之状态中，于其所履所居皆思其单纯者。直线坦直之美，乃适应其需，大道直线也，旁于大道之建筑直线也，旁于建筑之室内直线也。直线美将渡大西洋而东，横被吾人之地矣，靡靡之颓风，或可由以转移耶！

---

① 指湿婆神。

② 即阿拉伯。

刘既漂宅中之一席话

般若

[原刊于1930年3月18日《大晶报》第1版。]

青年建筑师刘既漂、李宗侃[①]二君在法国巴黎研究建筑学识有年，学成返国，寓居于本埠辣菲德路[②]1227号，逸园跑狗场附近。15日，刘李两君，简邀小报界同人于其私寓小叙，藉为杯酒联欢之计，本报冯梦云、《金刚钻》施济群、《福尔摩斯》吴农花及《报报》胡憨珠等，皆与宴，合之约得十人。刘李二君均为英挺之青年，且皆未娶，谈吐极蕴藉，与诸宾虽系初会，而颇能沆瀣一气，室中布置新奇精洁，为目所未见，一几一桌，皆二君自制，别出心裁，故与常人所用迥异，殊不愧为建筑师之家庭，诸人因皆啧啧称赏。

是晚之宴，系用中菜，味极可口，宾主间，既能契合，因是觥筹交错，意兴甚浓。刘君言，法国亦有小报，其体裁或属党派，或属艺术，与我国同。近来巴黎最流行之一种小报，名曰《斐而》，颇为美观。法人之于报纸言论，绝端自由，故虽有党派，亦能畅言无忌，不若我国之有新闻检查处等障碍也。

刘李二君于建筑事业，胥有充分之研究，颇以国中无好良之建设为憾。我国国府之建设，幼稚简陋，似未尽善，殊不足代表首都之建筑，尝绘就首都国民政府图样，缜密宏壮。同人意此图为当局绘者，据二君言则系自动地抒写其所学。曾游国货展览会者，当见之。二君之意，亦颇望当局予以采纳之也。

席间偶有述及洪深[③]与大光明事者，或言此案极可编成一新剧，以洪深为一善于编剧者，今请为剧中人，一旦登场，必能轰动社会。胡憨珠君，适承办新世界之剧社，颇以其言为可取，因决计将此案编成新剧，以饷沪人。约一星期间，即可开演。此盖为空谈而成事业者。刘李二君，亦深表同情焉。

饮啖既终，来宾相率同辞，二君更开唱机，奏新奇之西乐，藉为送客。同人乃满意而归，胥目此宴，为愉快之宴也。

---

① 李宗侃（1901—1972年），字叔陶，河北高阳人，建筑师。祖父李鸿藻为晚清同治年间的军机大臣，叔叔李石曾与蔡元培、吴稚晖、张静江三人合称“国民党四大元老”。

② 今上海复兴中路，1943年前旧名辣斐德路。

③ 洪深（1894—1955年），江苏武进人，中国电影戏剧理论家、剧作家、导演，是中国现代话剧和电影的奠基人之一。代表作品有《五奎桥》《香稻米》等。

还都声中谈南京住的问题：访建筑工程师刘既漂

酉廷①

［原刊于 1945 年 11 月 27 日《中央日报》第 4 版。］

"八年来为敌伪所毁房屋，大小共有四千五百九十六户之巨。目前城东城北一带满目荒凉，几如旷野，故机关办公及公务员住宅问题，须有一具体计划。"——马市长②在市府纪念周报告词（见本月廿（二十）一日本报讯）。

八年破坏，自难恢复于一旦，收复后的南京，衣食住行样样成问题。而值兹还都声中，南京处处人满为患，只见房屋纠纷的启事，不见房子招租的广告。一旦还都，巨量房舍的供应实为今后南京的一大课题。例如，最近各国使领馆纷纷派员在京筹备恢复或设立馆址，已使有关当局颇感棘手。至于一般公务员工和返京商民的住舍问题，也都非轻易所能解决。听说最近行政院已派专家来此，研究并处理这些困难，足见最高当局对此也正密切重视。

昨日，记者于一偶然机会中，访晤南京一位建筑工程师刘既漂先生，因为事先曾看到他在战前本报上的许多篇现代建筑的文章，所以要他谈些关于目前南京的建筑问题。

他感慨地说："经过了有计划的大屠杀与大焚烧后，建筑物之损失不忍想象！以本人战前在京经手建造的房子而言，被破坏者达百分之六十，完完全全瓦解了的百分之三十。例如城南的同仁堂，如今已面目全非，仅剩躯壳，望之令人心酸！此外，几年来被敌伪占用的房屋多已仅剩空中楼阁一座，必须经过一番装修，方可应用，但目前建筑材料之获得，比科伦布③发现新大陆，尤为困难。这真是严重问题。"

他又沉重地说："其次，我们来谈谈工人及营造业方面的情形。世界任何国家工人工作时间都为每天 8 小时，而咱们中国，在抗战前普遍亦每天 10 小时，8 小时的也有。时至今日他们却已上半天仅做 2 小时，下半天仅做 2 小时。在这 4 小时当中，还要吸烟、谈天、休息，差不多去了 1 个小时。换言之，一天工作只 3 个小时。今以这样的工作习惯，来做咱们战后的吃重复兴工作，如何成功？这是雇工制，若是包工制，则必狮子大开其口！明明一二

---

① 即梁酉廷，记者，晚年曾任上海市虹口区政协委员会顾问。

② 即马超俊（1885—1977 年），字星樵，广东台山县人，曾先后三次出任南京市市长，国民政府高级官员。

③ 今译哥伦布。

工可完成的，偏偏说非得廿（二十）工不成。在我们内行面前尚且如此，其他可想而知。这一点不能不说是受战时沦陷之毒，造成道德水准之低落。尤其南京方面的工友，工作效率低而工价比上海还高。我认为这是复兴工作阻碍之一。至于营造业方面，因为物缺而稀，价钱当然日涨夜涨，他们都是未来派专家，账单上的数目准不是今天的，而是预算到完工以后的未来数目。每次拿来的账单，必使你吓一跳。因此，在材料缺，人工贵，未来物质涨的情形下，复兴工作又加上了一个大阻碍。

以上都是实在情形。在这种贫血症的情形之下，如何去做复兴工作？这是值得我们研究的。我认为物质与精神两方面都得用猛力推进与改良。所谓无米烧不成饭，没有材料建造不起房子是一样的道理。建筑材料无非是砖瓦、木料、五金、水泥、石灰等，除木料之外，样样都得靠燃料。而目前燃料之缺乏，简直比米来得严重。而在民吃为上的问题未解决之前，自不会拿目前最可贵的烧饭燃料分去一大部分从事于砖瓦水泥等制造。但是事实告诉我们，我们宁节省下烧饭用的燃料去从事复兴工作。当年德国人拿牛奶面包省下的钱去造大炮飞机，而铸成亡国之祸是错误的，现在我们拿烧饭用的燃料去做复兴咱们自己的国家自是对的。另一方面，我们希望政府对于燃料之运输特别注意。

以上三则，可以说是随便谈谈而已。更具体的问题，以后再说吧！”

事实上，在这些实实在在的事实困难未获得解决之前，我们不必侈言南京的今后建筑应该如何如何。不过，因噎废食，智者不为，我们仍然需要积极从事于重建南京的计划，使它能够成为一个“新中国的首都”！

刘既漂教授画集序

郑月波①

[原为1986年刘既漂自印《刘既漂教授画集》序文。]

著我国汉族文艺，史称书画同源。仓颉造六书，依类而象其形谓之文。史皇作画，应物传摹移写则曰图。自周代始，书与画分。迨至唐代，画又区别为南北二宗。北宗重写真传采、美妍金碧辉映，倘运用不当、多作实易俗。南宗崇神似，若未穷笔墨之微奥，或焕以绚烂为工，虽具士气亦易弱，两者互有优绌。唯关系画品至钜。

刘教授既漂，粤籍兴宁，对中西艺事富有卓越渊博造诣。早岁留学法国巴黎，精研建筑学兼装饰图案。一九二八年春，蔡教育部长元培仰慕其才，特电邀回国，荐引于杭州西子湖畔新创国立艺术院，荣任图案系首届主任。因教学严谨，且倾囊相授，为国培植众多后进奇才精英。究其艺事悉若。证诸如一九二九年彼受聘筹办西湖博览会兼主设计内西湖周匝各类陈列馆牌楼创新，暨湖边大道新型宏伟壮丽立体大门及美国东部新颖建筑等辉煌事迹足可概窥一斑。

一九四七年刘氏举家迁美侨居东岸，于所业建筑设计余暇，仍继续孜孜勤研各类画事（国画、油画、瓷画等）自娱。其国画喜画南宗花鸟虫鱼，间亦偶作简逸山水，风格稳健特殊，笔墨仓润流畅，传采浓艳雅淡适中，章法尤见清新别致、情调韵味。连年应邀赴各州巡回画展，广博中外人士佳评。

刘教授与余谊属图案师生，昔在校受业时赐益良多。余敬其人，更爱其画，兹恩师拟选印画集留念，承垂爱索序于余，亲情难却，遂不揣孤陋寡闻，据实绍介如上。是为序。

① 郑月波（1908—1991年），祖籍广东东莞，出生于马来西亚，1928年入学杭州国立艺术院图案系，与刘既漂既为师生又为密友，曾任教于上海美术专科学校、新华艺术专科学校、台湾师范大学、美国旧金山州立大学。

刘既漂先生艺闻

巴黎中国美术工学社参观记

佚名

[原刊于1924年6月22日、23日天津《大公报》第3版。]

巴黎通讯云：旅居巴黎华人所组织之美术团体有二：一为霍普斯会（原名艺术研究会），一为美术工学社。两会员大略相同，但性质宗旨两会各异。霍普斯会重在美术学理及纯粹艺术之研究。美术工学社则工学并重，以美术研究所得应用于工艺物品之制造。故美术工学社实为中国人在巴黎研究并制造工艺美术之一种新组织。

中国人在海外所经营之事业，所组织之团体，如学校，如学会，均为教育与研究之性质。如饭馆、洗衣店、食货店为营业之性质。至如古董店则为最高等、最出色之事业矣。然其作用，仅在搜集零缣断素，贩卖古代家风，既无关学理之研究，更不足以言艺术之创造，与工业美术之制作。其能于学理实用兼重者，厥为唯一之美术工学社，故巴黎中国美术工学社，实为中国人在海外空前之组织。

巴黎中国美术工学社筹备始于民国十二年，成立于十三年一月。其原组织人为留学巴黎专攻美术之刘既漂（广东）、王代之[①]、曾以鲁[②]（均湖南）三君，社址为巴黎南城孟梭利大公园[③]侧，有制造厂两处，毗连相接。

发起原意，在谋中国工业艺术之发展，其近因则颇受日本人艺术作品销行巴黎之影响。巴黎本以美术名天下，然近年来，日本人之工业艺术，竟大受巴黎人士之欢迎。吾人一过街市，即见日人之糖盒烟盒种种工业美术作品，到处皆是。然巴黎人士多以为是中国货也。盖欧人对于中国日本常混一谈，故见日货即以为华货。其尤令人刺激者，去年春夏间，巴黎盛行中国家具木器，而华商不知之，于是日人取而代之。去年秋冬，巴黎又盛行中国丝绸，日

---

① 王代之（1900—1974年），湖南湘潭人，1919年考取华法教育会留法预备班，赴法勤工俭学，先在巴黎市办的美术工艺夜校学习，随后又到巴黎果伯兰图画学校及灼米尔美术学院深造，拜罗丹学生——大雕刻家布尔德尔（Bourdelle）为师学习，1923年进入巴黎高等美术学院。回国后在北京国立艺专任教，1928年与林风眠一起在杭州西湖创建国立艺术院，抗战后到云南至终老。

② 曾以鲁，即曾一橹（1897—1989年），别名星煌，湖南武冈人，早年与毛泽东是湖南一师的同学，1917年至1918年，参加新民学会去保定留法预备班学习，1919年与徐特立同船赴法，1923年3月入法国巴黎高等美术学院。回国后，曾先后在武昌艺专、国立北平艺专、南京艺术学院等任教。

③ 即蒙苏里公园（Montsouris Park），是巴黎南部14区的一个开放式公园，占地15公顷。

人及他处之产绸者又取而代之，且其告白直名曰中国缎。中国人无世界眼光，无国际贸易，诸如此类，书不胜书。王、曾、刘诸君因此立志自造出品，为中国人力争地位，而有美术工学社之组织。

美术工学社现在制品，约有数部：（一）漆品，（二）瓷器，以法国人所制瓷器及玻璃器等底货，加以中国绘画，再上窑精制。（三）木器，一取中国式，加以绘画雕刻。（四）丝绸类，以丝绸制造各种应用器具，施以绘画。（五）角质类，为一种化学制品，如假玳瑁等，施以绘画，最美最精。（六）各种古董之搜集整理，及有关图画之各种新制作。

四月二十日，该社开会展览作品。除右述各种类作品外，尚陈列有赵子昂①、仇十洲②、边文进③等人之大幅古画，及米南宫④、文徵明等之手书墨迹。到社参观者，约有二百人。王宠惠⑤、郑毓秀⑥、褚民谊⑦、萧子升⑧、魏道明⑨、杨仲胡等，均乘车至。由该社经理曾、王、刘诸君接待，导入参观，均叹为得未曾有。参观毕，导游孟梭利公园（蒙苏里公园），于园内大宫中茶点，即席作乐，琴歌互答。王宠惠、郑毓秀诸氏对于中国美术，均有重要之谈论，谓中国唯美术可以在世界立足，中国人民性好和平，亦与人民之爱美思想大有关系。然中国学术若不进化，则古代文明遗传之美术，亦等于埃及、希腊，故在艺术界亦重在创造，至工业艺术尤当研究，现居欧洲尤便于比较云云。

---

① 赵孟頫，字子昂，号松雪道人，宋末元初画家、书法家，是元代文人画的开创者，并创“赵体”书。

② 仇英，字实父，号十洲，明代画家，与沈周、文徵明、唐寅并称“吴门四家”。

③ 边文进，字景昭，明代永乐、宣德年间画家。

④ 米芾，字元章，北宋著名书法家，世称“米南宫”。

⑤ 王宠惠（1881—1958年），字亮畴，广东东莞人，民国时期著名政治家、外交家、法学家，曾任复旦大学校董、华盛顿会议中国代表、司法部部长、外交部部长。其子为著名建筑师王大闳。

⑥ 郑毓秀（1891—1959年），广东新安县人，中国近代革命家、法制建设先驱，女权运动倡导者。她于1924年获得巴黎大学法学博士学位，是中国历史上第一位女性博士。

⑦ 褚民谊（1884—1946年），浙江吴兴人，1912年与蔡元培等组织了“华法教育会”，1920年与李石曾等创办了里昂中法大学。后加入汪伪政府，1946年被处决。

⑧ 萧子升（1894—1976年），湖南湘乡人，民国教育家、学者，曾任《民报》总编、中法大学教授、故宫博物院秘书长等职。

⑨ 魏道明（1901—1978年），江西九江人，巴黎大学法学博士，曾任司法部次长、行政院秘书长、驻法大使、驻美大使等职。

巴黎之美术工学社

杨白

［原刊于1924年12月17日上海《时事新报》第4版。］

华人破天荒在海外作有系统之组织而以其所新创之工艺美术品惊动西欧艺术界者，当首推巴黎美术工学社。该社创办者为刘既漂、王代之、曾以鲁三君，皆当今留欧艺术界中之杰出人物，对于图画、雕刻、美学等皆有极深刻之研究，而尤长于工艺美术，无怪美术工学社能于年余短时间内，一跃而称雄于西欧艺术界也。

该社设在巴黎蒙梭里大公园（蒙苏里公园）之旁，其中组织约分两大部，一为工作部，一为展览部，工作场设在社后，规模宏大，男女画工中外各半，不下十余人，环坐室中，或出图样，或俯首细心下色笔于玻璃器上，皆津津有味，毫无惨容，可见美术的工作不特不令人生厌，且能引起无穷之美感，乐而忘倦，皆疑化身为真美术家矣，其实该社宗旨不仅赐人以半工半读之便宜且欲栽培画工皆成为美术家而后已，此种高超之目的，诚为现世所罕闻。展览部设在会客室中，陈列得非常精致，四壁上挂有古今字画绣织品，古人为米氏之帖，赵雍[①]、赵子昂、董其昌、边文进等之画，今人如林风眠、刘既漂、王代之、曾以鲁君等之油画，湘江毛夫人等之绣品，其他如古代雕刻、瓷器等，则罗列于玻璃橱中，美不胜书。该展览部真是留欧艺术界午时之总展览会矣，室中最惹人注目者，便是该社所新创之工艺美术品，玻璃器占多数，玻璃花窗供教堂宫殿客厅之装饰用者，不下百余面。至于灯盖花瓶香水瓶等，则千百成群，不可胜数矣。

按中国从来只知以瓷器骄人，毫不注意于玻璃，近世玻璃用途之广大，非吾人所可思议，惟玻璃之术亦随之而兴。欧人对于此术，精益求精，新近所制玻璃器，其精美几可凌驾中国之瓷器（其实中国瓷器仅以质胜，并无他优点），识者皆意料将来玻璃可以夺瓷器之地位，其时夸耀世人之中国瓷器，便将宣告死刑矣，是故美术工学社亦应此需要而设，刘、王、曾三君之壮志，良可嘉也。

---

① 赵雍，字仲穆，赵孟頫次子，绘画有父风。

该社自创办以来，日益发达。本年五月间，曾以其作品参与史太斯堡中国美术展览会[①]，大得欧洲艺术界之赞赏。同时又以其作品参加巴黎春季沙龙（Salon），得最优等金奖章一面，因此名闻全欧。最近又参与秋季沙龙（Salon d'Automne），金奖章又指日可得云云。巴黎人士闻风而来该社展览部参观者，日不下数百，星期日则汽车盈门，拥挤不得入，皆欲一睹东方新美术品为快，欧美各大公司咸来定购作品，真有应付不及之气象，观此盛况，则该社前途无止境，国内热心志士若能挟资齐来襄助，则其发达真可一日千里矣。

该社总经理王君代之，曾于本年八月间被海外中国美术展览会总筹备处推举为总代表回国，搜罗古今工艺美术品，预备参与明年巴黎万国工艺美术博览会。闻王代之君现既抵沪，愿国内有志参与博览会者，请速和王总代表接洽可也（杨白十一月十一日）。

---

① 斯特拉斯堡中国美术展览会（Exposition Chinoise de L'art Ancien et Moderne，Strasbourg），1924 年 5 月 1 日—1924 年 6 月 1 日在法国斯特拉斯堡举行。

艺术研究会成立

佚名

［原刊于上海《申报》1924年3月12日第14版《留法艺术界新组织团体讯》，标题为编者所拟。］

留法艺术界新组织团体讯：近年来我国赴欧研究艺术者甚多，而以法国为最，仅以巴黎里昂计算，已有二十余人。闻在巴黎之刘既漂、林风眠、林文铮、王工①、曾以鲁、唐隽②、李淑良③、吴待④等发起一艺术研究会，以研究和介绍艺术为宗旨。中国留法研究艺术者，向无具体之组织，该会所具旨愿宏大，想将来对于中国艺术前途当有莫大供（贡）献，闻该会于本年一月二十七号在巴黎开成立大会，将发刊宣言，征求国内外具有同情之会员，并闻凡中外研究艺术的创作、理论及文艺，与该会表同情者，均有入会之可能云。

---

① 即王代之。

② 唐隽（1896—1954年），四川达县人，留法七年，获美学博士学位。曾任国立艺术专科学校璧山时期美术系教授。

③ 即李金发（1900—1976年），广东梅县人，1919年赴法学习雕塑。曾在上海美术专科学校、中央大学、国立艺术院、广东美术学院任教，亦是中国现代象征派诗歌代表。

④ 吴大羽（1903—1988年），原名吴待，江苏宜兴宜城镇人，早年在上海师从张聿光习画，出国前与朱应鹏等人发起成立晨光美术会，并曾任《申报》编辑，1923年9月29日赴法留学，1924年入法国巴黎国立高等美术学院学习油画与雕塑，1927年回国后曾在上海新华艺术专科学校、国立杭州艺术专科学校任教，被誉为国立杭州艺术专科学校的旗帜。1949年后居沪上，先后在上海油画雕塑创造室、上海画院等处工作。

霍普斯会之组织

佚名

［原刊于北京《中法大学半月刊》1925年11月15日第2期。亦曾刊于1927年12月31日及1928年1月1日、5日北平《世界日报》，标题为《留法学生组织研究美术学会，定名霍普斯会》。］

同学消息：霍普斯会之组织：留法同学专门研究学术之发达，不独生物、科学、农学等为然，即艺术、音乐，亦莫不潜心专修，蒸蒸日上。历考留学生所习科目之演进，始则群集于政法，继乃渐及于文理医药，然十年前致力旅欧运动者，虽谓学生分科肄习，独美术音乐之不易有其人。曾几何时，今日留法同学中专攻音乐者有其人矣，专习美术者且数十百人矣。美术同学以人数之众多，谋研究之便利，图将来之贡献，且有团体之组织矣。美术团体之最有精神者，其一为霍普斯会。霍普（斯）（PHOEBUSE）者，希腊艺术之神也。霍普斯会同学均于艺术有最大之抱负与能力，学习之余，又有展览中国美术于欧洲各地之志，欲藉此以扬国光而资研讨。去年曾举行之于史太师埠，今年曾参加万国博览会于巴黎（参看本刊前期），皆实行之初步，已博得各国人士之称誉，此皆记述霍普斯会时令人不忘者也。兹录霍普斯会简章如下，前附宣言，读之尤足觇其志之所存。

霍普斯会简章（附宣言）

艺术界诸君，何以中国的艺术停滞了数千年，不进化也不变化？何以从来无人整理中国的艺术，使成为有系统的艺术，何以自介绍西洋艺术入中国以来，国人不特不能彻底了解他，而且不得其头绪，反致生误会？第一就是因为中国人喜定恶变，根本无历史的观念，根本违背进化的公例。第二就是因为中国人从来不重视艺术，而当作无聊时之消遣，或高兴时之游戏，永不明艺术与人类密切的关系。第三就是因为中国人介绍西洋艺术，毫不根据历史的次序，毫无统系，毫无连续一贯的精神，加之介绍者对于西洋艺术，皆无历史的研究，只能凭其一知半解、零星枝节的介绍，所以至今中国艺术界，犹陷于混沌之境。我们组织这个会，根本的意思，就是要乘中国人有维新倾向的时候，改变研究和介绍世界艺术的态度与方法，群策群力，切实着手，整理中国远去的艺术，并同时各自积极创造新的艺术。

我们承认中国过去的艺术，是有他的特长，有不灭的精神，有历史上特殊的地位，有介绍给世界的价值，也是国民性过去的残花。无论他现在适合时代与否，无论他将来能复萌芽或进化与否，我们总应该抱学者态度，共同切实去研究他，根据历史的次序，切实去整理他，使为有系统的历史的艺术，同时选择其精粹，依年代之先后，介绍入西洋，供世界学者和艺术家之参考，俾中国固有的艺术，得全球艺术界相当的敬礼。这虽然是将来的事，但也是我们毕生所欲实现的大愿。

我们承认西洋艺术有他特别的优点，有他卓绝的精神，有研究的价值，有革新中国艺术之可能，有介绍的必要。因此我们应先抱历史的观念，共同切实研究他的特长，彻底了解他的精神，有了具体的研究，然后按历史的次序，切实着手把西洋艺术的纲领和精华，完全介绍回中国，俾国人可以明白西洋艺术的自古至今之沿革，进化，和精神，可以辨别东西艺术根本同异之处，及优劣之点，并且可以从中择长舍短，以适合时代之趋势。这种大规模的整体的介绍，虽非易事，但我们愿团结起来，以毕生的心力，去达到这个希望。

我们若根据历史上过去的事实，若统观数十年来万国思潮之交换，若细索东西艺术界将来之趋势，我们要承认东西艺术有调和之可能，将来西方可因此而产生新的艺术，东方亦可因此而产生特别的艺术，两方面之新艺术，又可调和再生，以至于无穷！这便是世界艺术将来之新生路！我们应当根据这共同的信仰，一面抱历史的观念，切实研究介绍和整理，一面随时代之倾向，和各人的个性，积极努力创造新的进化的艺术！我们毕生唯一之目的，便是如此！

我们希望艺术界诸君，明白我们的态度，赞成我们的宗旨，加入我们的团体，共同研究，共同介绍世界艺术，共同整理中国过去的艺术，共同贡献新艺术于人类。

定名：霍普斯会

宗旨：以研究和介绍世界艺术，整理中国古代艺术，及创造新艺术为宗旨。

会员：甲、凡徒意研究艺术，及有关于艺术之学，无宗教信仰，及军阀政党关系者，无论男女由本会会员介绍将其作品交由本会职员会审查通过后，得为本会会员。一、凡研究绘画、雕刻、建筑、装饰、音乐、舞蹈、诗歌、小说、戏剧，及工艺艺术者。二、凡研究美学、艺术史、艺术批评，及有关于艺术之学者。乙、凡热心赞助本会，由会员介绍，经职员会通过者，得为本会赞助会员。

组织：本会由总会、分会组成之，总会总理本会一切事务，分会分办本会一切事务。如有会员五人以上之地，得组织分会（其细则须酌量另订，但以不违背本会大纲为限）。总会与分会之会务经过情形，应随时互相通知之。

会务：本会应办会务如次：

一、组织研究会讨论艺术各种问题。

二、组织出版部筹办关于艺术之杂志及丛书等。

三、开设展览会展览非会员及会员之作品。

四、设讲演会：凡具有艺术上深奥之研究者，由本会延请讲演；又本会会员，有关于艺术上之特殊研究者，亦得组织讲演会宣传之。

五、设立艺术学校及艺术院等。

六、组织美术院、戏院、舞场、音乐院等。

七、组织整理中国古代艺术会。

八、发展瓷器、丝织物、刺绣、漆器，及各种工艺艺术等。

（附则）：以上各项事业，有办理之必要时，得随时提出由职员会通过组织委员办理之（办理法则由职员会随时订定）。

职员会：由总会会员选出总书记一人，书记二人，干事二人，会计一人，组织之，任期均以五年为限。职员去职者，应由总会会员开会补选之。

职务：总书记总理本会一切事务。书记办理一切文件及主理本会一切事务，干事助理本会一切事务，会计管理本会一切经费。

会员权利及义务：

一、凡会员均有选举及被选举权（所司职务以所在地为限）。

二、凡会员均有弹核（劾）本会职员之权。

三、凡会员均有参加本会展览会之权。

四、凡会员均有投稿本会杂志及编辑丛书之权。

五、凡会员均有享受本会代为介绍相当职业之权利。

六、凡会员有留学各国及考察各国艺术者，均有享受本会介绍及招待之利益。

七、凡会员学成归国者，均有享受本会招待之权利。

八、凡会员作品均有享受本会代为设法出售之利益。

九、凡会员均有享受本会代为选购东西洋各种书版之利益。

十、凡会员有严格遵守本会宗旨之义务。

十一、凡会员均有共同发展本会进行之义务。

（附则）：凡会员有违背本会宗旨，及败坏本会名誉者，得提出由本会公决出。

会期：会期分三种：一、常会每月两次。二、大会每年一次。三、特别会议无定次。以上三种集会，均由本会书记通知全体会员行之。

会费：入会费廿（二十）方，常年费十方，特别费临时征集之。

募捐：本会主办重大事业之经费时得设法向外募捐。

会址：总会暂设巴黎国立美术专门学校。

附则：本会章程，如有未尽善处，得随时提出，经职员会赞同后，开会修改之。本章程由公布之日起，发生效力。

通讯处：海外中国美术展览会巴黎总筹备处。37，Rue de l'amiral mouchey PARIS xlll Franee

旅欧华人第一次举行中国美术展览大会之盛况

李风白[1]

［原刊于1924年7月29日、30日上海《时事新报》第12版（署名『李风白』）；亦刊于1924年8月25日《东方杂志》第21卷 第16期（署名『李风』）。］

在法国史太师埠（斯特拉斯堡）开会—留欧美术团体之筹备经过—中法政学界之极力赞助—会场之布置—作品之搜集—新画之批评—开幕之详情—外报之宣扬—今后之希望

旅欧华人最近有一最新最要最有意义最有精神之组织，论性质属于学术文化之研究，论影响实为中国在国际上作一有力之宣传。其事云何？即在法国史太师埠（斯特拉斯堡）举行中国美术展览大会是也。

周虽旧邦，其命维新。我中国本以老大著于世界。四五千年之文明，虽仅为历史之陈迹，近代以来，学术发明，虽于人类无若何之贡献，然中国之美术，实为全世界所重视。且其代表中国民族酷爱和平之心理，尤为热心国际和平之士所屡举以告其邦人。此虽非中华民族立国唯一之精神，实为中国人民在外国唯一可以自豪之物。所最可惜者，中国政府与人民，向来短于国际之活动与海外之宣传。欧美日本无不注意其在外国社会中之舆论与名誉，而中国则每置若罔闻。例如日本，则常由政府辅助，使其国外侨民得作种种之宣传（如集会、著书、印报、通讯等），以联络外人之情感。中国则对于各地侨民生命事业之安危，且不能为相当之保护。又如去年日本人能以政府经费于巴黎举行大会，展览日本美术。中国则无此举动。又如明年巴黎万国工业美术赛会，日本政府早已奖励其人民准备参加。于巴黎则布置会场，于国内则精制作品。中国则至今几不知有其事。经各方热心人士之注意，促问中国当局，而官场往来，一纸空文，彼推此责，不落边际。明年之会，是否不因不去参加而丧失国体，尚成可虑之疑问。中国在国际上每失其应享之权利，与应有之地位。欧美社会，亦多不知中国文化之真价。每见中国出产可贵之物，概归之来自日本，呼为日货。一见华人衣履稍微完整者，即不信其为黄帝子孙而辄呼为日人。其报纸所揭载，戏馆电影所排演者恒为

---

① 李风白（1900—1984年），湖南芷江人，1924年考入巴黎国立高等美术学院，1929年担任杭州国立艺术院美术教授，1946年加入中国共产党，在外文出版社工作，翻译了毛泽东《新民主主义论》《中华人民共和国宪法》《毛泽东选集》等。

鸦片、劫财、杀人放火诸事。其为一般社会所乐道而不倦者，则为男子之发辫与女子之小足。在西人心目中，中国民族为一污浊残忍老大萎靡之民族而已。岂尚知中国有五千年之文明？岂更知中国文明尚有可贵之美术？故此次史太师埠（斯特拉斯堡）中国美术展览会除学术一方面之作用外，其为中国在国际上所作之宣传，其关系实至大而至要。想我国人，对此创举，无有不乐闻其详者。

史太师埠 Strasbourg（斯特拉斯堡）为法国极东境一大城，即旧日亚尔萨斯（Alsace）都城，以莱茵河一桥而东邻德国。百年来德法争之不遗余力。其地之重要可想而知。城中居民与外间入境游客，多为德法两国人民。其所刊报纸杂志，亦有德文法文两种。中国美术展览会本拟先后开遍欧美各国，故第一次即开会于史太师埠（斯特拉斯堡），即以一会而可得德法两国人民之观览也。

中国美术展览会发起于留法美术界同学，并联络留学德比英意诸国美术界所协力组成。留法美术界有两大团体：一名霍普斯会，专重美术学理之研究者。一名美术工学社，注重美术工艺之制造者。此次展览会即由两团体并联合外界同志中推举林风眠、刘既漂、林文铮、王代之、曾以鲁等十人为筹备会员，主持其事。外间学界则多被邀请为名誉会员。正在旅居史太师埠之蔡孑民校长及前里昂中法大学副校长褚民谊君被请为正副名誉会长，一致赞襄。其搜集作品与会务之筹备，实始于去年年底。其最尽力于其事者为王代之、曾以鲁、刘既漂三君。先由美术学会等捐金进行，至今年二月初，才正式成立中国美术展览会筹备委员会，向外界发布公告，加征作品。

《史太师埠（斯特拉斯堡）中国美术展览会征集展览品启事》

中国美术古国也。各种作品，向为世界各国所重视。中国古代之美术，亟待整理。东西两洋之美术思想，亟待调和与研究。中国未来之新艺术，尤待创造。然中国美术作品，在西洋各国从少展览。既无以餍西人观赏之愿望，尤无以供西洋美术专家之批评，而资有志创造中国美术者之借镜。中国美术数千年来无进化亦无甚变化，此实一大原因。敝同人等学于巴黎，居世界美术中心之地。专攻美术，又负介绍与创造之责。因特组织中国美术展览会，广征中国古代近代各种美术作品，细加审查，分门别类。先后在法比各大城市并拟推及欧洲各国，开会展览，预定明年参与巴黎万国美术赛会。此举关系尤为重要，故在事前，尤不得不有充分之准备。今以法国各大城市之展览会，一若为参加明年世界大会之预备会。以一年间之时日，合多数次之展览，作品愈征而愈多，经验愈积而愈富。作品选择愈精，经验富庶，布置有序。随时征集，随时展览，随时研究，随时改良。既使法国各地、欧洲各城，群知中国美术之真价，又为参与明年大会建立一大基础。此敝同人等组织中国美术展览会区区之微意，务期事半而功倍，一举而数得也。现在第一次展览会已定五月二十一日起讫七月某日止，在史太师埠（斯特拉斯堡）举行，已经征得各项作品数千种。唯中国美术美不胜收，向外宣扬，多多益善。我国人民向富爱美之心，国内国外不乏收藏之士，倘承各献珍异，共襄盛举，无论借观，或系寄售，同为国粹，一体欢迎。所有详细办法，另纸订陈，尚祈察览，力予赞助，至为公便。中国美术展览会筹备委员会启。

此会组织，虽由留学美术界所发起，而中法政学界之赞助，极为热心。驻欧各国中国公使馆亦皆欣然相助。

会场为莱茵河宫（Palais du Rhin），即德皇旧行宫，外观极为壮丽。宫内正殿作为会场，分三大室：中厅陈列古代美术品，多图画。两旁大厅，悬置近代作品，图画、雕刻、刺绣等均备。殿内外各处，均悬以极精美而新制之中国式灯彩（褚君民谊等自制）。场内电灯无数，每日电灯费，如使用全日，亦需数十佛郎（法郎）。事前布置一月有余。由刘既漂君等经手其事（开幕以后，则由王代之君经理）。每日工人十余，亚罗省署美术司派来之秘书等员，尚不在内。故专就布置会场言之，闻其用费已近两万佛郎（法郎），亦可见其规模之大矣。

作品搜集亦极完备。古画类中，则自唐代起，每代均有代表名家如吴道子、赵松雪[①]、仇十洲等之真迹大轴数幅。雕刻类中则有汉玉、明瓷、明清木器、铜鼎之类。其他留学美术界之新画，国内收来之刺绣尤为繁多。绘画、雕刻等类之外，亦略陈中国书法，以备一格。古字有米元章[②]、文徵明等之墨迹；今字有蔡孑民、王亮畴[③]、陈籙[④]、萧子昇、郑毓秀诸君等之手迹。工艺美术品则以美术工学社之作品为最出色。合各种作品编印有最精美之目录一书，书前冠有蔡孑民校长之序言。兹照录如下：

一民族之文化，能常有所贡献于世界者，必具有两条件：第一，以固有之文化为基础；第二，能吸收他民族之文化以为滋养料。此种状态，在各种文化事业，均可见其痕迹，而尤以美术为显而易见。

吾中国之美术，自四千年以前，已有其基础；至于今日，尚能保其固有之精神而不失。其间固尝稍稍受波斯、希腊、罗马诸民族之影响，而以二千年前受印度文化之影响为最大。自建筑、雕塑、图画、音乐，以至日用文饰之品，殆无不有一部分参入印度风，而仍保有中国之特色。故美术日形复杂。至近今数十年，欧洲美术渐渐输入，其技术与观念，均足为最良好之参考品。是以国内美术学校，均兼采欧风；而游学欧洲，研究美术者，亦日盛一日。

研究美术之留学生，以留法者为较多，是以有霍普斯会与美术工学社之组织。其间杰出之才，非徒摹仿欧人之作而已，亦且能于中国风作品中为参入欧风之试验。夫欧洲美术参入中国风，自文艺中兴以还，日益显著，而以今日为尤甚，足以征中西美术，自有互换所长之

---

① 即赵孟頫。
② 即米芾。
③ 即王宠惠。
④ 即陈箓（1877—1939 年），福建福州人，民国时期外交家，是中国第一位在法国获得法律学士学位的留学生，时任驻法公使。

必要。采中国之所长，以加入欧风，欧洲美术家既试验之，然则采欧人之所长加入中国风，岂非吾国美术家之责任耶？

霍普斯会及美术工学社同人有鉴于此，是以有中国美术展览会之发起。迩者，承吾国陈公使之提倡，法国戴尼司局长之协助，得在史太师埠（斯特拉斯堡）开第一次展览会；最先入选者凡千余品，具为目录。其中可别为三类：一、中国固有之美术。此次所陈列者仅为留欧同人行箧中之所有，势不能为有系统之介绍；然管中窥豹，亦可见一斑。二、完全欧风之作品。三、参入欧化之中国美术。此两类均不外乎留欧同学之作品，虽未足以包中国新艺术之大观，然中国学者是否有吸收欧化之能力，是否有结合新旧之天才，均可于此见其端矣。元培受两会同人之委托，参与会务，爰志数语于目录之端，以明斯会之旨趣。

中华民国十三年五月蔡元培

新画中殊多杰作，如林风眠、徐悲鸿、刘既漂、方君璧①、王代之、曾以鲁诸君，皆有极优之作品。新雕刻则有吴待、李淑良②诸君之作品。尤以林风眠君之画最多，而最富于创造之价值。不独中国人士望而重之，即外国美术批评家亦称赏不已。林君盖中国留学美术者之第一人也。

五月二十一日开幕，先日巴黎里昂各方面人士，如陈公使夫妇③，王亮畴、郑毓秀、萧子昇、谢东发④、曾仲鸣⑤诸君外，又男女同学多人，均抵史太师埠（斯特拉斯堡）。记者亦在队中，由巴黎同车出发，到史（太师）埠（斯特拉斯堡）后所寓旅店，店主特悬中国大旗，以示敬意。二十一日下午四时，由蔡孑民、褚民谊两君邀请中法各界约八百人茶会，有演说，史太师埠（斯特拉斯堡）总督并致谢词。是晚九时正式开幕，请我国陈公使，法国史（太师）埠（斯特拉斯堡）总督主席。各作开幕词毕，继之以郑女博士毓秀之演说，议论风生，倾动满座。继由郑毓秀之幼年侄女代表筹备委员会宣读谢词，向史（太师）埠（斯特拉斯堡）总督，大学校长，美术司长，中国方面陈公使、蔡校长、王亮畴、褚民谊、郑毓秀、萧子昇、谢东发诸君一一致谢赞助。郑小女士妙龄和声，法语极为流利，听客多趋前与之握手接吻。继由李树华⑥、唐学咏⑦君等作中国音乐，笙箫琴笛俱备。继由李鸿明、张雅南、潘惠椿、朱一恂四女士唱中国歌，声响如云。最后由褚民谊、王代之君等演戏法以助余兴。直

① 方君璧（1898—1986年），福建人，是中国20世纪初杰出女画家，1920年考入巴黎国立高等美术学校，1925年回国后曾执教于广东大学。

② 即李金发。

③ 指驻法公使陈箓夫妇。

④ 谢东发（生于1880年，卒年不详），生于法国的中法混血，法学博士，曾任中国报界办公室主任、驻法公使秘书等职。

⑤ 曾仲鸣（1896—1939年），福建人，1912年留学法国，获文学博士学位。历任国民政府秘书，交通部、铁道部次长等职，是著名女画家方君璧之夫。

⑥ 即李树化。

⑦ 唐学咏（1900—1991年），江西永新县人，1922年考入里昂国立音乐院，1930年回国，任中央大学艺术院教授，是中国音乐教育的先驱。

至十二时始散。观众约三千人，全宫拥塞不得其门而入者，尚不计其数。二十二日下午四时在会场内举行中国美术演讲会，由谢东发君演说，并助以三色玻璃影片，解释中国各代之美术。是晚八时由筹备委员会宴请中法政学界约五十人于红楼[史（太师）埠（斯特拉斯堡）最大旅馆]。席间陈公使、法总督均有最好之演说，史（太师）埠（斯特拉斯堡）大学校长亦有谢词。蔡校长尤欣然为学理之演说，发挥其美术与科学可以调和之意，听者尤受益不浅。兹录其演说词于次，乃蔡校长所手著之原稿也。

这一次，我们在欧洲研究美术的诸同学，发起一个中国美术会，由研究科学的诸同学共同经营，并受中法各方面同志的赞助，业于昨日开幕，参观的都很满意。诸同学赞扬祖国美术的热心，与要把祖国美术与世界美术互换所长的希望，都已表示出来。今日又承诸同学在此举行宴会，代表我们祖国的陈公使与各位来宾、法国方面这次赞助展览会的官吏与学者，都肯光临，这实在是一个非常的盛会。我于感谢诸同学与来宾之余，有一种感想，就是学术上的调和，与民族间的调和。

有人疑科学家与美术家是不相容的，从科学方面看，觉得美术家太自由，不免少明确的思想；从美术方面看，觉得科学家太枯燥，不免少活泼的精神。然而事实上并不如此，因为爱真爱美的性质，是人人都有的。虽平日的工作，有偏于真或偏于美的倾向；而研究美术的人，绝不致嫌弃科学的生活；专攻科学的人，也绝不肯尽弃美术的享用。文化史上，科学与美术，总是同时发展。美术家得科学家的助力，技术愈能进步；科学家得美术的助力，研究愈增兴趣。看此次科学家与美术家共同布置的情形，与今日欢宴的状况，也可以证明的。

有人疑两民族相接触，为生存竞争的缘故，一定是互相冲突的。但是眼光放大一点，觉得两民族间的利害，共同的一定比冲突的多。就是偶然有冲突的，也大半出于误会；只要彼此互相了解，一定能把冲突点解除的。性质相异的两民族互相了解地进行，稍难一点；若性质相近的，进行很易。我觉得法国人与中国人性质相近的很多。例如率真、和易、勤而不吝、自爱而不骄、不为偏狭之爱国主义而牺牲世界主义，都是相同的。在美术上都是优美的多，很少神秘性与压迫性。看此次展览会承法国官吏与学者竭诚赞助，与今日在此欢宴的状况，也是可以证明的。

我向来觉得美是各种相对性的调和剂，今日感到这两种的调和作用，我觉得非常愉快。我再谢谢诸位同学与诸位来宾给我这么一个机会。

二十三日午，由法国驻史（太师）埠（斯特拉斯堡）总督宴请中国政学界代表，赴席者除陈公使夫妇及其随员外，为蔡校长、王亮畴、郑毓秀、褚民谊、萧子昇、谢东发、林文铮、刘既漂诸君。是晚八时，由陈公使宴请中法政学新闻各界约七十余人于红楼。席间宴后，均有种种中法亲善之谈话。

史太师埠（斯特拉斯堡）离巴黎七八小时火车，而此次开会，巴黎各大报几无不登载其事。至史太师埠（斯特拉斯堡）城内之德法各报，则尤连日满纸，极口称扬。其报馆主笔在席间语吾人云：史（太师）埠（斯特拉斯堡）报界一周以来，专忙于记载中国美术展览会之事而已。于是华人之游行于街途者，德法人遇之，无不致敬。有由史（太师）埠（斯特拉斯堡）回巴黎者，途间车停各埠，外人登车者无不以史（太师）埠（斯特拉斯堡）美术会事相问，即此一端，亦可见其影响之非细矣。

欧洲各国之有中国美术展览会，此为第一次。记者记述华侨消息而最有趣味者，此亦第一次。所最希望于国内外政府当局与同胞者：于研究美术宜为有力之提倡；于国际宣传宜为不断之注意；于明年巴黎万国美术赛会务必参加庶不失中国之颜面。

一九二四年六月五日李风白寄于巴黎

巴黎万国美术博览会延期

佚名

［原刊于1925年5月17日上海《时事新报》第3版，亦载于1925年5月12日《时报》第4版《巴黎万国美术博览会消息》。1925年5月8日、9日天津《大公报》第4版《各国会场布置未竣 法政府拟延长会期为一年 中国筹备方面因此益图进取》。］

巴黎万国美术工艺博览会，各国政府人民，纷纷准备参加。唯会场大规模之建筑，虽有自去年暑期兴工者，因特别材料之运输，及各国自然景物如花木等之移植，费工需时，仍难如期告竣，与中国会场挨近之苏维埃厅，仍不过由空坪划立基础。其他距离较远之国，因各种关系，亦难以一时就绪，故各国出品者，有提议向法国政府要求延长会期。据法工商部特派之筹备总督达卫氏语人云，各国工商界固早有此拟议，本国政府，亦曾拟自动地延长会期，自本年暑假至明年暑假为一年，有人询及中国会场之情形，达氏答称，贵国驻法官厅（指驻法总领事馆），及海外中国美术展览会代表，曾请本会指拨会所，唯为时已在各国预定地段之后，经本会委员向各国交涉，并由工商部长特别知照，得在巴黎大宫正殿，划定二百一十一法码方尺之地段，适在法国本国陈列厅之右，俄国陈列厅之左，前为奖品陈列大厅，位置极其重要云云。

昨晤中国筹备处交际征集两股主任刘既漂、曾以鲁二君于万国博览会场，询及前次伦敦巴黎及各方侨商在驻法领事馆会议情形，据答，正式合同业已签字，连日正在此大兴土木，专门工匠，由娴习国技之华工担任，由建筑专门家督率动工，进行异常神速。会场中门，拟龙凤朝阳式，为一圆珠形云。

参加巴黎万国博览会之筹备，驻法陈公使特派回国接洽代表王代之，此刻尚在北京筹备一切。上海方面已由筹备主任刘海粟与总商会总务主任徐可陞会同办理，在六个月内，中国出品得源源赴法陈列云。

巴黎万国美术工艺博览会开幕情形及中国会场记略

乐雨田

［原刊于1925年6月28日上海《时事新报》第10版《巴黎万国美术工艺博览会开幕情形及中国会场记略》，亦刊于1925年7月2日《申报》第7版（少开头三段）。作者署名及外人外文名字据《申报》补充。］

极繁华而极精彩，至新颖而至奇特之巴黎万国美术工艺博览会，已于上月二十八日正式举行开幕矣。记者曾以记者资格被邀请参与开会式，记者以为此种盛会，诚人类空前之创举，文明之结晶，不得不将有所触于吾心者，告吾国人。

近一年以来，大皇宫至军事博物馆一带，虽皆纷纷兴工，但因规模太大，成功不易，故至开幕之前数日，除日本新建之厅及丹麦之陈列室筑成外，余皆草草设备，需工甚大。

本日开会式行于大皇宫之正厅，筑有极长之阶级，名曰“荣梯”，绘此厅之图者，即万国博览会之总建筑工程师雷特耳先生是也。午后二时起，由总统府派出之国家守卫队约数千人，均是长尾铜帽，雄赳赳地布满了会场前后，同时以鸣炮为开会礼，俄而法总统各阁员及各国公使、各国会场总办、两院议员、各种贵族式男女来宾，不一时间而立满荣梯，由上而下窥，不啻墙壁层层，妇女丛中，恍如玫瑰大放，可见参观者之众也。

法总统多麦克（Doumerque）行开会式，曰“我开放巴黎万国美术工艺博览会”，继由教育总长蒙济（Monzie）演说，谓吾法国自1900年举行万国博览会以至今日，期间艺术人才辈出，艺术事业日进不已，总计吾法学生四万人，此四万学生中，当有一千余艺术家日日从事创造新艺术，然后暂有今日之结果。吾法前后之二大会，鄙人皆参与组织之林，以视今日之广大无垠、奇巧夺目，吾当为吾法兰西各种艺术家脱帽以致敬，更当为吾法兰西民族祝进于无疆云云。继而万国博览会总办（Commissaaire General）戴渭（David）先生致谢各国参加之盛意。各国参加总办团公推瑞士公使（公使兼总办）斗朗（Dunant）先生答词毕，然后宣布散会。

中国会场总办为驻法中国总领事赵诒涛先生，本日午前九时，吾国总办随各国总办团进谒法总统，万国博览会总办戴渭先生引导，彼此俱有极诚恳之演说，大致谓人类希望和平，非藉艺术之力不为功云云。继随法总统至凯旋门（Etoiele）对死亡将士祠行默祝礼约十分钟，以示不忘壮士血之意耳。

记者本日承海外中国美术展览会巴黎总筹备处交际股主任曾以鲁君引导，得参观中国之部。中国之厅所占位置极佳，由举行开会式之处，相去仅百余伍。即法国陈列厅的右边，音乐厅的左边，奖章厅与俄国厅之后边。前门为一龙凤朝阳之式，太阳系一半圆圈，中法文并书，曰中华民国（China）。上悬中国式灯笼一对，门旁置有玻璃瓶一大对，系美术工学社刘既漂君所手置。进门又为中国式灯笼一线，十余个，两旁则为中国出品者约七八家，各有小室一间，陈列各有不同，装饰亦互有颖异。厅之落尾，则为中国政府之厅二间。此会场布置之大概也。全厅皆为银灰二色，以便各种陈设物之显著，唯书中华民国之太阳则为朱红色，尤其夺目而特异。此种装饰法，诚有色彩之研究者也。曾君曰：吾国政府汇款太迟，批款又少，去开会前一月，才由王总代表电寄四万方，在各国比较之下，还不值人家一个柱头之花费，然该总筹备处热心劈划，不遗余力，卒有今日之结果。虽不敢谓在全场露有头角，但亦不致失国家之体面。偌大会场中，不啻一瀛洲小角，诚望之而起敬也。记者至此，亦不禁谨为吾国艺术家脱帽以致敬。是为记。

海外通信社乐雨田稿，巴黎，五月二日

刘氏建筑展览会

佚名

［原刊于1927年10月18日上海《申报》第17版。］

艺术家刘既漂君曾在巴黎美术专门学校毕业，既遍游意大利、瑞士诸国，便途于今夏经莫斯科回国，此来本应前北京国立艺术专门学校之聘，嗣以北京改组九校，刘君乃邀同林风眠、王代之、林文铮、吴大羽诸君一起南下，拟将其最近作品在沪开一极精彩的建筑展览会。我国建筑人才既不多见，而有所建树如刘君者，尤属凤毛麟角。建筑展览会，此为创举，而刘君之作品调和中西，数量多，质量精，以是杰作享世人，沪上不少艺术界同志，则此会之盛，又可预期矣。

建筑家刘既漂由欧回国

佚名

［原刊于1927年11月23日，《民国日报》第6版。］

刘氏于民国八年赴欧，专门研究美术建筑，兼习绘画，在巴黎国立美术专门学校毕业后，亲身实习，建造有大规模之跳舞场及旅馆多所，如巴黎万国博览会中国部，亦为刘氏所筑，极为欧洲现代艺术界所赞赏，并得法政府名誉大奖章。闻刘氏近年来云游意大利、德国、瑞士、比利时、荷兰等国，极力考察欧洲各国建筑，甚有心得，现由西伯利亚回国，经过北京来沪，拟开个人展览会。闻刘氏到沪未久，即抽身往宁，从事调查新都市面，预备发表新都改造计划，并筹备创建筑学院。现刘氏暂寓蔡孑民先生处，极为蔡氏所重，刘氏将来对于中国建筑前途，必有极大之贡献云。

名建筑师刘既漂到杭

佚名

［摘录自1928年2月25日《中央日报》第7版《积极进行中之国立艺术院，名建筑师刘既漂到院，聘定有名教授多人，开学约在四月一日》。现标题为编者所拟。］

吾国之研究建筑者，以土木工程为最普遍，美术建筑则颇不多见。今艺术院图案系主任刘既漂先生，系中国研究美术建筑者，对于建筑，极有研究。该院原拟设立建筑系，请刘君主其事，后因经费问题，遂另行设立图案系，仍由刘君主任。刘君于一九一九年赴法，去年冬方始归国。留欧共八年。前三年研究绘画，后改习美术建筑，历德意志、意大利、比利时、荷兰及瑞士诸国，创立巴黎美术工学社，海外中国美术展览会筹备处。一九二五年，得巴黎万国博览会大奖章。本年首都举行第一届美术展览会，刘君得有非常之荣誉。今主任艺术院图案系，可谓得人。刘君并藏有图案画多幅，不日将在沪杭举行个人展览会云。

已定之教授职员：国立艺术院，为中国之最高艺术学府，所有教授，由林院长与大学院蔡院长多方罗致学识经验丰富者担任，职员亦办事干练。兹将已经聘定之教授职员姓名探录如下：教务长林文铮，中国画系主任潘天授[①]，西洋画系主任吴大羽，图案系主任刘既漂，雕塑系主任李金发，教授为克罗多、李朴园、刘开渠、王子云、王代之、孙福熙。总务长为王代之，庶务科主任为邹燕孙。其余文牍科、会计科、校具科，尚未发表。前国立北京艺术专门学校秘书杨君，现亦在该院担任要职云。

出版科行将成立：艺术院为便于出版起见，特在总务处下设一出版科，聘请技师一人，主任其事，专办石印。院中之一切出版物，均由该科印行，所有图案，将由刘既漂先生担任云。

---

① 即潘天寿。

修理中的国立艺术院

佚名

［原刊于1928年3月1日《中央日报》第7版。］

杭州新闻通讯社云：西湖罗苑国立艺术院，自接收照胆台及三贤祠以作校舍后，该院院长林风眠氏，特请图案系主任刘既漂主持修理布置事宜。现已决定将三贤祠开作教室，照胆台作为男生寄宿舍，正在积极修理中。女生寄宿舍则设于罗苑内。并且该院注重运动，特在照胆台内开置网球场二所，足球场一所及湖船六只，以便教职员及学生运动。学生寄宿舍则以欧洲最新式建筑方法布置，更拟布置展览会一所，长期展览教职员及学生之作品。在断桥前与西泠桥后置牌楼三座，均题以艺术之区四字，其作风为未来派之东西沟通建筑云。

全国美术展览会筹备讯

佚名

［原刊于 1928 年 11 月 3 日上海《时事新报》第 12 版。］

明年 1 月 1 日开幕之全国美术展览会，筹备已颇有头绪，自征求作品之通告发出后，应征者甚为踊跃，且闻日本方面已索去出品填单七百余份，恐日本作家出品将远过于中国作品之数，故该会秘书林文铮于日内赴京筹划特别宏大之展览会场，并邀建筑家刘既漂偕行规划。盖前在法所开万国博览会及法国史太师埠（斯特拉斯堡）中国美术展览会，均为刘氏所布置，会场中将设一音乐厅，全用立方派（立体派）装饰，开会时将演奏音乐家李树化最近作曲调云。

西湖博览会近讯：艺术股积极进行

佚名

［原刊于1928年12月31日《申报》第13、第14版。］

西湖博览会筹备至今，大致已有可观。近鉴于全会点缀，关系各方观瞻，非有艺术之布置与装饰不可，故特设艺术指导组，为全部之设计，聘请建筑师刘既漂为主任。成立以来，刘君悉心规划，不遗余力，内部分建筑、图案、陈列三课，每课各设组长一人，以便分工设计与审查，日内草拟简章、整订事细则，及委派办事人员，积极进行。关于建筑大礼堂、工业馆、门面图样，业已分向海上专家征求，对于会中建议设置音乐亭、喷水池、问讯处、买报亭及全场各部之装饰，并主张建筑模范都会，及乡村平民房舍，以为提倡。闻刘氏留法多年，建筑一项，积有研究，在海外亦多有工作表现。一九二四年曾为法国史太师埠（斯特拉斯堡）美展全部设计，一九二五年主持巴黎万国博览会中国馆设计。回国后，任国立艺术院图案系主任，亦多有计划。近又为浙大图书馆及阵亡将士纪念塔计划图样，《贡献》旬刊中曾出有专号绍介。此次该会请刘君主任其事，人地两宜，堪为西湖博览会庆得人也。

西湖博览会进行之沪闻，八馆门面归艺术股设计，中国旅行社派代表赴杭

佚名

西湖博览会自筹备以来，因时期迫促，各项工作，十分繁杂。近经特种会议议决，对于该会工程及美术建筑，为求迅速起见，重又分配，以大门及八馆、特种陈列所、音乐亭归艺术股设计，添请曾克能、余谦肃二建筑师襄助绘图。该股主任刘既漂因八馆性质不同，每馆各施以特殊意义之装饰，新奇美观，两臻其美。至音乐亭则全用西湖天竺竹搭成一喇叭式，尤觉别致。惟每馆门面建筑装饰，会中预算以一千元为限，不得超过，刘氏以经费太少，工作未免草率，有损美观，而会中经费困难，亦属实情，为图双方兼顾，煞费计划。至中国旅行社，对该会颇为热心赞助，特派代表庄铸九与李镜如向该会接洽妥当，在大门口设一办事处，以便招待一切。并为便利游人起见，拟捐装大自鸣钟于大门顶层云。

［原刊于1929年1月30日《申报》第15版。］

西湖博览会要闻

佚名

［原刊于1929年2月5日上海《时事新报》第10版。］

西湖博览会筹备多日轰动全国，极为社会人士所注意。程建设厅长统筹全局，何总务处长总理，会务十股主任分任专责，均擘画经营，忙碌异常。程氏以布置美观，关系全场观瞻，故请留法美术建筑师刘既漂任该会艺术股主任。刘氏年少英俊，勇于为公，以艺术股任务既重，方面又广，恐有负委托，故日夜工作，不辞劳苦。闻大门内部各项布置已设计完竣，即将次第兴工。刘氏为表扬中国新艺术起见，拟利用时机，在开会时门内过道绘成高二丈，宽三丈半之壁画六幅，请艺术院教师龚珏[①]、雷奎元[②]、孙昌煌[③]、龚家驹及画家黄吟笙、王玉书分任构图，藉作宣传。至门内拟置以两个大窟窿式天花板水门，码头则用立方体灯柱，作风奇特，极能惹游人之注目。门内共有办公处三厅，第一处系中国旅行社，一切布置，均由该院委托。刘氏设计采用新派作风，藏光装置并拟挑选当代名画十余幅，以为活动广告，至室内天花板则代以彩色玻璃，上置灯光，另施以与该社事业有关系之新派图案，可谓竭想象之能事。该社沪代表庄铸九君昨又为此事来杭接洽。第二处系铁路局办公室，第三处系警卫队办公室，亦均施以相当之装饰。至大门顶层，则由旅行社装置十尺周围大之自鸣钟一口，钟声洪亮，报时准确，与上海跑马厅江海关相较有过之无不及云。

---

① 时任国立艺术院图案系教员。

② 即雷圭元（1906—1988年），原名雷奎元，字悦轩，上海松江人，工艺美术家、工艺美术教育家，时为国立艺术院图案系助教。

③ 时任国立艺术院图案系教员。

首都三大建筑之设计，刘既漂设计绘图成集

佚名

［原刊于1929年2月21日《申报》第15版，《中央日报》第7版，《民国日报》第10版，《时报》第5版《建筑新声：刘既漂之设计》等。］

革命完成，训政开始，建设呼声，高唱入云，然观瞻所系国体攸关之首都建筑，如中央党部、国民政府五院及国民命军纪念堂，尚无巍峨壮丽之建筑，似犹美中不足。名建筑家刘既漂有鉴于此，不辞劳瘁，殚心设计，于数月内画成中央党部图样五幅、国民政府五院图样八幅、国民革命纪念堂图样二幅，已摄影成册，拟分赠党国要人。全书分甲乙两集。甲集系首都三大建筑，有图十五幅。乙集系合并甲集外，再汇某图书馆、大学校舍、公司、戏院、巴黎万国博览会、史太师埠（斯特拉斯堡）美展会、西湖博览会、新村建筑、北伐阵亡将士纪念塔、跳舞场、公园及艺术院之改造等图，共计五十余幅。刘君此书，作风则新颖奇特，装饰则富丽堂皇，在国内美术出版物中得未曾有。至该书封面以蛋壳纸上加银灰色装饰线条，再嵌以黑色图案题字，尤为精致美观。闻刘氏留欧十年，专攻建筑，研究既久，故造诣颇深。在法时，因参加巴黎万国博览会及史太师埠（斯特拉斯堡）美展会设计，备受该国当局之赞誉。出版此集，于刘氏数年来苦心创作之成绩，得以表见。对于党国建设上，亦不无有所贡献云。

西湖博览会艺术股分配工作

佚名

杭讯：西湖博览会自决定延期后，各股工作，均扩充范围，而以艺术股为尤甚。因各馆门面之设计及美术装潢等项，皆由该股完全负责办理。最近又有将白堤改为花堤之议。闻亦由该股负责设计云。限制大门木架，业已完工，正由该股进行装潢工作。筹备委员会现决采取分工制度，即凡由艺术股设计之木架，概由工程处携工办理，其余关于美术装潢等项，则由艺术股负责办理。该股主任刘既漂氏日来为各馆门面设计图样，煞费苦心。该股建筑师曾克能君，亦忙碌异常，现在卫生馆、博物馆、丝绸馆、音乐亭、革命纪念馆及特种陈列所等门面之第一步图样，已交工程处开始进行工作。闻其他各馆门面图样，亦将陆续脱稿矣。

［原刊于1929年3月17日《民国日报》第8版。］

开幕在即之西湖博览会

叶曾骏

［原刊于1929年5月26日《申报》第21版。］

望眼欲穿之西湖博览会，将于六月六日开幕。计距今已仅及旬。其热闹情况，自可预卜。西子湖头，车水马龙，电炬彻夜，欢声震天，当为民国以来未有之盛事。而日来建筑近况，想为对此有兴趣者之唯一注意之事，兹就会中工程所耳闻目睹者，摭杂记之。

西湖博览会之能引起全球注意，一则为民国成立十八年来博览会之第一声。历来革命伟人之纪念物，均陈列一室，为亘古韵事。二则西湖之幽美，早蜚声全世界，韵事佳景，相得益彰。故此次会中馆址，除大礼堂、工业馆为新建筑物外，他如艺术馆设罗苑中，博物馆设孤山之巅，丝绸馆设葛荫山庄，教育馆设西泠印社，卫生馆设俞楼，革命纪念馆设孤山麓。或大加修葺，或添筑新屋，已臻尽善尽美之境。

会中建筑物，多为刘既漂先生设计，故均富有美术思想。大门跨断桥之堍，计马路四条，纵横交错其前。正面高三层，为西洋式，色如湖波，美妙悦目。后面为宫殿式，画栋雕梁，气象壮伟，现粉饰已将竣事。门上共计电灯数千盏。大礼堂内部为戏院式，壁色粉红洒金，既艳且壮，为海上各戏院所未有，足容数千人。他日梅韵秋痕，并现于红氍毹上。闻梅畹华①、程艳秋②等将联袂来杭，更当传为佳话。

马路均铺柏油，路阔数丈。每隔数十武，建一亭，且式样各个不同，以便游客驻足。或茅亭，或竹亭，使炎炎夏日，可无炙肤之苦。博物馆中建铁笼四，木笼十数，均为陈列海内珍禽异兽之用。孤山空谷传声处，建木桥长数十丈，直达大礼堂门首。桥上建六角亭一，四面亭二，临波独立，为西湖增美不少。

亭式最新奇者，为音乐亭，在秋瑾墓侧。高丈余，作半圆形，如螺旋状。无门无窗，愈入愈小，系全用竹篷造成。层层如波纹，不特新奇，且极艳丽也。

会中本计设迷阵，由嘉兴之出角老妪守于中央，谁能行至中央者，即由此出角老妪，赠以绢花一朵。此种计划，极新奇有趣，惜会期在即，迷阵绘划亦极难，或不能成为事实云。

---

① 即梅兰芳（1894—1961年），名澜，又名鹤鸣，字畹华，别署缀玉轩主人，艺名兰芳，出生于北京，祖籍江苏泰州，著名京剧表演艺术家，“四大名旦”之一。

② 程砚秋（1904—1958年），北京满族人，著名京剧表演艺术家，“四大名旦”之一，青衣程派创始人。

西湖博览会定六月六日开幕

佚名

[原刊于1929年6月3日天津《大公报》第7版。]

杭讯：西湖博览会决于六月六日开幕，外传展期，全非事实。全场建筑由艺术股负责办理者，大门以及特种陈列所、丝绸馆、卫生馆、教育馆、农业馆、博物馆、艺术馆、革命纪念馆等之门面建筑工程，均已陆续完工。各种美术装饰工程亦由艺术股负责办理，现已完成十分之九，六月一日以前，定可全部完工。闻该会全场建筑多系艺术股主任刘既漂建筑师设计，尤以大门为最出色，富丽堂皇，兼而有之，其作风之奇特，实所罕见。刘氏循友人之劝告，曾在杭垣举行个人作品展览会，极得观众赞赏。此次国立艺术运动社来沪举行展览会，刘氏作品亦曾参加，观者甚为注意，尤以外宾为甚。闻刘氏尚须在沪举行个人作品展览会，时期约在两星期后云。

西湖博览会一瞥

湖莺

［原刊于1929年6月6日《申报》第21版。］

空前绝后之西湖博览会，已决定于今日开幕矣。前数日工作之努力，虽夜以继日，仍恐不能全部完成，原距开幕期仅一周也。日昨予曾往会场观光，记其各部分之大略如次。

会场入口

西湖博览会大门：位于钱塘门外石塔儿头，日本领事署之前部。大门建筑已告成功，唯内部壁画正在赶绘，种种图案，颇为新奇，尤以天花板上之彩绘玻璃，最称美观，将来映以电炬，则五色缤纷，洵奇观也。大门正面为宫殿牌楼式，亦甚壮丽，色彩用黄淡灰组合，间有红色赭色青色图案，但不俗艳。此刘既漂先生成功之作也。

里湖之部

特种陈列所：在里湖之冲要。大门之外，加建一横跨马路之洞形水泥制物。上绘仿古图案，中部大字“特种陈列所”，上有小字数十，表示特种陈列所之意义。全部漆以黄色，加绘青色圆点，四周有赭色赭形图案。此种形式建筑之前未见，足当新奇二字。

工业馆：处于特种陈列所之旁，尚在工作，屋为新建，完全工厂式。各种铁机器械，已有多种运到，杭育之声，不绝于耳。馆址绝大，建筑亦较良固。

国货商场：邻于工业馆，为临街店面，全以木质建造。屋皆无楼，门面之上加有木制牌楼，亦甚简单。统观全场工程以此为最草率。大约与包工制亦有关系也。

大礼堂：一名大剧场，外表形式极佳，全用国产泰山砖瓦公司出品。内部工事，亦极伟大。座椅以及屋柱，亦甚适合。舞台四周，施以金色阔大浮雕，极美奂美轮之致。

丝绸馆：门面亦系新造，用绯色、黄色油漆绘就，加以青色灰色水纹状图案，色彩极鲜艳。内部尚在进行中，故亦有“谢绝参观”之字条，示于门外。

跳舞厅：在丝绸馆后方为跳舞厅，地不甚大，布置绝佳。内部大半用花岗石大理石制作，各种浮雕，大有巴黎舞场之雏形。地板在施以油漆，异日音乐声中，探戈孤步，爱好跳舞者必乐此不疲也。

孤山路上

浮桥：介于里外湖，所以便交通也，业已完工。桥面阔约一丈，用洋木制成。桥上有小茅亭三座，所以便游客休息也。浮桥禁止行车，以防危险，是亦防患未然耳。

博物馆：过浮桥即为林处士放鹤亭旧址，现改为博物馆。加筑新屋数所，以陈列各种小动物及标本。露天铁笼，则借陈列虎豹狮象，以及孔雀仙鹤之用。大小不同，式亦不一，各适动物所好而建，但有数笼，半用木制，如囚以猛兽，则殊危险耳。

阵亡将士墓：孤山路上有光复时浙军攻取金陵阵亡将士墓，建已多年，现在重加修饰。墓外低墙，加书革命标语，殊使一般战死健儿含笑九泉也。

革命纪念馆：亦为重要地点。大门外亦有横跨马路之水泥制物，形式色彩与特种陈列所略异。内部皆为历次有关革命之纪念物品，于宣传方面殊有力量。大门对面即平湖秋月，滨湖中心，造有革命纪念塔一座，用人造大理石制。式为三角与五角组成，表示三民五权之意。上刻总理遗训，以作永久之纪念。

农业馆：在革命纪念馆之旁。完全陈列农产物，如丝蔺桑麻，已有多种由各出产地来会陈列。此馆虽为普通之农产物，游客必忽视之，但年来国产丝织物之衰落，及吾国以农立国，有此种种关系，则农业馆之重要，亦可想见矣。

中山公园：即清时行宫。画景之胜，久为游客称道，今则改造修饰一新，亦为博览会一胜地矣。

图书馆：亦即就原有之文澜阁扩大组织，目下尚未完成，想将来开幕，亦必为一般研究国学者欢迎也。

卫生馆：于俞楼改造，一方连合西泠印社，故于经塔上建有电灯“卫生馆”三大字，以示游客卫生之重要。大门亦作环状，上绘模特儿三人，表示父母子三者。

其他如艺术馆、斗牛场，则限于时间未曾一睹为恨。综观全部工程尚称伟大，不可谓非中国博览会之模范也。

西湖博览会撷珍

龙

〔原刊于1929年6月7日上海《时事新报》第11版。〕

西湖博览会六日举行开幕典礼了，其热闹情形，正可以在这点上加以意想了。作者草此文时，是未开幕的前几天，只见白隄（堤）道上，陡然添了许多游客，熙来攘往，络绎不绝的人，都是要到博览会去的。公路局汽车，从六月一日起，已开始专程接送乘客，持有有奖游券者，可以不费钱乘坐，不过座位很挤，有的仍旧舍车乘舟，以划船为业的人，明明晓得这个机会，真是千载难逢，生意是一定发达的。船只又恐怕供不应求，所以有的正在赶造新船，或把破旧者加以修缮整理，预备做一宗好买卖。

大门一切打样设计工程，都是艺术家刘既漂一手经办，位置在断桥，庄严伟丽，正面西洋式对湖滨，后面为殿式朝进口，四围电灯，计二千余盏，回光反射，光线极强，大门四壁及上顶均由艺术院学生粉绘各种图案漫画，游人至此，胜过去参观一次艺术展览会。

湖上路灯，早有装置。博览会为尽善尽美起见，自大门入口直至终点，在沿马路旁，敷设短木杆几满，电泡挂得如联珠，数以万计。六桥三竺间，竟可昼夜不分，也用不着去秉烛游览，做寿头麻子。

大礼堂在招贤寺左，是新建筑物，可容纳座客千余，中央悬挂的一架巨大玻璃电灯，据云系巴黎名厂出品，购价需银一千多两，即在上海舞台上，亦无如此装潢，其名贵可知。西泠桥边苏小小墓，前曾谣传因改建马路将拆去，现在不但保存，且为之修葺，仿照苏墓亭样加筑一亭，左右相峙，由此亭可通丝绸馆，斜对面秋瑾墓侧，适新建有音乐亭一座，遂成鼎足而三。

孤山路阵亡将士墓道，东西二辕门，建自民国初年，辕门上五色旗徽，党治后，依然未改，“西子蒙不洁”！不可谓非一小污点，现经革命纪念馆，重加粉饰，易以青天白日旗，焕然一新，烈士死而有知，当亦含笑九泉！

上海各大工商厂家，联合来杭参加，它们目的，完全是推广营业，提倡国货，性质是来做广告的，所以莅杭的第一天，下了车站，就用军乐队前导，沿途大吹大擂，大放鞭炮，百余辆人力车衔接着，招摇过市地向博览会去。

总理石膏遗像，以革命纪念馆内一座为最神奕，披大衣，古铜色，系留法雕塑家王静远女士费时二月的结晶品，就是她自己也很满意！曾经对人说：“这种作品，为近两年来，最有心得之一。”

各馆陈列物品，这几天里，远道还有得运来，几无隙地可供陈列，昨日起已截止收存了。要看稀奇古怪的物件，都在特种馆里。有小孩二人，年约七八岁，长不过二尺，女孩头大如足球，身材瘦小；男孩头较鹅蛋略大，说话走路，一如常孩。还有一位先天生成的出角人，系浙江德清县人，将来是要把他摆在迷魂阵当中八角亭里，以供众览。

千句话并一句话说，天时气候，是一天天地热起来！热度是一天天地高起来，人们到博览会去的热忱，也怕要等速度地高涨了。

龙自杭寄

艺术股筹备经过报告

佚名

［原刊于 1929 年印行的《西湖博览会筹备特刊》。］

本股自筹备委员会决议以里西湖孤山一带为会址，该处系全湖中风景最优美之地，然房屋大都不合博览会之用，势必加以改造或重新建筑，而各馆所房屋门面及全场布置又与观瞻大有关系，为求美化起见，乃由第三次大会议决增设艺术指导组，并由主席聘刘君既漂为主任，于十二月十四日在建设厅第二会议室开第一次会议，十六日假国立艺术院艺术教育委员会大厅开第二次会议，讨论本组组织及办事简章等项。旋因注重实际工作，乃于去年年终奉命改为艺术股，下设三课即建筑课、图案课、陈列课是也。建筑师李君宗侃来股帮忙，曾设计大礼堂门面图样，惜为时间及经济所限，未克实现，洵憾事也。其他如本股建筑师来股工作不久，又因病辞职，而距本会开幕期间甚近。时期迫促，工作繁忙，适曾建筑师克能君应聘来股，始告裕如。十八年三月，建筑课长龚珏，图案课长雷圭元，文牍阮贻炳均因赴法辞职。(除)阮君职务由林君楚谦代理外，余均从缺。谨将本股成立经过及工作概况分别述之。

本股图绘一览

1. 绘委员职员出品人工役徽章图案四种计十一张。

2. 绘广告宣传图案四种计六张。

3. 再绘广告宣传图案二种计三张。

4. 设计大门透视图。

5. 设计大礼堂门面图样。

6. 绘本会门券图案四种。

7. 设计大门平面图样一张。

8. 设计大门立面图样三张。

9. 设计丝绸馆进口大门透视图一张。

10. 设计大门内各部构造图样大小共计三十二张。

11. 设计丝绸馆平面图、正面图、构造图计四张。

12. 设计特种陈列所大门透视图一张。

13. 设计音乐亭透视图一张。
14. 设计特种陈列所平面图、正面图、构造图计四张。
15. 设计丝绸馆铁门图案及构造图计二张。
16. 设计大门铁窗图案二张及构造图样二张。
17. 绘本会纪念邮戳图案一种。
18. 绘本会纪念邮票二种。
19. 设计音乐亭平面图、正面图、构造图。
20. 绘本会会旗图案二种计四张。
21. 设计革命纪念馆牌楼透视图一张。
22. 绘本会会徽图案一种。
23. 设计绘大门水门面牌楼。
24. 设计绘大门正面牌楼。
25. 设计绘大门宫殿式牌楼。
26. 设计艺术馆大门透视图。
27. 设计革命纪念馆平面图、正面图、构造图共计四张。
28. 重绘本会会旗图案二种计三张。
29. 设计绘大门（交通）壁画图案稿一张。
30. 设计艺术馆大门平面图、正面图、构造图大小共计九张。
31. 设计绘大门壁画（实业）图案稿一张。
32. 设计卫生馆门面透视图。
33. 设计绘大门壁画（人情）图案稿一张。
34. 设计绘问询处透视图、构造图二张。
35. 设计绘卫生馆平面图、正面图、构造图计四张。
36. 重绘会旗图案三张。
37. 绘本会筹备特刊封面一张。
38. 设计博物馆进口大门透视图。
39. 设计博物馆进口大门平面图、正面图、构造图。
40. 绘大门天花板图案二种。
41. 设计大门图样及构造图计二张。
42. 设计博物馆出口大门透视图一张。
43. 绘大门各部装饰图案大小共计二十七张。
44. 设计教育馆门楼透视图一张。
45. 设计博物馆出口平面图、正面图、构造图。
46. 重绘筹备特刊封面一张。

47. 设计教育馆门楼平面图、正面图、构造图共计四张。

48. 设计丝绸馆大门电光三字构造图一张。

49. 绘特种陈列所门面油漆装饰图案。

50. 绘革命纪念馆牌楼油漆装饰图案。

51. 绘大门屋顶窗口浮雕装饰图案计三十二种。

52. 绘卫生馆门面油漆装饰图案。

53. 绘博物馆进口大门油漆装饰图案。

54. 设计灯塔广告彩色图案及构造图样二种计四张。

55. 绘博物馆出口大门油漆装饰图案。

56. 绘教育馆门楼油漆装饰图案。

57. 设计花桶立面图、构造图一张。

58. 重绘本会会旗图案一种。

59. 绘丝绸馆进口大门油漆装饰图案。

60. 设计音乐两旁竹灯构造图一张。

附：

艺术指导组组织及办事简章（民国十七年十二月十六日）

一、组织

1. 本组由建筑、图案、陈列三课组织而成。

2. 每课设课长一人，由本组主任指定之，又常务指导员六人，由本组各委员推举之。

3. 本组特聘绘图员二人至四人，专为填绘本组各种图样。干事一人兼理文牍会计，由本组主任呈请主席委任之。

4. 本组主任、各课长及常务指导员概不支薪，惟按月津贴伕（夫）马费若干，由主席酌送之。

5. 本组集会由本组主任随时召集之。

二、事务

1. 建筑课办理事项

A. 审查或设计会内建筑图样。

B. 审查或设计出品者建筑图样。

C. 审查场内设施及布置。

2. 图案课办理事项

A. 审查本会一切广告图案及设计。

B. 审查本会一切园艺设施。

C. 审查或设计会场各建筑内外部之装饰。

3. 陈列课办理事项

A. 指导场内各种商品陈列之布置。

B. 指导场内各种游艺。

三、附则

1. 本会各种建筑未经本组审查之前不得动工，如已动工得由本组呈报主席制止之。

2. 关于审查会内各种建筑图样，应于到组后三天内审查完竣发还之。

3. 本组为办事便利计应于会场内设立办事处。

四、本简章由大会通过后施行。

北伐阵亡将士纪念塔

佚名

[原刊于1929年4月24日《民国日报》第13版《浙省党部建筑中之北伐纪念塔，建筑工程限四个月完成，绘图雕刻均请名师担任》。现标题为编者所拟。]

浙省党部在西湖湖滨仁和路口第二码头建筑国民革命军北伐阵亡将士纪念塔，托建设厅转建筑师刘既漂设计，招工承包，已于本月四日订立合同，并于六日由省党部付清第一期付款一万零百十元。塔基现已测绘，所需之三种大理石，已向意大利定购。市政府工务局建筑许可证日内可发，预计工程系限四个月内完工。惟浮雕不免稍迟，约需一年。浮雕四大块系由雕刻师王静远女士承做，一系表示七九节北伐誓师典礼，一系象征武力与人民相结合，武力成为人民之武力，一系表示武汉之克服，一系象征和平与建设。现拟借钱王祠为浮雕模型制绘处，模型大约六个月可制成。王女士已着手搜集材料，并拟至武汉实地观察，绘制时尚需武装兵士数十名操习各种战斗姿势，藉资参考云。

浙江图书馆落成记

刘大白[①]

〔原刊于 1931 年印行的《建筑浙江图书馆报告书》。〕

中华民国二十年某月某日浙江图书馆落成，距其经始，盖二期矣。

斯馆之成也，其捐资，为故浙江都督绍兴汤蛰仙[②]先生；其建议浙江省政府，请以其资建筑斯馆者，为汤氏嗣子拙存先生[③]；其保管其资以底于斯馆之成者，始为前浙江省教育会，继为前国立第三中山大学筹备委员会暨国立浙江大学；其指定故武备学堂操场为馆址，并增资以弥其不足者为浙江省政府；其建筑师，为刘既漂；其设计绘图者，为上海扬子建业公司；其从事建筑者，为上海陆顺记营造厂；其组织建筑委员会以指挥建筑工程者，为国立浙江大学事务主任沈肃文、财务主任汤子枚、国立浙江大学工学院教授吴馥初、浙江省建设厅技正徐世大、陆凤书、杭州市工务局局长朱耀廷、浙江省立图书馆职员韩培实；其组织工程监察委员会，以监察建筑工程者，为国立浙江大学事务主任沈肃文、财务主任汤子枚、国立浙江大学工学院教授薛祖康、曹凤山、浙江省建设厅技正蒋尊第、杭州市工务局局长朱耀廷。馆以中华民国十八年一月一日奠基，其奠基者为国立浙江大学前校长蒋梦麟[④]；以中华民国二十年某月某日落成，其落成者，为国立浙江大学今校长邵裴子[⑤]。

先是，汤蛰仙先生之将殁也，以遗言勖其嗣子，谓必捐资二十万圆（元）于浙江省教育事业，以遂吾恢宏文化之愿，时中华民国六年也。其后十年，国民革命军既定浙江，其嗣子拙存先生，乃建议于浙江省政府，愿以其资为建筑浙江图书馆之用。呜呼，汤氏父子，知私有其资，将无几何时而卒归于尽，不若公其资于众，以为恢宏文化之用，为可垂诸永久也；其用心公，其流泽远矣！于是浙江省政府诺之，授之地，增之资，而以建筑及将来董理斯馆之任，委诸国立浙江大学；盖知斯馆与国家最高学府关系之切，不仅仅于省所独有，推汤氏

---

① 刘大白（1880—1932 年），原名金庆棪，后改姓刘，名靖裔，字大白，别号白屋，浙江绍兴人，诗人，文学家。

② 汤寿潜（1857—1917 年），字蛰仙，浙江绍兴人，清末进士，清末民初实业家和政治活动家。

③ 汤拙存，字孝佶，汤寿潜长子，马一浮内兄。

④ 蒋梦麟（1886—1964 年），原名梦熊，字兆贤，号孟邻，浙江余姚人，教育家，留学美国加州大学伯克利分校及纽约哥伦比亚大学，获哲学及教育学博士学位。曾任国立第三中山大学校长、国民政府第一任教育部部长、行政院秘书长，是北京大学历史上任职时间最长的校长。

⑤ 邵裴子（1884—1968 年），原名闻泰，又名长光，浙江杭州人，留学美国斯坦福大学，曾任国立浙江大学校长。

父子之心为心也；其用心公，其流泽远矣！于是国立浙江大学诸之，终始其工程，充实其图书，将以为辅助国家最高学府之用，而仍以是公诸浙之民众；盖知学术本为公器，而将以斯馆为提高全浙文化之中心，亦推汤氏父子之心为心也；其用心公，其流泽远矣！

前省教育会所保管之汤氏捐资为二十二万五百五十一圆（元）；而浙江省政府，则又以三万圆（元）增助之。其中三万圆（元）为选购图书之用；用于斯馆之建筑与设备者，实二十二万五百五十一圆（元），而馆于是乎成。

盖自斯馆之成，而汤氏恢宏文化之愿遂矣，而全浙最高之文化中心于是树矣。后之观者，其将毋忘斯馆之由来，及其与有劳焉者！

中华民国二十年某月某日刘大白记

刘既漂新硎初试

彬彬

〔原刊于1929年6月19日《小日报》第2版。〕

杭州之西湖博览会，已于六月六日开幕，观者日以数十万计，实为西湖未有之盛况，因此一会，建筑物骤增不少，且作风均系新式，与绿树红裳相辉映，颇足为湖山生色。此项建筑多系留法建筑家刘既漂氏所设计及监制，新硎初试，已声誉鹊起。闻刘氏留法多年，且于意大利邦罗马、维尼斯[①]诸城之著名建筑多所观摩。法意两国，本于美术著称，世界谈美术建筑者，亦以法意为尚。刘氏在彼邦亲炙既久，复参合中式，运用新意，故其作派亦甚特殊而美观也。吾人之过博览会者，每览诸建筑之色彩形体变化而富于刺激性，给以兴奋之热情，新奇之观感，此实由于作者能参合科学精神与艺术趣味之效果也。闻刘氏拟来沪专任美术建筑事项，果尔，则黄浦畔行将见有美观新颖之建筑物，呈耀于吾人眼帘也。

① 即威尼斯。

刘既漂个人建筑展览会开幕

佚名

［原刊于1929年6月21日《民国日报》第9版、《新闻报》第15版、《时报》第5版、《申报》第15版。］

中国著名建筑师刘既漂氏自法归国后，任西湖艺术院教职，此次西湖博览会各种伟大建筑均出刘君之打样监造，为各界所称誉。近日来沪筹设建筑事务所。昨在宁波同乡会开个人建筑展览会，陈列各种模型图样，凡一百余件，到中西参观者有千余人之多，上海特别市工务局长沈怡参观后，尤为赞美不止。该成绩会每日上午九时至下午五时止，公开展览，共计四日。按建筑展览会尚属初次举行，故参观者异常踊跃云。

建筑师刘既漂归自匪窟

佚名

［原刊于 1930 年 11 月 9 日上海《时报》第 5 版。］

去岁在杭州举行之西湖博览会一切建筑，皆出诸建筑师刘既漂之计画。自博览会开幕以后，刘即往来粤沪之间，行踪无定，讵昨日忽有刘被绑出险之消息传出，闻者称奇不止。昨经本报记者调查，始知确为事实。且晤刘于医院中。当时刘因受惊之后精神疲乏，故卧于一静室中休养，床上覆以绒被，罩黑底红条睡衣，颜色憔悴，头发甚长。记者与之略谈片刻，即与辞而出。至于刘之被绑，据云系在本年双十节前，当时携有现款一万余元，并私章一颗，钥匙四个，上海中国农工银行支票一本，以及零星物件，坐车至北火车站，拟搭车赴京，转道至四川，不料至北车站下车后，突被绑匪数名架之而去，所有银钱物件尽入匪手。事后虽经亲友闻讯营救，毫无结果，迨至前晨，刘始于龙华方面匪窟内逃出，步行四小时，方至租界。在匪窟中共计一月有余。

刘既漂抵达广州

佚名

［原刊于1933年1月21日《广州民国日报》第8版。］

琐闻：前办西湖博览会现办京沪建筑事业之名建筑师刘既漂于昨日抵省，亲友往迎者甚多，现下榻新亚酒店。查刘旅欧九载，专门研究建筑工程，美术一科亦具心得，故其作品无不美化。此次回粤目的，除观光市府展览会外，并欲筹开个人建筑展览会。

刘既漂拟广州举办个展

佚名

［原刊于1933年1月25日《广州民国日报》第5版《建筑家个展会，刘既漂抵粤，定日间开幕》，现标题为编者所拟。］

建筑工程师刘既漂氏向在京沪各地计划各项宏大建筑工程，现因事抵省。闻拟日间筹开个人作品展览会，昨日曾晋谒省府林主席及市长，关于广州建设问题，颇多意见贡献云。

刘既漂个展会附设市展会场内

佚名

［原刊于1933年2月3日《广州民国日报》第5版。］

建筑师刘既漂氏回粤筹开个展，已志前报。闻刘氏由沪带来建筑图则及照片甚多，皆为刘氏回国后五年来之作品，内有西湖博览会、上海世界学院等图案。现闻当局邀请参加市展会，由会内另筑棚屋一座，专为刘氏个人陈列作品之用。查本市建筑图案展览，前所未有，此举实为建筑展览会之开端云。

刘既漂昨招待记者

佚名

［原刊于1933年2月24日《广州民国日报》第8版。］

名建筑师刘既漂留欧九载，专攻土木工程，归国后执业京沪间，如西湖博览会及京沪各伟大建筑，多由其设计。此次市展览会，将其个人作品辟所陈列，观者无不赞叹。昨午十二时，刘假座太平支馆招待新闻记者，到者二十余人，由刘氏致辞，略谓本人原籍广东兴宁，学成归国后，向在京沪服务，此次市府开展览会承刘市长电召返粤，将拙作陈列，以供众览，并拟设事务所经营建筑事业，此次蒙各新闻界增光，甚望多多指导云云。随由温仲琦、霍灵健答词，谓刘建筑师为我国不可多得之工程人才，此次南旋，同人等经在展览会得瞻绝技，更藉兹盛会得睹风采，实深荣幸，此后得刘建筑师为桑梓服务，同人等当竭诚赞助，至拟在广州设事务所，预祝早日成功，为中国南部艺术界放一异彩云云。至二时许尽欢而散。

刘既漂与李金发等拟创办西南艺术学院

佚名

［原刊于1933年10月6日《广州民国日报》第12版《艺术家筹办西南艺术学院，筹备处设大有仓》，现标题为编者所拟。］

大雕刻家李金发、美术建筑师刘既漂及甫由法归国名画家李澄之诸氏，在欧攻习艺术有年，近拟创办西南艺术学院于广州，经已推选李澄之、林振华、刘毅亚、张伯忠、曾匡平、何衮明、黄维扬、李一非、王汝良等人为筹备委员，择定西湖街大有仓二十六号为办公地点，积极进行一切云。

尺社美术研究会与西南艺术院合力筹办美校

佚名

［原刊于1934年6月30日《广州民国日报》第12版报道《两艺术团体筹办美术学校》，现标题为编者所拟。］

本市尺社美术研究会近日拟与西南艺术院合力筹办一完备美术学校，甚惹美术界之注意。查西南艺术院为最近归国画家李澄之，及艺界巨子刘既漂、李金发等所创办。尺社将征求李君等为基本会员，并拟扩充范围，专力谋会务之发展，而将办校事项，委托之李君等负责筹划。

艺风社画展中的刘既漂绘画

陈翔凤

［摘录自 1936 年 6 月 10 日《广州民国日报》副刊《东西南北》刊载陈翔凤《看了艺风社画展之后》。现标题为编者所拟。］

出品中取材最爱单纯，用笔最为挺劲，色泽最喜清新的，是刘既漂的花鸟，和他与孙福熙合绘的《朔雪那相妬》这几幅画。刘氏平日写画最喜挥简单数笔的东西。记得在数年前，他在白宫酒店住时，曾为李洁芝写一幅画，在画面上用淡墨挥了有斜有直的三笔，里面点几点深色的黑点，便算是荷的茎枝，其中一枝之上，栖着一个翠鸟，用笔也是很简单的。他写完了，心里很是愉快，并对我述说这张画里含蓄的意义，大家都笑了。事隔几年，看他最近的作品，还是一贯的风格。

刘既漂参加南方艺术家协会

佚名

［原刊于1936年8月27日《广州民国日报》第9版《陈达人等拟组织南方艺术家协会，艺术界名流均被邀参加》，现标题为编者所拟。］

广州艺术界前此沉寂已极，一般艺术家亦苦闷不堪，兹百粤已定之际，在新省教育厅厅长、市社会局局长领导之下，百事待革之时，闻有新进艺术家陈达人、李金发、李澄之、胡善余、黄瑞碧等，拟组织南方艺术家协会，以从事于发展艺术运动为鹄的。闻被邀请参加者有刘既漂、任瑞尧、胡根天、陈剑父、李桦、关良等百余人，不日将有征求会友启事发出。陈、李等均保留日法美归来者云。

艺风画展决在平举行

佚名

[原刊于1937年5月8日《申报》第12版。]

上海艺风社，为京沪粤之艺术文学两界所组织，刊行《艺术》月刊，已有五载历史，曾在沪京粤三处举行画展，出品均为国中名作，早为中外艺坛所注意。现该社同人庞薰琴、王青芳、胡藻斌、张书旂、方君璧、汪亚尘、王祺、许士骐、熊佛西、王少陵、江绍原、孙福熙、潘恩霖、刘既漂等六十余人筹备第四届美术展览会，决定往北平举行，日期由本月二十二日起至月底止，会址假座中山公园旁太庙，庞、王、熊、江、孙等氏已赴北平筹备一切，胡、潘、刘等氏仍留沪征集各方出品，一俟征集完备后、由胡藻斌氏亲自护送出品赴平（北平）。

艺风展览刘既漂等到平筹备

佚名

本市消息：艺风社展览会定于本月二十二日在平（北平）市太庙开会，以为时已近，建筑艺术家刘既漂等，业已来平（北平）。此次展览会出品，全国各艺术学校，中央大学艺术科均有出品多件参加，名家如陈树人、高剑父、经亨颐、王一亭、汤定之、徐悲鸿、王祺、张书旂、汪亚尘、胡藻斌、许士骐、赵少昂、黄少强等均有重要出品。油画家方君璧、潘玉良、张倩英多为有名女作者，杭州苏州及中大各教授亦多有油画参加，本市各校正由本校征集参加云。

［原刊于 1937 年 5 月 9 日北平《华北日报》第 6 版。］

收用蟠龙岗麓，建总部新营房

佚名

一集团军总部昨发出布告云：为布告事，现据本部筹建沙河新总部营房委员会委员缪培南呈称：现据职会工程处总工程师刘既漂呈称，呈为呈请事：窃职处奉令计划建筑新总司令部，工程业经积极进行，惟现筑地址界内，尚有大灰坟三十五穴、泥屋二座，自应依限搬迁，以免妨碍，理合绘具平面图一份，备文呈缴钧会核察，俯赐转呈总部，饬知副官处查照收用原案，限期饬令搬迁，俾利工程，实为公便等情，计缴平面图一份，据此，理合备文连同平面图一份呈缴钧核施行，伏乞指令转饬祇遵，实为公便等情，据此，自应照办，除该房屋二处已领搬迁费日久应即拆迁外，所有蟠龙岗麓划入本部建筑范围内之坟墓，亟应一律搬迁。兹拟定长棺每具发给搬迁费毫洋一十元，金塔每具发给搬迁费毫洋七元，概于二月十日以前到沙河乡公所筹建营房委员会搬坟办事处具结领款搬迁，免碍工程，仰各该坟主屋主一体遵照毋违。此布。

［原刊于1934年1月21日《广州民国日报》第5版。］

刘既漂先生艺术活动年表

1901 年　1 岁

6 月 4 日，刘既漂（原名元俊，学名纪标）生于广东省兴宁县叶塘镇留桥村的一个客家家庭，祖居绍湘围。家族经营着一个染坊，雇有超 500 工人。

刘既漂是同辈 8 个孩子中最小的，从小喜爱画画，幼年在叶塘小学和城镇立范小学读书。

1910 年　11 岁

到江西景德镇学习绘瓷。

1914 年　15 岁

考入兴宁县立中学（第八届），各科成绩优良，喜爱美术。

1917 年　18 岁

兴宁县立中学毕业，前往上海，“预备出发”国外求学不得，只得在上海学习美术（疑就读于周湘于 1917 年创办的中华美术学校）。自言“在上海过了三年无意义的生活，非常怀疑生命之虚伪，甚至一事一物一言一动，似乎都无意义，应该消灭的”。上海求学期间结识吴大羽。

1919 年　20 岁

8 月 14 日，乘“麦浪号”赴法留学（广东省公费），同船有陈毅及马光紫（海丰人，马思聪族亲）。

10 月 10 日，抵达马赛，随后到枫丹白露市立中学（College de Fontainebleau）补习法文。

1920 年　21 岁

秋，转到法国东部的布鲁耶尔中学（College De Bruyeres）补习法文。

11 月 7 日晚，与林风眠、李金发由布鲁耶尔（Bruyeres）火车站出发，到附近的 Saint-Di é（圣迪埃）游历，8 日晚回到补习学校。

1921 年　22 岁

2 月 20 日，在上海商务印书馆《教育杂志》第 13 卷第 2 期“海外通讯”栏目发表《法国步露意爱镇中学校之教育》(署名“刘纪标”)。

7 月 5 日，在上海商务印书馆《学生》第 8 卷第 7 期发表《游记：旅行法国窝时省之 Saint-Dié 日记》(署名“刘纪标”)。

是年，李金发“在法国西部某中学决定从事艺术之后，才开始请教在上海学过美术的刘既漂君怎样去画石膏像”。

1922 年　23 岁

1 月，入巴黎国立高等美术学院（École nationale des Beaux-arts de Paris）学习绘画。

2 月 5 日，在上海商务印书馆《学生》第 9 卷第 2 期发表漫画《1922 年以后的学生》(署名“纪标”)。

3 月 5 日，上海商务印书馆《学生》第 9 卷第 3 号刊载“刘纪标君漫画一帧”（署名“纪标”，作于 1921 年）。

4 月 5 日，在上海商务印书馆《学生》第 9 卷第 4 期发表《游记：法国北部 Auchel 煤矿工场参观记》(署名“纪标”)，同时刊载漫画《全球航空赛跑大会》。

5 月 11 日，入导师欧内斯特·劳伦恩（Ernest Laurent）画室。

是年，李金发所作林风眠、刘既漂头像入选巴黎春季沙龙展览会。

冬，应在德国的熊君锐邀请，与李金发、林风眠、林文铮、黄士奇等同往柏林游学。

1923 年　24 岁

在柏林遇到了许多当时有名的建筑大家、图案大家，思想大变。与林风眠、林文铮相互琢磨，观览比利时、瑞士、荷兰。“半年后，回法国来了。用了新得的气魄，研究美学，在巴黎大学听讲，在图书馆、博物馆看书画。”

在巴黎筹备“中国美术工学社”。

1924 年　25 岁

1 月 27 日，与林风眠、林文铮、王代之、曾以鲁、唐隽、李金发、吴大羽等在巴黎发起召开“艺术研究会”（后改名“霍普斯会”）成立大会。该会“重在美术学理及纯粹艺术之研究”。

1月，出导师欧内斯特·劳伦恩（Ernest Laurent）画室。后跟随导师伊曼纽尔·庞特雷莫利（Émile Pontremoli）学习建筑与图案设计。

1月，与王代之、曾以鲁在巴黎创办“中国美术工学社”，该社“以美术研究所得应用于工艺物品之制造”。社址为“巴黎南城孟梭利大公园侧，有制造厂两处，毗连相接”。

3月12日、13日，上海《申报》《时事新报》报道刘既漂、林风眠等人在巴黎发起成立“艺术研究会”消息。

4月9日，旅法华人之研究美术者将于5月1日至6月1日在法国斯特拉斯堡举行中国美术展览会，由“霍普斯会”“美术工学社”、中国美术商等团体协同组织筹备委员会，公推筹备委员10人。

4月20日，中国美术工学社举办作品展览会，与曾以鲁、王代之接待王宠惠、郑毓秀、褚民谊、萧子升、魏道明等人参观，受到好评。

5月14日，《新闻报》刊载愚公四月十日寄自巴黎的《法国特约通信：法国史太师埠中国美术展览会之发起》。

5月21日，斯特拉斯堡中国美术展览会开幕。刘既漂编纂了展览图录，设计了展览海报，参展水彩画《贵妃出浴》《皇宫舞者》2幅，《M.S.T. Shiao 的肖像》《远方的公主》《孤儿》《燕子》《黛玉葬花》《三个复仇者》《现代海女》《世纪之恶》《在西湖边漫步》《佛光普照》《雪》《风中拂发梢》《死神》《致我的朋友林文铮》《巴黎第六区》15幅。展览图录刊载刘既漂参展绘画作品《皇宫舞者》及林风眠参展绘画作品《生之欲》。

6月，法国艺术杂志《艺术与装饰》（*Art et décoration*）展览专栏报道了斯特拉斯堡中国美术展览会，称：“此次展览会完全是由中国艺术家组织的，他们大多来自法国，由时任法中艺术家协会秘书长的刘既漂先生指挥。”

6月22日，天津《大公报》报道《巴黎中国美术工学社参观记》，认为该社是“中国人在海外空前之组织”。

7月22日，假座巴黎中法友谊会组织海外中国美术展览会巴黎总筹备处。

7月29日，上海《时事新报》刊载李风白《旅欧华人第一次举行中国美术展览大会之盛况》。

8月25日，《东方杂志》第21卷第16期转载李风白《旅欧华人第一次举行中国美术展览大会之盛况》（署名“李风”），同时刊载展览会开幕时刘既漂、林风眠、林文铮、吴大羽等筹备委员与蔡元培等中法政学界赞助人合影及刘既漂参展作品《贵妃出浴图》、美术工学社参展玻璃艺术品、林风眠参展油画《摸索》。

10月9日晚，王代之离开马赛回国。萧子升、陈鹏及霍普斯会会员刘既漂、林风眠、曾以鲁、李风白、林文铮等为其饯行。

12月17日，上海《时事新报》发表杨白《巴黎之美术工学社》，报道刘既漂等人组织的美术工学社详情。

1925 年　26 岁

4 月 28 日，法国巴黎装饰艺术与现代工业博览会开幕，刘既漂负责设计中国馆建筑、展览图录封面以及玻璃艺术品，大胆采用中国龙凤朝阳的元素，赢得赞誉，获法国政府名誉大奖章。中国馆展览图录中刊载了中国馆以及美术工学社出品玻璃艺术品照片，林文铮撰文《中国艺术一瞥》评价刘既漂的艺术。

5 月 17 日，上海《时事新报》刊载《巴黎万国美术博览会延期》，报道刘既漂与曾以鲁为中国馆交际征集股主任。

6 月 28 日，上海《时事新报》刊载《巴黎万国美术工艺博览会开幕情形及中国会场记略》（亦载 7 月 2 日《申报》），报道由刘既漂设计的中国馆详情。

母亲去世。

1926 年　27 岁

是年，觉察建筑之需要感情胜于理智，“数年来的理性生活确实有点枯寂，于是仍旧把打入冷宫的情感放了出来，而有南欧海边的漫游与意大利名城的探访。”

1927 年　28 岁

5 月 5 日至 19 日，游历意大利罗马、威尼斯、米兰、梵蒂冈等（1927 年 5 月 5 号至 19 号之日记）。

“他在法国住了 8 年，在这 8 年中，他学过了西洋的绘画，学过了装饰图案，又学过了美术建筑。在这 8 年中，他游历了意大利，瞻仰了希腊古国的三大艺术荟萃的古城，他游过德意志，饱尝日耳曼民族勇于求知的民风，他游过瑞士，多久涵泳在瑞士的天然美境中。”

回国前，与林文铮等在法国雕刻家亨利・埃米尔・马丁内特（Henry Emile Martinet，1893—1965 年）家茶叙。8 月 17 日，上海《图画时报》第 386 期刊载《陈学昭女士、袁中道君暨林文铮、刘既漂二君（将归国）在雕刻家马丁君茶会摄影照片》。

夏，与林文铮、吴大羽一起由巴黎乘火车经莫斯科回国，9 月到北京，留京一月，本应前北京国立艺术专门学校之聘，嗣以北京改组九校，乃与林风眠、王代之、李朴园、林文铮、吴大羽等南下于 10 月 10 日到达上海。

10 月 18 日，上海《申报》报道《刘（既漂）氏建筑展览会》：“刻拟将其最近作品在沪开一极精彩的建筑展览会。……建筑展览会，此为创举。”

11 月 7 日，《申报》等报道林风眠、李金发、王代之、萧友梅等 11 人被大学院聘为艺术教育委员会委员，林风眠任主任，王代之任秘书。

11 月 23 日，《民国日报》报道《建筑家刘既漂由欧回国》：“到沪未久，即抽身往宁，从事调查新都市面，预备发表新都改造计划，并筹备创建筑学院。现刘氏暂寓蔡孑民先生处，极为蔡氏所重。”

11 月 16 日，与林风眠、王代之、刘开渠、林文铮、李毅士、王子云等人在南京府东街聚庆楼参加首都第一届美术展览会第一次筹备会。

11 月 22 日，与林风眠、王代之、李金发、王子云、李毅士等参加首都南京艺术界茶话会。

11 月 27 日，蔡元培主持召开大学院艺术教育委员会第一次会议，林风眠、王代之、李金发、萧友梅等 9 人出席，王代之提议创办艺术学校，经过讨论，决定创办国立艺术大学，由艺术教育委员会起草详细计划书及预算案，下次会议合议。王代之起草《创办国立艺术大学计划书》刊于 1928 年 1 月 15 日《贡献》第 5 期。

12 月 25 日，在《东方杂志》第 24 卷第 24 期发表论文《中国新建筑应如何组织》。

12 月 27 日，与林风眠、王代之、刘开渠、林文铮、李毅士、王子云等在南京通俗教育馆参加首都第一届美术展览会第二次预备会议。议决“印大幅广告遍贴街市，由林风眠、刘既漂担任画稿”。

12 月 27 日，林风眠、王代之、李金发、萧友梅等 6 人参加大学院艺术教育委员会第二次会议，向大学院建议创办国立艺术大学案，决议照原拟计划书呈请大学院在杭州西湖创办，先设绘画、雕塑、建筑及工艺美术四院。稍后，由林风眠、王代之负责筹建事宜。

1928 年　29 岁

1 月 1 日至 7 日，与林风眠、王代之、吴大羽、吕凤子、王子云、刘开渠、张聿光等 20 余人，在南京大中桥借通俗教育馆艺术部大楼举行第一届美术展览，展品 400 余件，绘画、雕刻、建筑制图，无一不备。“建筑家刘既漂氏之建筑制图，亦均系国内历次展览会中罕见之作，殊为此次美展生色不少。”

1 月 6 日、13 日，在上海《时事新报》发表《从建国方略说到南京改造》。

1 月 10 日，《首都第一届美术展览会特刊》出版发行，刊有刘既漂《王子云先生的杰作》《敬告全国建筑界同志书》等文章。

1 月 10 日，在《学生杂志》第 15 卷第 1 期发表建筑设计作品《大公司：阶》。

1 月 26 日，《申报》等报道国立艺术院开始办公，决定建筑系暂缓开办，仅开办国画、西画、图案三系。

2 月 10 日，《新闻报》等报道刘既漂任国立艺术院图案系教授。

2 月 15 日，《贡献》第 8 期出版，刘既漂设计封面。2 月 17 日《申报》报道：“本期封面为新回国建筑专家刘既漂创作《水泡》，泡由金鱼口中喷出，表示贡献之意，而此金鱼则用手帕叠成者也。此种艺术匠心，在近年来扰攘之国中竟无人能为设想，亦无人能了解。闻刘君待作品运到，尚需在上海开一巨大之展览会。”

2月19日，《中央日报》《民国日报》《时事新报》等报道《艺术院成立考试委员会本埠考试地点及委员已定》，刘既漂担任几何画委员。

2月20日，在《中央日报》特刊《摩登》发表文章《对于国立艺术院图案系的希望》。

2月25日，《中央日报》《申报》等报道刘既漂到国立艺术院，着手修葺校舍，被聘为图案系主任，将负责院中所有出版物图案。

3月1日，《中央日报》刊载《修理中的国立艺术院》，报道其对国立艺术院校舍建筑改造详情。“其作风为未来派之东西沟通建筑。”

3月2日，参加国立艺术院举行的林风眠就院长职典礼，林风眠宣誓“介绍西洋艺术，整理中国艺术，调和东西艺术，创造时代艺术，务使东方民族之艺术日益发扬，促成完全艺术化之社会的”办学职志。

3月4日，与林风眠、潘天授（潘天寿）、李树化、吴大羽、林文铮、王代之、孙福熙一起参加国立艺术院第一次教务会议。

3月5日，《贡献》第2卷第1期发表刘既漂与林风眠等人组织的“文艺通讯社”启事。

3月10日，《民国日报》刊载《艺术院教授西湖艺术化之计划有五项重要建议》，详述了刘既漂对西湖艺术化的建议。

3月12日，杭州民众纪念总理逝世三周年筹备会宣传部出版股编《总理逝世三周年纪念特刊》出版，刘既漂设计封面。

3月15日，《贡献》第2卷2期出版，刘既漂设计封面《前进》。

3月16日，国立艺术院正式开始上课。时有学生西洋画系24人，雕塑系5人，图案系5人，中国画系10人。学院成立了开学典礼筹备委员会，刘既漂任主任兼布置委员。

3月30日，因学校初创，条件简陋等原因，国立艺术院发生学生罢课风潮。因稍后蔡元培来杭得以解决。

3月，被浙江图书馆建筑委员会聘为建筑师，8月任职。被聘为工程监察委员会委员，10月任职。

4月1日，上海《时事新报》报道林风眠与刘既漂策划全体教职员美术展览，以便迎接开学典礼。

4月9日，参加国立艺术院补行的开学典礼，蔡元培出席并发表演说。

4月23日，在《中央日报》特刊《艺术运动》第10号发表论文《南北欧之建筑作风》。

4月25日，《贡献》第2卷6期出版，刘既漂设计封面《嘤嘤》。

5月14日，在《中央日报》特刊《艺术运动》第14号发表建筑设计作品《国家图书馆正面图、平面图》。

5月21日，在《中央日报》特刊《艺术运动》第15号发表建筑设计作品《议院平面图、正面图》。

6月3日，大学院艺术教育委员会召开第四次常会，讨论全国美展事项，刘既漂被聘为指导组主任及审查委员。

6月4日，《中央日报》特刊《艺术运动》第17号刊载刘既漂收藏的《罗马哥萝梭之今日》图片。

6月11日，《中央日报》特刊《艺术运动》第18号发表刘开渠《美术建筑：介绍刘既漂先生》，同时刊载刘既漂建筑设计作品《烈士祠平面、正面图》。

6月13日，《民国日报》副刊《觉悟》讨论版刊载姚赓夔《什么是美术建筑？质刘开渠先生》质疑刘既漂“美术建筑”理论。

7月5日，《贡献》第3卷第4期出版，刘既漂设计封面。

7月9日，在《中央日报》发表文章《对于首都建设的希望》。

7月15日，《中央日报》副刊《中央画报》第4期刊载刘既漂《国立艺术院改造后之一部》照片。

7月25日，《贡献》第3卷第6期《刘既漂建筑专号》出版，刘既漂设计封面。内收孙福熙《水面上的圆痕向着无穷扩大：介绍建筑师刘既漂先生》、林文铮《所望于刘先生》、夏康农《初识刘既漂先生》、刘开渠《美术建筑：介绍刘既漂先生》、李朴园《美化社会的重担由你去担负》及刘既漂论文《建筑原理》《彩色与情调之关系》《雷峰与闭沙》《南京改造》与建筑设计作品《改造后之国立艺术院》《巴黎万国博览会中国部之大门》。

7月29日，在《中央日报》副刊《中央画报》第6期发表《介绍西洋建筑》并附《巴黎之阿北雳（Opera）》《国际联盟会在去年六月征求建设会场图样》等照片。

7月30日、8月6日，在《中央日报》副刊《艺术运动》第25号、第26号发表文章《罗马之哇的光（Vatican）》。

8月12日，在《中央日报》副刊《中央画报》第8期发表文章《介绍西洋图案》及《中央日报》报头设计。

8月16日，林风眠等发起的艺术运动社在国立艺术院成立，刘既漂为社员。

8月19日，在《中央日报》副刊《中央画报》第9期发表文章《斯光蒂那之平民艺术》。

8月21日，在《申报》刊载广告：“建筑师刘既漂关于委托建筑信件，请寄：上海望平街开明书店，杭州平海路四十六号，香港文成西街敬昌号。”

8月26日，在《中央日报》副刊《中央画报》第10期发表文章《壁绣》。

暑假，与孙福熙一起回老家兴宁。

8月28日，参加新建浙江图书馆预备投标会议。

9月6日，参加国立艺术院第二学期第2次教务会议。

9月9日，在《中央日报》副刊《中央画报》第12期发表文章《壁画》及建筑设计《国立艺术院改造后之一部》。

9月10日，与孙福熙合署在《中央日报》副刊《艺术运动》第31号发表文章《相互研究》。

9月16日，在《中央日报》副刊《中央画报》第13期发表文章《玻璃之美》(附照片)。

9月17日，在《中央日报》副刊《艺术运动》第32号发表文章《艺术问题》。

9月23日，在《中央日报》副刊《中央画报》第14期发表文章《西洋工艺艺术》。

9月24日，在《中央日报》副刊《艺术运动》第33号发表文章《艺术问题：艺术与情感的关系》。

9月25日，在上海《贡献》第4卷第3期发表文章《大题小做：由“三”字起头》。

9月30日，在《中央日报》副刊《中央画报》第15期发表文章《由安格列到现在：“一百年来的妇人肖像展览会”》。

10月5日，在《贡献》第4卷第4期发表文章《大题小做：异乡风味》《大题小做：新式婚礼》《大题小做：由B而A!》(后两篇署名“米佳”)。

10月10日，在上海《开明》第1卷第4期发表文章《美术鉴赏》。同日，在《小说月报》第19卷第10期发表嵌瓷画《月舞》。

10月15日，参加国立艺术院第二学期第3次教务会议。同日，在上海《贡献》第4卷第5期发表文章《大题小做：一个巴黎的模特儿！》《大题小做：佳话》《大题小做：骆驼尿!》(署名“米佳”)。在《中央日报》副刊《艺术运动》第36号发表文章《艺术问答之一(续)——敬答本刊十月一日卜木先生的大作》。

10月16日，在国立艺术院《亚波罗》第2期发表文章《蒂佳萝宫》。

10月25日，《贡献》第4卷第6期发表文章《大题小做：米佳又来说闲话了!》。

10月31日，参加西湖博览会工务组第1次会议。在西湖博览会筹备期间，刘既漂身兼数职，分别是场务组与工务组委员、艺术馆筹备处参事、丝绸馆筹备处参事、艺术股主任。

10月，丁玲小说集《在黑暗中》由上海开明书店出版，刘既漂装帧设计封面。

11月3日，上海《时事新报》报道林文铮邀刘既漂偕行南京规划全国美展会场布置事宜。

11月7日，参加西湖博览会场务组第3次会议。

11月10日，与程振钧等60人参加西湖博览会筹备委员会第2次大会。

11月12日，是日为孙中山诞辰纪念日，由刘既漂设计的北伐阵亡将士纪念塔在杭州西湖湖滨仁和路第二码头举行奠基仪式。预定建筑费一万元。

11月16日，在国立艺术院《亚波罗》第4期发表文章《最近巴黎排演的一出悲剧》及建筑设计《南京国民政府的游廊》《南京国民政府的内门进口》照片。

11月17日，参加国立艺术院第二学期第5次教务会议。

11月20日，在《良友》第32期发表文章《意大利建筑之花：介绍巴维亚修道院》。

11月25日，在《贡献》第4卷第9期发表《北伐阵亡将士纪念塔（西湖）》及与李宗侃合作建筑设计作品《西湖博览会大门夜景》。

11月27日，参加西湖博览会场务组第5次会议。

11月28日，与程振钧、孙福熙等54人参加西湖博览会筹备委员会第3次大会。议决增设艺术指导组，稍后聘刘既漂为主任。

12月3日，与孙福熙赴上海迎接即将就任国立艺术院雕塑教授的留法女雕塑家王静远，并宴请新闻界。

12月5日，出席西湖博览会召开第6次会议，“讨论推举艺术指导员，议决推举刘既漂、江小鹣、高鉴、林廷通、周梅阁五委员为艺术指导员，呈请主席于五委内指定主任一人。”

12月8日，在《国立艺术院周刊》第14期发表与孙福熙合写的致林风眠等人的书信《在寒风中迎接王女士》。

12月10日，参加西湖博览会场务组第7次会议。

12月13日，参加西湖博览会重新审查八馆名称。

12月14日，主持召开西湖博览会艺术指导组第一次会议。

12月15日，在上海《春潮》第1卷第2期发表文章《一个巴黎艺术界的小小趣史》。同日，与程振钧等63人参加西湖博览会筹备委员会第四次大会。

12月16日，主持召开西湖博览会艺术指导组第二次会议。讨论组织及办事简章等事项。年终，艺术指导组奉命改为艺术股，刘既漂续任主任。下设建筑、图案、陈列三课。

12月17日，参加国立艺术院第二学期第6次教务会议。

12月19日，参加西湖博览会场务组第8次会议。

12月24日，在《河北民国日报副刊》第21期发表文章《杭州育婴堂死学之研究！》（署名“米佳”）。

12月26日，参加西湖博览会场务组第9次会议。

12月28日，与程振钧、林风眠等46人参加西湖博览会筹备委员会第5次大会。

12月31日，参加西湖博览会丝绸馆第1次参事会议。同日，上海《申报》《时事新报》等报道《西湖博览会讯》，盛赞刘既漂任西湖博览会艺术指导组主任的工作成效。

是年，摄影《（苏）曼殊大师西湖墓塔图》。

1929年　30岁

1月1日，刘既漂设计的浙江省图书馆建筑奠基。

1月5日，国立艺术院教员方于译法国剧作家曷斯当（Edmond Rostand，1868—1918年）《西哈诺》由（上海）春潮书局出版发行。封面由刘既漂装帧设计。

1月10日，丁玲、沈从文、胡也频编著的《红黑》月刊第1期出版，刘既漂设计封面。

1月18日，与程振钧、林风眠等54人参加西湖博览会第6次大会。

1月20日，丁玲、沈从文、胡也频编著的《人间》月刊第1期出版，刘既漂设计封面。

1月23日，参加西湖博览会场务组第12次会议。

1月25日，在《贡献》第5卷第1期发表翻译文章《万西（达·芬奇）的格言》。同日，《东方杂志》第26卷第2期刊载刘既漂国民政府建筑设计：进口透视图、西面图、俯视图、平面总图及总理广州蒙难纪念塔5幅。

1月30日，《申报》刊载《西湖博览会进行之沪闻，八馆门面归艺术股设计，中国旅行社派代表赴杭》，报道刘既漂负责西湖博览会艺术股工作情况。

1月31日，与程振钧、林风眠等40人参加西湖博览会筹备委员会第7次大会。

2月5日，上海《时事新报》刊载《西湖博览会要闻》，报道刘既漂负责西湖博览会艺术股工作情况。

2月18日，与程振钧、林风眠等37人参加西湖博览会筹备委员会第8次大会。

2月19日，《申报》刊载建筑师刘既漂、李宗侃合作《西湖博览会大门之一面（宫殿式）》图版。

2月21日，《申报》《中央日报》《民国日报》《时报》等以《首都三大建筑之设计，刘既漂设计绘图成集》《首都三大建筑之设计》《建筑新声：刘既漂之设计》为标题，报道其精美设计出版拟分赠党国要人的两种版本的建筑设计作品集，其一为南京中央党部、国民政府五院及国民革命军纪念堂设计的15幅建筑作品集，其二为在此基础上另加其他公共建筑设计的50余幅作品集。对其予以热情赞美。

2月28日，上午参加国立艺术院教务会议，下午，与程振钧、林风眠、雷圭元等51人参加西湖博览会筹备委员会第9次大会。

2月28日，《良友》第35期刊载刘既漂与李宗侃合作的《西湖博览会大门之一面》及刘既漂君近影照片。

2月，《国立大学联合会月刊》第2卷第2期转载刘既漂论文《建筑原理》《彩色与情调之关系》。

2月，葛又华小说《疯少年》出版，刘既漂设计封面。

3月17日，《民国日报》报道《西湖博览会艺术股分配工作》："决定采取分工制度……该股主任刘既漂氏日来为各馆门面设计图样，煞费苦心。"

3月18日，与程振钧、林风眠、雷圭元、孙福熙等39人参加西湖博览会筹备委员会第10次大会。

3月21日，参加国立艺术院教务会议。

3月22日，《申报》刊载《生活的段片：诚惶诚恐》，报道上海中国旅行社为感谢刘既漂为该社在西湖博览会临时分社的精美设计，预备在出版的《旅行杂志》上，替刘既漂出一专号。20日刘既漂在孙伏园陪同下亲到旅行社，上交文稿给杂志主任赵埸公，以便出版。

3月30日，与程振钧、林风眠等34人参加西湖博览会筹备委员会第11次大会。

3月，法国作家绿谛（Pierre Loti）著，徐霞村译《菊子夫人》出版，刘既漂设计封面。

4月8日，上海《时事新报》报道："北伐纪念塔式样图说，已由建筑家刘既漂拟定呈请建厅察阅，俟核准后，即可动工。"

4月9日，《申报》等报道《西湖博览会之筹备讯》："西湖博览会纪念册纪念明信片画册等由李振吾、丁紫芳、吴沛生、刘既漂、李尹希五委员会同陈万里、何崇杰、周梅阁审查制定。"

4月10日，国民政府教育部主办的第一次全国美术展览会在上海开幕，刘既漂参展5幅建筑设计作品。

4月17日，参加西湖博览会场务组第19次会议。

4月19日，与程振钧、林风眠、史量才、褚民谊等51人参加西湖博览会筹备委员会第12次大会。

4月20日，与程振钧、林风眠等54人参加西湖博览会筹备委员会第13次大会。

4月22日、25日、28日，在《申报》发表《刘既漂为全美展启事》，声明对其参展的建筑设计作品"极愿海内外专家予以严正的批评"。

4月24日，《民国日报》刊载《浙省党部建筑中之北伐纪念塔，建筑工程限四个月完成，绘图雕刻均请名师担任》，报道："浙省党部在西湖湖滨仁和路口第二码头建筑国民革命军北伐阵亡将士纪念塔，托建设厅转建筑师刘既漂设计，招工承包，已于本月四日订立合同，并于六日由省党部付清第一期付款一万零百十元，塔基现已测绘，所需之三种大理石，已向意大利定购。市政府工务局建筑许可证日内可发，预计工程期限四个月内完工。"

4月，《旅行杂志》第3卷第4期出版《刘既漂建筑专号》，内收刘既漂文章《建筑导言》《美术建筑与工程》《南北欧之建筑作风》《游蒂佳萝宫》《记罗马哇的光之游》《西湖艺术化》及其建筑设计作品《国民革命军纪念堂正面图》《中央党部回廊图》《国民政府进口透视图》《国民政府南面透视图》《大公司之外观》照片与孙福熙文章《别言》。

5月7日，上海《时事新报》第5版《杭州简报》报道："著名建筑师刘既漂氏决于本月十一、十二两日假杭州青年会举行个人展览会。五月六日。"

5月13日、15日，《申报》刊载《上海特别市工务局布告第七九号》，布告刘既漂等21人申请办理建筑师工程师登记事务："经本局分别照章密查计准予正式登记。"

5月22日，与林风眠、林文铮、蔡威廉、吴大羽、李树化、李朴园、王子云等一起赴沪，参加艺术运动社第一届展览会。刘既漂参展9幅建筑设计作品。此间，《国立艺术院艺术运动社第一届展览会特刊》出版，刘既漂设计封面。

5月25日，在《东方杂志》第26卷第10期发表文章《西湖博览会与美术建筑》及其西湖博览会会场建筑设计作品包括大门、问讯处、革命纪念馆进口、博物馆大门、音乐亭、大门夜景设计（与李宗侃合作）、北伐阵亡将士纪念塔等。

5月26日，《申报》第21版发表叶曾骏文章《开幕在即之西湖博览会》，认为：“会中建筑物，多为刘既漂先生设计，故均富有美术思想。”

5月30日，《时报》报道《刘既漂作品将展览》，赞誉刘既漂的建筑设计。

5月，嘤嘤书屋编辑兼总发行出版《上海指南》，封面疑似刘既漂所作，封底刊载建筑师刘既漂事务所广告，背景画面为《西湖北伐阵亡将士纪念塔》（刘既漂先生近作）。

6月3日，天津《大公报》报道《西湖博览会定六月六日开幕》：“全场建筑向由艺术股负责办理者……闻该会全场建筑多系艺术股主任刘既漂建筑师设计，尤以大门为最出色，富丽堂皇，兼而有之，其作风之奇特，实所罕见。”

6月6日，西湖博览会开幕。同日，《申报》发表署名“湖莺”的文章《西湖博览会一瞥》，赞誉刘既漂的建筑设计。

6月7日，上海《时事新报》发表署名“龙”的文章《西湖博览会撷珍》，赞誉刘既漂的建筑设计。

6月8日，《上海漫画》第59期介绍艺术运动社在上海举行的第一届展览会，刊载有刘既漂建筑设计作品《中央党部正面图》。

6月19日，《小日报》发表署名“彬彬”的文章《刘既漂新硎初试》，评价刘既漂的建筑设计风格并盛赞。

6月20日，刘既漂个人建筑展览会在上海宁波同乡会开幕，展期四天。

6月21日，《申报》《民国日报》《新闻报》《时报》等报道《刘既漂个人建筑展览会开幕》。

6月22日，《上海漫画》第61期刊载刘既漂与李宗侃合作的建筑设计作品《（西湖）博览会之内部》。

6月27日，《申报》刊载金启静女士文章《观建筑展》，对刘既漂的建筑美术个展进行评论。

约6月，《亚波罗》第6期出版，发表刘既漂设计作品《丝织图案》《建筑装饰图案（嵌瓷）》。《西湖博览会筹备特刊》出版，刘既漂设计封面。

8月15日，《北洋画报》第358期刊载刘既漂建筑设计作品《中央党部正面计划图》。

8月25日、8月26日，与蔡元培、鲁迅、郁达夫、陈抱一、林文铮、林风眠、潘天授（潘天寿）、吴大羽、克罗多、陈之佛、丰子恺、钱君匋、林语堂等40人联名在《申报》刊载《追悼陶元庆氏启事》，定10月12日在西湖国立艺术院举办陶元庆遗作展览会。

8月31日，《浙江党务》第53期刊载由刘既漂负责建筑设计的《建筑北伐阵亡将士纪念塔设计及监工合同》。

8月，《良友》第38期刊载《艺术运动社展览会出品》专版，其中有刘既漂建筑设计作品《中央党部正面图》及蔡威廉油画《建筑师刘既漂头像》。

9月，辞去国立杭州艺术专科学校教职，与李宗侃合办大方建筑事务所。9月12日至20日，在《申报》刊载大方建筑公司广告："承办建筑打样，桥梁设计，美术装潢，督工监造，经理地产。办事时间：上午九时至下午五时。办事处：四川路一百十二号。建筑师李宗侃、刘既漂启。"

10月10日，西湖博览会闭幕，被聘为结束委员会委员。

10月18日，上海《晶报》刊载署名"阿默"的报道："名建筑师刘既漂、近与李宗侃合组大方建筑公司。刘之住宅在辣斐德路，住宅内部，全采巴黎美术装饰器具设计，布置色素，亦皆用欧洲新式。"

10月29日，承接上海律师工会建筑改扩建项目于贝勒路572号。《民国日报》刊载《上海律师工会执监会》："报告大方建筑公司为本会新会场估工绘样。"

10月，广州市府合署征集图案截止，刘既漂应征，未能入选。

11月11日，北伐阵亡将士纪念塔奠基仪式于总理诞辰纪念日举行。

11月24日，《申报》《民国日报》《时事新报》等报道上海《市教局筹建音乐厅》："请刘既漂建筑师计划建筑一音乐厅，共需建筑费三万元，设备六千元，可容纳一千数百人。"

1930年 31岁

1月，《良友》第43期刊载刘既漂建筑设计《杭州艺院之美术建筑》（郑月波摄影）。

1月25日，在《东方杂志》第27卷第2期发表论文《中国美术建筑之过去及其未来》。

2月20日，樊仲云译，马克·伊可维支（Mark Lckwicz）著《唯物史观的文学论》由上海新生命书局出版。校印时曾将其中翻译的法文诗就正于刘既漂。

3月15日，与李宗侃一起简邀小报界同人于其私寓小叙。

3月18日，上海《大晶报》发表般若《刘既漂宅中之一席话》。

3月，《东方画报》第29卷第4期出版，刊载刘既漂建筑设计作品《国民革命军纪念堂正面图》《中央党部回廊图》《国民政府进口透视图》《国民政府南面透视图》《大公司之外观》。

4月20日，《复旦五日刊》第44期刊载《校闻：刘既漂演讲艺术建筑》："实中于本星期三（十六日）假子彬院101号教室举行第二次水曜讲话。请建筑师刘既漂先生讲演艺术建筑。刘先生解析各国建筑之作风及其用意，并盼本校以后对于建筑方面，须力求艺术而能适用，听者咸为动容云。"

4月22日，浙江省党部执委会议通过刘既漂建筑设计的北伐阵亡将士纪念塔于6月1日举行落成典礼，并同意刘既漂提出的增补纪念塔碌石刻字及贴金费用。

5月26日，上海《福尔摩斯》刊载刘既漂所作头像速写及片羽生文字说明："刘既漂君学成归国，自在西湖博览会一显其技能后，举世皆知其为维新派建筑专家，实则刘君多才多艺，初出国时曾专攻美术，对于绘画尤具根底，所作抽象的速（写）绘画一幅在一分余钟作之。兹承胡龙光君持赠本报特制版如图。”

6月1日，刘既漂设计的北伐阵亡将士纪念碑落成。

7月1日，在《申报》发布广告：“君欲经营地产事业请向名建筑师李宗侃、刘既漂接洽，定可满意，利息可靠，保守秘密。接洽处：大方建筑公司四川路一百十二号，电话一四九八五号。大方建筑公司启。”此广告隔日在《申报》重刊，一直持续到是年11月3日。

10月初，坐车至北火车站，拟搭车赴京转道至四川，突遭劫匪绑架，于11月7日夜逃脱出险，历时月余。

11月8日、9日，在《申报》发表《刘既漂启事》：“启者，鄙人前遭意外，受累月余，辱荷诸亲友关怀注念，至为感激。兹已于昨夜托庇安全出险，但因身体失调，精神散乱，拟即回粤休养，以期恢复健康。嗣后所有关于私人来往事件，完全委托刘鉴文君办理；公事方面请直接向大方建筑公司负责人接洽可也。又声明所有以前私章一颗，锁匙四个，上海中国农工银行支票一本，均已遗失，以后倘有发现上列物件，概作无效。此启。”

11月8日，《时报》记者在医院看晤刘既漂，询问被绑情形。

11月9日，上海《时报》刊载《建筑师刘既漂归自匪窟》，报道记者在医院看晤刘既漂详情。

11月11日，《大上海》刊载龙友《刘既漂脱险经遇之秘闻》。

是年，《中国大观图画年鉴》出版，刊载刘既漂的《美术摄影：光与影》。编者按语提出要重视研究美术摄影。

1931年　32岁

1月1日，在《申报》刊载广告：“恭贺新禧 大方建筑公司建筑师李宗侃刘既漂暨全体同仁鞠躬 地址：上海四川路百十二号。电话：一四九八五。营业项目：建筑打样，地产押款。”

5月，承接上海县政府新治建筑设计项目。5月8日，《时事新报》发表《县迁治设计会议昨开第六次委员会》：“县治图案，已由县府与大方建筑公司订立合同、从事计划。”

10月10日，在南京鼓楼设计的南京剧院落成。

10月，《良友》第62期刊载刘既漂设计的《蒋主席消夏公邸地毡图案》。

是年，浙江图书馆建筑落成。

1932年　33岁

8月8日，参加西北实业考察团，乘津浦车赴徐州，10日转抵郑州，11日专车赴陕西，经潼关，到西安，15日分南北两组出发考察陕南、陕北实业及观览沿途名胜古迹，刘既漂参加北组。

8月31日，动身赴武汉大学考察该校新建校舍，9月3日抵汉，由汉乘渡过武昌，由武昌再乘汽车直到武大，考察两天，来回历时5天。

9月1日，《南华文艺》第1卷第17期刊载刘既漂为孙福熙所作头像速写《他姓孙》。

12月20日，县政府新治建筑落成。

与潘凤箫结婚，并赴黄山度蜜月。安置新居于上海吕班公寓。

是年，任南京中央大学建筑工程系教职，教授内部装饰。

1933年　34岁

1月10日，《前途》创刊号出版，由刘既漂装帧封面，编后记云：《武汉大学建筑之研究》"因时间不及，须待下期与读者相见。又刘先生代我们作的两幅封面，除现即装出一帧外，尚存一帧留待后用，谨此致谢。"

1月20日，应广州市市长刘纪文电邀，到达广州，会见亲友，下榻新亚酒店，目的是观光广州市府展览会及举办个人建筑展览会。

1月24日，晋谒广东省府主席林云陔及广州市长刘纪文，对广州建设问题发表意见。

1月，中国建筑师学会出版《中国建筑》创刊号，刘既漂为中国建筑师学会成员。

2月1日，在《读书杂志》第3卷第1期发表文章《碰钉子的生活》。

2月1日，在《艺风》第1卷第2期发表文章《猎谈》及摄影照片《广州六榕塔》。

2月1日，在《前途》第1卷第2期发表论文《武汉大学建筑之研究》。

2月15日，广州市政府举办的展览会开幕，刘既漂建筑美术个展附设会内，市长刘纪文导往参观。"当局邀请参加市展会，由会内另筑棚屋一座，专为刘氏个人陈列作品之用。查本市建筑图案展览，前所未有，此举实为建筑展览会之开端。"

2月23日中午，假座太平支馆招待新闻记者，致辞介绍个人简历、此次来粤及展览缘由，并拟在广州设立建筑事务所服务家乡。

3月1日，《艺风》第1卷第3期发表孙春苔（福熙）摄影照片《试做一个铜像（刘既漂在西湖）》。

4月4日，在《申报》发表《武汉大学新屋建筑谈》，开篇首先阐明："这篇文字，由参观而研究，由研究而批评，目的在乎希望中国新建筑之进步，本互助精神，作艺术与科学前途之探讨，绝无攻击讥骂等作用，读者可以相信这篇文字对将来建筑界及教育界有相当的贡献。"

4月29日，北京《益世报》、天津《大公报》等报道《陈济棠规划国防建设聘刘既漂担任》："国闻社二十七日香港电、陈济棠聘留法工程师刘既漂规划国防建设，以三年为完成期，第一步改良虎门要塞，同时并规建市郊兵房。”

5 月 1 日，在《前途》第 1 卷第 5 期发表论文《南京水运设计》。

6 月 1 日，在《艺风》第 1 卷第 6 期发表摄影照片《水上：珠江上》。

与李金发等筹办西南艺术院。10 月 6 日，《广州民国日报》报道李金发、刘既漂与刚留法回国的画家李澄之拟筹办西南艺术学院，办公筹备处设广州西湖街大有仓二十六号。

11 月 1 日，在《艺风》第 1 卷第 11 期发表摄影作品《初试》。

11 月 15 日，在《艺风》第 1 卷第 9 期（补行出版）发表摄影作品《广州舞狮》《水上卖艇仔粥》《广东卖清补凉》。

1934 年　35 岁

1 月 21 日，《广州民国日报》报道《收用蟠龙岗麓，建总部新营房》：第一集团军总部工程处总工程师刘既漂“奉令计划建筑新总司令部，工程业经积极进行”。

刘既漂夫妇在广州创办志远小学。1 月 23 日、24 日，《广州民国日报》刊载《志远小学招生男女生》：“（级别）初小一二三四年级撰写插班生。（试期）二月三日。（报名）即日起。（校址）东山署前路粟园。膳宿俱备，索章即寄。校董会主席刘既漂。校长潘凤笑（箫）。”

2 月 1 日，在《艺风》第 2 卷第 2 期发表摄影作品《广州花地栽牡丹花甚富，运往国内外各地，上为待种花盆，左为种花工作》《花地之水上瓷瓦店》。

5 月 1 日，在《艺风》第 2 卷第 5 期发表摄影作品《琼崖五指山黎苗观光团》（五幅）、《广州郊外工友》《广州打石女工友》。

6 月 30 日，《广州民国日报》报道广州尺社美术研究会拟与刘既漂、李金发等新近创办的西南艺术院合力筹办一完备美术学校。

是年，《东方写真集》出版，刊载刘既漂建筑设计作品多幅。

是年，刘既漂在南京鼓楼区颐和路 11 号购地 1130 平方米，建筑砖木结构西式楼房 2 幢，西式平房 2 幢，共计建筑面积 523.8 平方米。1946 年，刘既漂将房子租给英国大使馆空军武官处使用，成为英国大使馆。1949 年 9 月 16 日英国人迁出，即由刘既漂妻兄潘树荣迁入入住。1951 年 6 月由南京市房产局代管（杨新华主编《第三次全国文物普查南京重要新发现》，2009 年）。

1935 年　36 岁

1 月 1 日，在《艺风》第 3 卷第 1 期发表人像摄影《良友》。

2 月 8 日，刘既漂携夫人潘凤箫来杭，并往超山赏梅。

2 月 9 日，《东南日报》刊载闻不多《作家动静》：“刘既漂于上月底由粤赴沪，昨来杭，偕其夫人往超山探梅。”

2 月 16 日，《东南日报》刊载闻不多《作家动静》：“刘既漂夫妇由粤赴沪，并转京一游，与孙福熙接洽艺风社第二届展览会事务，昨已乘轮回粤。”

2 月 28 日，3 月 1 日、2 日，《申报》刊载《刘既漂李宗侃遗失股款收据声明》：“兹于去年遗失大方建筑公司名下之永业轧石厂股份有限公司第廿三号一千元股款收据，除向该公司挂失，特此登报声明作废。”

春，刘既漂中央大学的学生费康、张玉泉来粤加入其建筑事务所。

4月23日、4月30日、5月7日，在上海《申报》发表《最新医院建筑设计之大要（上中下）》。

12 月 1 日，《艺风》第 3 卷第 12 期《文艺消息》报道：“艺术建筑家刘既漂其作风多属立方新派，京沪杭粤有其成绩甚富，今且主持国防工作。平日公余常以打猎消遣。”并刊载刘既漂游猎照片二幅。

是年，与金泽光合订《广州留法同学会会所建筑工程章程及说明书》。

1936 年　37 岁

6 月 3 日，艺风社第三届画展在广州中山图书馆开幕，7 日闭幕。刘既漂与夫人潘凤箫一起参展。同日，刘既漂在《广州民国日报》发表《我们的眼福》，同版刊载潘凤箫《艺术感化人类最深处》。

6 月 10 日，《广州民国日报》副刊《东西南北》发表陈翔凤《看了艺风社画展之后》，其中对刘既漂参展作品风格进行了评价。

8 月 27 日，《广州民国日报》报道陈达人、李金发、胡善余等拟组织南方艺术家协会，刘既漂、李桦、关良等百余人受邀参加。

9 月 30 日，在上海《艺风》杂志第 4 卷第 5-6 期发表《我们的眼福》及《观艺风画展后之感想》。

10 月 1 日，《申报》刊载《艺风》第三届展览会批评号，感谢刘既漂购画。

10 月，罗香林著《粤东之风》由上海北新书局出版，刘既漂绘封面。

1937 年　38 岁

1 月 1 日，《美育杂志》1937 年复刊（第 4 期）刊载刘既漂建筑设计作品《新式住宅：此为刘氏设计之王公馆，价值七八万元，全部精美新颖，为国人自建之流线型建筑中不可多得之作》。

3 月 14 日，《东南日报》刊载闻不多《作家动静》：“孙福熙、刘既漂两对夫妇同游天台山。”

3月20日，《东南日报》刊载闻不多《作家动静》：“刘既漂夫妇到沪，在孙福熙家宴会。”

5月8日，《申报》报道《艺风画展决在平举行》，该画展即艺风第四届美展，由刘既漂、庞薰琴、张书旂、方君璧、汪亚尘、孙福熙等60余人筹备。定5月22日在北平中山公园旁太庙举行。由刘既漂等留沪征集作品。

5月9日，北平《华北日报》报道《艺风展览刘既漂等到平筹备》。

7月，抗日战争全面爆发后，续任广东第一集团军司令部总工程师，后被特授予中将军衔。

是年，刘既漂广州自宅建成。

1938年　39岁

10月，广州弃守，奉命撤退，先至粤北、赣南，后至桂林和澳门。

1940年　41岁

8月17日，《申报》刊载广告《国内名建筑师工程师等赞助时代建筑工程学校招生》，其目的是为战后复兴建设所需大量建筑人才做准备。刘既漂与董大酉、赵深、林徽音、梁思成、刘敦桢、童寯、杨廷宝、陈植、庄俊等28人为赞助人。

1941年　42岁

是年，在上海与费康、张玉泉合办大地建筑师事务所。

1942年　43岁

是年，全家迁入大地建筑事务所设计的蒲园中的一栋住宅。

1943年　44岁

3月25日，刘既漂的大女儿出生。

1945年　46岁

4月30日，刘既漂的二女儿出生。

11月27日,《中央日报》刊发董西廷《还都声中谈南京住的问题：访建筑工程师刘既漂》。

1947年　48岁

1月1日，在《旅行杂志》第21卷第1期发表文章《如果欢喜游猎旅行的话》。

2月，到美国纽约。

9月18日，在《自由谈》第1卷第4、5期合刊发表文章《纽约通讯：我到了纽约》。

1948年　49岁

9月30日，在上海《纤维工业月刊》第4卷第3期发表文章《新经济政策与纤维工业》(署名“米佳”)。

1949年　50岁

由于语言不通，无法继续建筑工作。刘既漂在纽约投资了一家自动洗衣房。

1953年　54岁

3月，刘既漂从繁华的大都市纽约搬到了新泽西州杰克逊镇的乡村，经营一家养鸡场。

1955年　56岁

8月，刘既漂与一直在国内的二女儿在纽约团聚。

1958年　59岁

在自动化设备大量普及的冲击下，刘既漂的养鸡场破产。

1959年　60岁

刘既漂在新泽西州的阿斯拜瑞公园市做按摩师。

1961 年　62 岁

8 月，刘既漂发求职信希望谋求一份建筑设计的工作。

1962—1968 年　63-69 岁

刘既漂在建筑师谢尔盖・帕度柯（Sergey Padukow）的执照下，做建筑设计制图工作，设计了罗瓦农场的东正教教堂等建筑以及新泽西南部的一些住宅和商业建筑。

1965 年　66 岁

11 月 3 日，刘既漂外孙女 Jennifer Wong 出生。

1967 年　68 岁

刘既漂开始进入中国画、瓷画等艺术的高产时期。

1968 年　69 岁

刘既漂为美国总统林登・约翰逊绘制的瓷绘肖像画受到白宫嘉奖并被林登・约翰逊纪念馆收藏。

1969 年　70 岁

8 月 25 日，刘既漂外孙 Matthew Wong 出生。

1971 年　72 岁

3 月 30 日，马思聪夫妇到访纽约刘既漂处午餐，游海岸线。刘既漂夫人潘凤箫与马思聪夫人王慕理是中学时的同学，并曾与另一女生刘慧娴三人以“松竹梅”之称结拜为姐妹。故此，马思聪夫妇与刘既漂夫妇时常往来，感情深厚。

1972年 73岁

受康宁博物馆委托创作十二生肖瓷盘，并在纽约康宁玻璃博物馆举办艺术展。之后相继在纽瓦克博物馆和普林斯顿大学举办艺术展，并从事绘画教学。业余时间从事瓷画创作，被当地媒体誉为中国瓷画大师。

1974年 75岁

2月2日，马思聪夫妇驾车到访刘既漂家，午饭后看刘既漂夫人潘凤箫画展，一共56幅，评价甚好。

3月10日，马思聪夫妇到访刘既漂家。刘既漂送马思聪画作一幅。马思聪日记云："桃叶、小鸟，上品，小鸟拍翅，像tree，妙。刘少年、中年享画福，老来不走运，穷困、孤零，夫妇都老了，两人画均好。刘的画可算我国最高成就，穷困，奈何！"

1975年 76岁

1月2日，马思聪夫妇到访刘既漂家，送皮大衣及毛线衣等给刘既漂夫人潘凤箫。马思聪爱怜"他们老来境遇不佳"。

7月2日，马思聪夫妇到访刘既漂家。

是年，作《雁南飞》(中国画纸本，57cm×42cm，中国美术学院美术馆藏)。

1976年 77岁

7月18日，马思聪电话刘既漂夫妇，告知"明日到他们那边，带去鸡骨草及北杏等"。

1977年 78岁

4月10日，马思聪夫妇来访刘既漂家。

1978年 79岁

4月8日，马思聪夫妇到访刘既漂家，刘既漂夫妇于19日迁入老人村。

5月28日，马思聪夫妇到访刘既漂新居。

11月19日，刘既漂夫妇致信并新春祝福原国立艺术院首届图案系学生郑月波。时郑月波在美国加州蒙特利海湾创办“中华艺苑”推广中国绘画。

1981 年　82 岁

3 月 31 日，刘既漂夫妇致信郑月波。文化部领导邀请刘既漂回国未果。

1985 年　86 岁

是年，刘既漂出版《刘既漂教授画集》，郑月波作序。

1992 年　93 岁

4 月 15 日，因病医治无效，不幸在美国新泽西州罗切斯特逝世，享年 93 岁。

图录

历史旧影

Consulat Général
de la République de Chine
à Paris

No

Certificat d'Immatriculation

Nous, Consul Général de la République de Chine à Paris, etc. etc.

Certifions que Monsieur TE PEOU LIOU (劉紀標)
Etudiant chinois, demeurant 4, rue Régnard à Paris VIe
est né à Hing Nang province de (Kwang Tung)
le 4 Juillet 1900 attestons en outre que le dit Monsieur TE PEOU LIOU est inscrit comme citoyen Chinois sur le registre matricule tenu en la Chancellerie de notre Consulat.

En foi de quoi nous lui avons délivré le présent certificat pour servir et valoir ce que de droit.

Paris, le 8 Mai 1922
Le Consul Général de Chine

刘既漂巴黎国立高等美术学院入学注册表，1922 年 5 月

（来源：刘既漂家族档案馆）

刘既漂、刘开渠合影，1927 年

（来源：刘既漂家族档案馆）

国立艺术院（现中国美术学院）罗苑校区改造后

国立艺术院（现中国美术学院）罗苑校区石膏教室

（来源：刘既漂家族档案馆）

国立艺术院（现中国美术学院）教授及家属合影，1928 年冬

（来源：刘既漂家族档案馆）

国立艺术院（现中国美术学院）教授和学生们的合影，1928 年冬

（来源：刘既漂家族档案馆）

国立艺术院（现中国美术学院）图案课教室

（来源：刘既漂家族档案馆）

刘既漂广州自宅建设中，1936 年

（来源：刘既漂家族档案馆）

绘画艺术

《全球航空赛跑》，漫画，1922 年

《宫廷舞者》，水彩，1924 年

《动不如静》，国画，1940 年

（来源：刘既漂家族档案馆）

《睡莲》，木板油画，1970 年代

（来源：刘既漂家族档案馆）

设计艺术

1924 年斯特拉斯堡中国美术展览会海报设计

1925 年装饰艺术与现代工业博览会，中国馆大门设计

（来源：刘既漂家族档案馆）

1925 年巴黎装饰艺术与现代工业博览会中国馆展出的龙凤玻璃大花瓶设计

（来源：刘既漂家族档案馆）

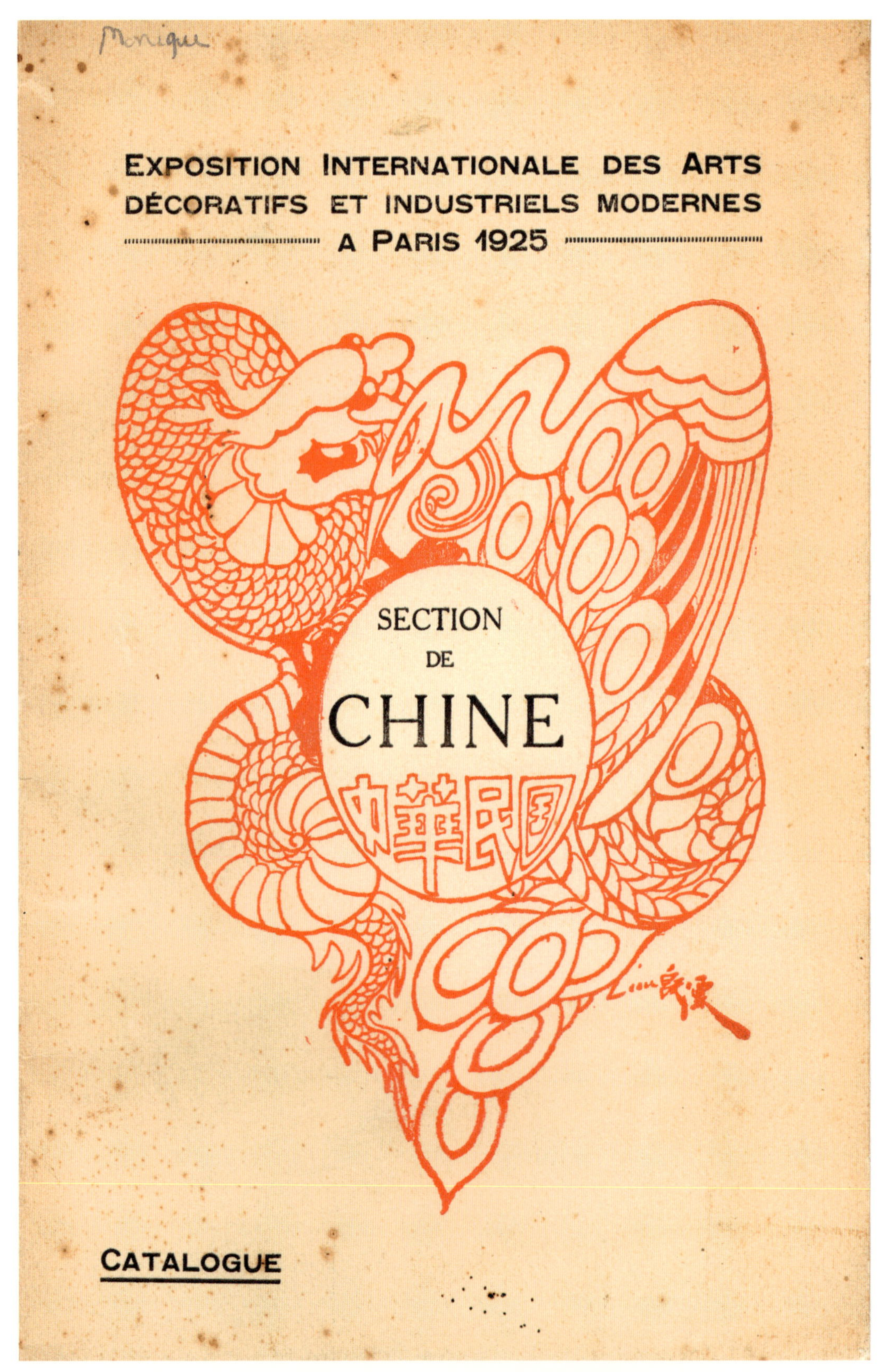

1925 年装饰艺术与现代工业博览会中国馆手册封面设计

《在黑暗中》封面设计，1928 年

《贡献》封面设计，1928 年，第 2 卷 第 2 期

《贡献》封面设计，1928 年，第 2 卷 第 6 期

《西哈诺》封面设计，1929 年

《疯少年》封面设计，1929 年

《人间》月刊封面设计，第 1 期，1929 年 1 月 20 日

《贡献》封面设计（刘既漂建筑专号），1929 年，第 3 卷 第 6 期

《菊子夫人》封面设计，1929 年

《西湖博览会筹备特刊》封面设计，1929 年

建筑艺术

西湖博览会大门（现已不存），1929 年

西湖博览会音乐亭（现已不存）手绘图

艺术馆门楼［国立艺术院（现中国美术学院）分校照胆台校门］（现已不存）手绘图

北伐阵亡将士纪念塔（现已不存），1929 年建成，位于西湖湖滨二公园

浙江图书馆（建成，现浙江省图书馆大学路馆区）竣工照

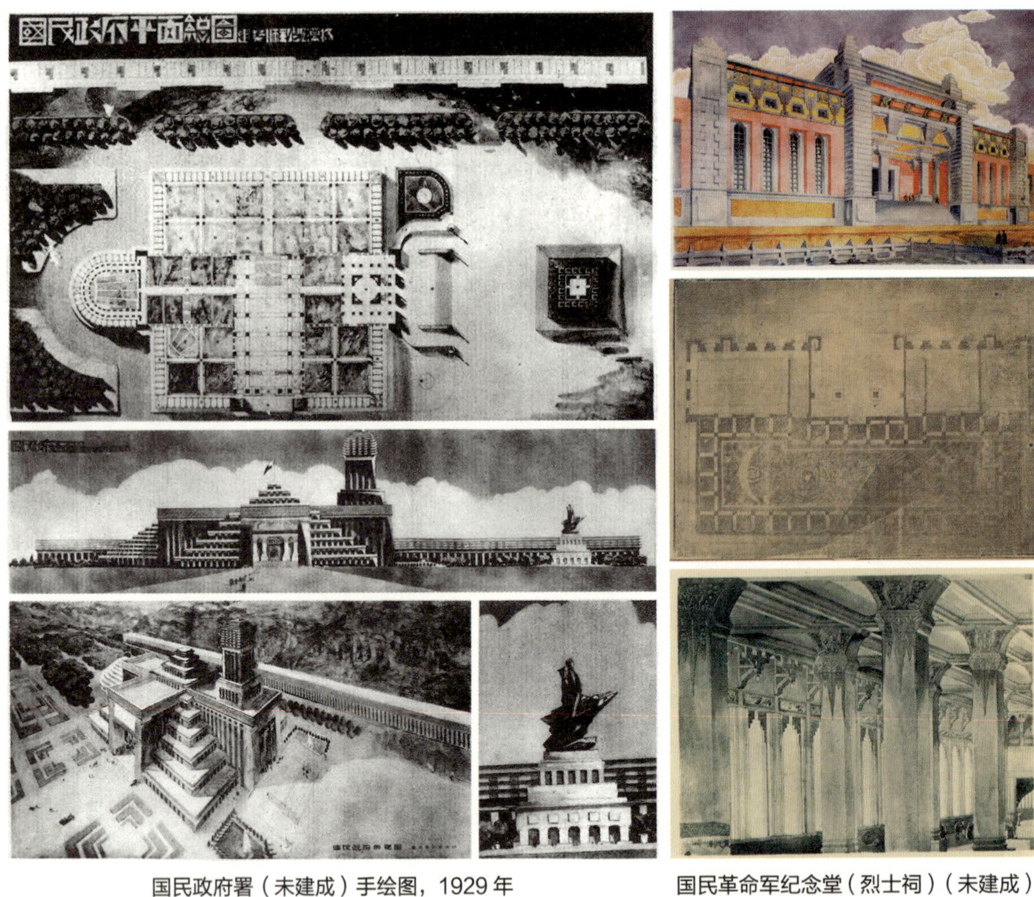

国民政府署（未建成）手绘图，1929 年

国民革命军纪念堂（烈士祠）（未建成）手绘图，1929 年

大舞厅（未建成）室内手绘图，1929 年